雷达导航与运用

主　编　章尧卿

副主编　何　鑫　汲万峰

北京航空航天大学出版社

内 容 简 介

本书主要内容包括雷达分机、雷达参数测量和跟踪、ARPA 概述 3 个部分。雷达分机部分包括发射机、接收机、显示终端以及天线和伺服系统的基本组成、技术指标、原理；雷达参数测量和跟踪部分包括雷达方程的分析，雷达距离、角度、速度的测量和跟踪原理与方法；ARPA 功能的理论与运用包括 ARPA 系统的原理与组成及系统的基本功能。

本书可作为雷达工程类专业本科生的教学用书，也可作为电子工程类非雷达专业的本科生及工程技术人员的参考书。

图书在版编目(CIP)数据

雷达导航与运用 / 章尧卿主编. -- 北京 ：北京航空航天大学出版社，2024.8

ISBN 978 - 7 - 5124 - 4390 - 7

Ⅰ. ①雷… Ⅱ. ①章… Ⅲ. ①雷达导航 Ⅳ.
①TN966.5

中国国家版本馆 CIP 数据核字(2024)第 086381 号

雷达导航与运用

主 编 章尧卿

副主编 何 鑫 汲万峰

策划编辑 董 瑞 责任编辑 龚 雪

*

北京航空航天大学出版社出版发行

北京市海淀区学院路 37 号(邮编 100191) http://www.buaapress.com.cn
发行部电话：(010)82317024 传真：(010)82328026
读者信箱：goodtextbook@126.com 邮购电话：(010)82316936
北京雅图新世纪印刷科技有限公司印装 各地书店经销

*

开本：787×1 092 1/16 印张：14.25 字数：337 千字
2024 年 8 月第 1 版 2024 年 8 月第 1 次印刷
ISBN 978 - 7 - 5124 - 4390 - 7 定价：79.00 元

前　言

　　雷达在搜集和分发战场信息中发挥着重要的作用,是国防信息化建设的重要方向之一。在现代战争环境下,雷达担负着精确、实时、全天候侦察监视弹道导弹、巡航导弹等大规模破坏性武器的探测与跟踪任务,同时还要对各种隐身目标进行探测与识别,判别战斗杀伤效果,是军事作战系统的首要视觉传感器。

　　雷达也是当前海上各型船舶的重要导航设备,在各种复杂条件下的航行中都发挥着重要的作用。

　　基于此,本书既注重对雷达基本概念和工作原理的阐述,又注重雷达在导航领域的最新发展,内容主要覆盖现代雷达中比较成熟的雷达导航技术,同时在一定程度上兼顾了前沿知识和发展趋势。各章节均紧密联系实际,力求理论性、实用性、系统性和方向性相结合,内容全面,论述由浅入深,注重基本理论与实际应用的联系。

　　本书第1~4章由海军航空大学章尧卿编写,第5~7章由海军航空大学何鑫编写,第8章由海军航空大学汲万峰编写,第9章由海军航空大学张瑞恒编写。大连舰艇学院郑崇伟负责全书资料的查找和后期的校对工作。全书由章尧卿统稿。

　　由于编者水平有限,书中难免存在一些不当之处,殷切希望广大读者批评指正。

作　者
2024 年 3 月 7 日于烟台

目　　录

第 **1** 章

绪 论

1.1 概 述

　　雷达是一种用于对目标,如飞机、船舶、航天飞机、车辆、行人和自然环境,进行检测和定位的电磁系统。它通过将能量辐射到空间并接收来自目标的回波信号来工作,如图 1-1 所示。

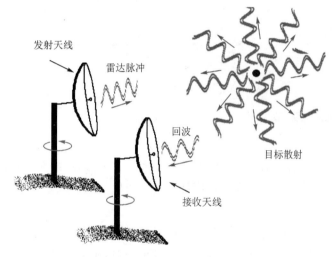

发射天线

雷达脉冲

回波

目标散射

接收天线

图 1-1 雷达原理示意图

　　返回到雷达的反射能量不仅表明目标的存在,而且通过比较接收到的回波信号与发射信号,就可确定其位置和获得其他与目标有关的信息。雷达可以在远或近距离,以及在光学和红外传感器不能穿透的条件下完成任务。它可以在黑暗、薄雾、浓雾、下雨和下雪时工作。其高精度测距和全天候工作的能力是其最重要的属性之一。

1.1.1 雷达的定义

　　雷达是英文 Radar(Radio Detection and Ranging)的音译,即无线电探测和测距。

1.1.2 雷达的功能

　　雷达是利用目标对电磁波的二次散射现象来发现目标并确定其位置的。如图 1-2 所示,

在以雷达为原点 O、以正北 N 为极轴的极坐标系中，目标 P 在水平面的垂直投影点为 B。利用目标对电磁波的反射现象可测得目标的斜距 R、方位 α、仰角 β，斜距 R 为直线 OP 的距离，方位 α 为直线 ON 与直线 OB 之间的夹角，仰角 β 为直线 OP 与直线 OB 之间的夹角。

另外还可测量目标的速度、高度 H，以及从目标回波中获取的有关目标的更多信息（目标的尺寸、形状等）。

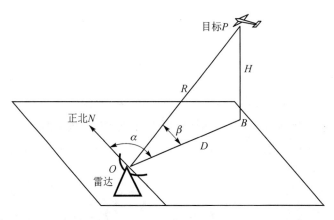

图 1-2　雷达回波中的信息

1.1.3　雷达测量原理

当雷达探测到目标以后，就要从目标回波中提取有关信息，从而对目标的距离和空间角度定位，目标位置的变化率可由其距离和角度随时间和角度的变化规律得到，并由此建立起对目标的跟踪。

雷达的测量如果在一维或多维上有足够的分辨力，则可得到目标尺寸和形状的有关信息；采用不同的极化，可测量目标形状的对称性。原理上，雷达还可测量目标表面的粗糙度和介电特性等。

1. 目标斜距的测量

雷达通过测量辐射能量传播到目标并返回的时间来得到目标的距离，如图 1-3 所示。

到目标的距离根据雷达信号到达目标并返回的时间 t_R 确定。电磁能量在自由空间以光速 c 传播，因此，雷达信号传播到距离为 R 的目标并返回雷达的时间为 $2R/c$。于是，目标的距离为

$$R = \frac{ct_R}{2} \qquad\qquad (1-1)$$

如果距离以 km（千米）或 n mile（海里）表示，时间 t 以 μs 表示，式（1-1）就变成

$$R = 0.15t_R \text{ km} = 0.081t_R \text{ n mile} \qquad\qquad (1-2)$$

每 1 μs 往返时间相当于距离 150 m 或 0.081 n mile。雷达信号传播 1 n mile 的时间为 12.35 μs。

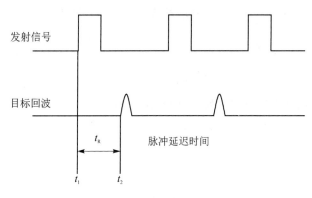

图 1-3 雷达测距

通过测量雷达信号往返目标的时间,雷达可测出目标的距离。这可能是常规雷达突出的也是最重要的特性。在远距离和不利气候条件下测量目标的距离,其他传感器都达不到雷达的测量精度。在仅受视线限制的距离上(通常为 200~250 n mile),地面雷达测量飞机的距离精度可达几十米。已证明,雷达测量行星间距获得的精度仅受传播速度精度的限制。在适中的距离上,测距精度可达几厘米。

窄脉冲是测距的常用雷达波形。脉冲越窄,测距精度越高。窄脉冲具有宽的频谱。宽脉冲也能达到窄脉冲的效果,只是用相位调制和频率调制使宽脉冲的频谱扩展。已调制宽脉冲通过匹配滤波器后,其输出是压缩了的脉冲,并且压缩脉冲的宽度等于已调制宽脉冲频谱宽度的倒数。这就是脉冲压缩,它具有窄脉冲的分辨力和宽脉冲的能量。频率调制或相位调制的连续波也能进行目标距离的精确测量。通过比较两个或多个连续波频率和相位也可测量单个目标的距离。连续波测距已广泛用于机载雷达高度计和勘测仪器。

2. 目标角度的测量

角度的测量包括方位角和俯仰角的测量。目标的角度的测量通过方向性天线(具有窄波束的天线)来实现,如图 1-4 所示。目标的方位角 α 定义为目标斜距在水平面的投影与正北方向之间的夹角,目标的仰角 β 定义为目标斜距与水平面的投影之间的夹角。

发射机能量由方向性天线聚集成一个窄波束辐射到空中。当天线波束轴对准目标时,回波信号最强,如图 1-4 中实线所示;当天线波束轴偏离目标时,回波信号减弱,如图 1-4 中虚线所示。当天线波束在空间扫描时,接收机输出的回波脉冲串的最大值所对应的时刻的波束轴线指向,即为目标所在方向。人工录取时,当显示器画面出现最大值的时刻,读出目标角度数据。自动

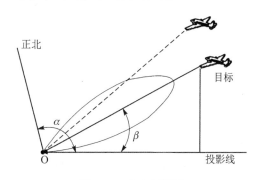

图 1-4 角坐标测量

录取时,由于天线方向图是对称的,因此回波脉冲串的中心位置就是其最大值方向。

天线尺寸增加,波束变窄,则测角的精度提高和角分辨力增加。

3. 相对速度的测量

相对速度除采用距离变化率进行测量外,还可以通过测量回波中的多普勒频移来得到。

当目标与雷达站之间存在相对速度时,接收到的回波信号的载频相对于发射信号的载频产生频移,该频移称为多普勒频移,计算公式为

$$f_d = \frac{2v_r}{\lambda} \tag{1-3}$$

式中,f_d 为多普勒频移,单位为 Hz;v_r 为雷达与目标之间的径向速度,单位为 m/s;λ 为载波的波长,单位为 m。

当目标向着雷达站运动时,$v_r > 0$,回波载频提高;反之 $v_r < 0$,载频降低。因此,雷达只要测出回波信号的多普勒频移,就可以确定目标与雷达站之间的相对速度。

无论是测量距离变化率还是测量多普勒频移,速度测量都需时间。观察目标的时间越长,测速的精度越高(观察目标的时间加长也可增大另一个提高测量精度的因素——信噪比)。在实际应用中,多普勒频移用于测量目标的径向速度(例如各种警用测速计和卫星监视雷达),同时它也被广泛用于分离固定杂波和动目标回波,例如在 MTI(动目标显示)雷达、AMTI(机载动目标显示)雷达、PD(脉冲多普勒)雷达和 CW(连续波)雷达中的应用。

4. 目标的尺寸和形状

若雷达具有足够的分辨力,它就能测量目标的宽度或尺寸。因为许多感兴趣的目标尺寸的量级是几十米,所以雷达分辨力必须是几米或更少。这一量级的分辨力在距离坐标上很容易得到。对于常规雷达天线和通常的作用距离而言,角度分辨力远低于距离分辨力。但是,运用多普勒频域的分辨力,雷达可得到与距离分辨力相当的目标横向距离维(角度维)分辨力。但这要求目标的各部分和雷达间存在相对运动。在 SAR(合成孔径雷达)中,雷达载体的飞机或航天器的运动使雷达和目标存在相对运动。而在 ISAR(逆合成孔径雷达)中,这种相对运动是由目标的相对转动来提供的。目标和雷达之间的相对运动是 SAR/ISAR 具有优良目标横向距离分辨力的基础。

目标的尺寸本身很少令人感兴趣,但目标的形状和尺寸对识别目标类型来说却很重要。高分辨力雷达获得目标的距离和横向距离(如 SAR 和 ISAR),并由此能提供目标的尺寸和形状。层析 X 射线摄影术也能得到目标的形状,它采用不同的观察方向测量三维物体的某一截面断层的相位分布和幅度分布,然后重建其二维图像(雷达可绕着固定物体旋转或物体绕固定雷达的轴旋转)。此时,距离分辨力对相参断层雷达来说并不需要。

比较不同极化波的散射场可得到目标对称性的度量。有可能通过不同的外观比例来区分目标,例如,区分杆状物或球状物,球状物或飞机。若要全面利用极化信息,应当测量回波信号的两个正交极化分量以及它的交叉极化分量的相位和幅度。原理上这些测量(它们确定极化矩阵)能识别目标的类型,但在实际应用中并不容易实现。

表面粗糙度是目标形状的一个特征。对来自地面或海面的回波的表面粗糙度的度量显得尤其重要。粗糙的目标是对入射的电磁能量产生漫反射;光滑的目标则是镜面反射电磁能量。通过观测作为入射角的函数的后向散射信号的特性可判断目标的表面是否光滑。表面粗糙度是个相对值,它取决于照射信号的波长。在某一波长照射下是粗糙的表面,当用更长的波长照射时它有可能是光滑的表面。因此,测量目标表面粗糙度的另一种方法是改变照射的频率,然后观测目标散射由镜面反射到漫反射的转折点。直接测量目标粗糙度的方法是观测物体的散射并且观测的分辨力要能分辨物体的粗糙尺度。

5. 其他目标测量

像从时域的多普勒频移可确定目标的径向速度一样,从相似的空域多普勒频移可得到目标速度的切向(横向距离)分量。空域多普勒频移扩展或压缩视在的天线辐射方向图(恰如径向速度分量能扩展或压缩动目标回波的时间波形以产生时域的多普勒频移)。切向速度的量度需要长基线天线,如干涉仪。但由于它要求的基线太长,因而切向速度的测量并没有得到实际应用。

从接收信号幅度随时间的变化可记录下复杂目标回波的径向投影变化(径向投影的变化通常表现为雷达截面积的变化)。

目标的振动、飞机螺旋桨的转动或喷气发动机的转动使雷达回波产生特殊的调制,它可通过雷达回波信号的频谱分析来进行检测。

1.1.4 雷达基本组成

雷达可分为连续波雷达和脉冲雷达两大类。

单一频率连续波雷达是一种最为简单的雷达形式,容易获得运动目标与雷达之间的距离变化率(径向速度)。它的主要缺点如下:一是无法直接测知目标距离,如欲测知目标距离,则必须调频,但用调频连续波测得的目标距离远不及脉冲雷达精确;二是在多目标的环境中容易混淆目标;三是大多数连续波雷达的接收天线和发射天线必须分开,并要求有一定的隔离度。

脉冲雷达容易实现精确测距,而且接收回波是在发射脉冲休止期内,不存在接收天线与发射天线隔离的问题,因此绝大多数脉冲雷达的接收天线和发射天线是同一副天线。由于这些优点,脉冲雷达在各种雷达中居于主要地位。这种雷达发射的脉冲信号可以是单一载频的矩形脉冲,如普通脉冲雷达的情形;也可以是编码或调频形式的脉冲调制信号,这种信号可以增大信号带宽,并在接收机中经匹配滤波输出很窄的脉冲,从而提高雷达的测距精度和距离分辨力,这就是脉冲压缩雷达。此外,雷达发射的相邻脉冲之间的相位可以是不相干(随机)的,也可以是具有一定规律的相干信号。相干信号的频谱纯度高,能得到好的动目标显示性能。

典型单基地脉冲雷达主要由天线、发射机、接收机、信号处理机和终端设备等组成,如图1-5所示。

发射机产生的雷达信号(通常是重复的窄脉冲串)由天线辐射到空间。收发开关使天线时

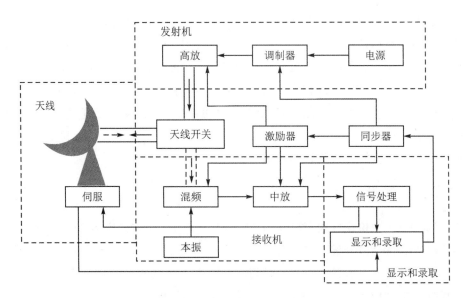

图 1 - 5 脉冲雷达基本组成

分复用于发射和接收。反射物或目标截获并再辐射一部分雷达信号,其中少量信号沿着雷达的方向返回。雷达天线收集回波信号,并由接收机加以放大。如果接收机输出的信号幅度足够大,就说明目标已被检测。雷达通常测定目标的方位和距离,但回波信号也包含目标特性的信息。显示器显示接收机的输出,操作员根据显示器的显示判断目标存在与否,或者采用电子设备处理接收机的输出以便自动判断目标的存在与否,并根据发现目标后的一段时间内的检测建立目标的航迹。自动检测和跟踪(ADT)设备通常给操作员提供处理后的目标航迹,而不是原始雷达检测信号。在某些应用中,处理后的雷达输出信号可直接用于控制一个系统(如制导导弹),而无须操作员的干预。

发射机可以是一个磁控管振荡器,这是微波雷达发射机早期的方式,简单的雷达仍在沿用。现代的高性能雷达要求有相干信号和高的频率稳定度,因此就需要用晶体振荡器作为稳定频率源,并通过倍频功率放大链得到所需的相干性、稳定度和功率。放大链的末级功率放大管最常用的是功率行波管或速调管。频率低于 600 MHz 时,可以使用微波三极管或微波四极管。

收发开关在发射脉冲时切断接收支路,尽量减少漏入接收支路的发射脉冲能量;当发射脉冲结束时断开发射支路,由天线接收的回波信号经收发开关全部进入接收支路。收发开关通常由特殊的充气管组成,发射时,充气管电离打火形成短路状态,发射脉冲通过后即恢复开路状态。为了不阻塞近距离目标回波,充气管从电离短路状态到电离消除开路状态的时间极短,通常为微秒量级,对于某些雷达体制为纳秒量级。

天线要求具有窄的波束以保证雷达有很高的目标定向精度。搜索目标时,天线波束对一定的空域进行扫描。扫描可以采用机械转动方法,也可以采用电子扫描方法。大多数天线只有一个波束,但有的天线同时有几个波束。分布在天线副瓣中的能量应尽量小,低副瓣天线是抗干扰所需要的。

接收机一般采用超外差式。在接收机的前端有一个低噪声高频放大级。放大后的载频信号和本振信号混频成中频信号。模拟式信号处理(如脉冲压缩和动目标显示等)在中频放大级进行,然后检波并将目标信号输送至显示器。采用数字信号处理时,为了降低处理运算的速率,应该把信号混频至零中频;为了保持相位信息,零中频信号分解成两个互相正交的信号,分别进入不同的两条支路,然后对这两条支路作数字式处理,再将处理结果合并。

显示器把雷达获得的经过处理的有用信息显示给雷达观察员的设备(雷达显示器),通常是把这些信息显示在阴极射线管荧光屏上。较为简单的雷达是在模拟处理后将信息直接输送至显示器。最常见的显示器是搜索雷达用的平面位置显示器,它的优点是能把雷达四周的目标全部直观地显示出来。雷达处在显示器中心原点上,细小的辉亮弧条表示飞机目标。目标所处的方位判读与地图的读法相同,即正上方表示正北(相对于雷达)。辉亮目标和中心点之间的距离表示雷达至目标间的距离。对于先进的雷达,信息经数字处理后还输送给平面位置显示器,用以消除荧光屏上剩余的杂波和噪声。另外,还可将地图重叠到显示器上。如果是三坐标雷达,还可在目标旁用数码表示目标高度。新型表格显示器还能将目标的批号和其他有用的信息全部以数码形式表示出来。

1.1.5 雷达探测能力

雷达方程是描述影响雷达性能诸因素的唯一并且也是最有用的方式,它根据雷达特性给出雷达的作用距离。一种给出接收信号功率 P_r 的雷达方程形式是

$$P_r = \frac{P_t G_t}{4\pi R^2} \times \frac{\sigma}{4\pi R^2} \times A_e \tag{1-4}$$

为了描写所发生的物理过程,式(1-4)等号右侧写成三个因子的乘积。第一个因子是在距辐射功率为 P_t、天线增益为 G_t 的雷达 R 处的功率密度。第二个因子的分子表示目标截面积 σ(单位为 m^2),分母表示电磁辐射在返回途径上随距离的发散程度,如同第一个因子的分母表示电磁波在向外辐射途径上的发散程度一样。前两项的乘积表示返回到雷达的每平方米的功率。有效孔径为 A_e 的天线截获功率的一部分,其数量由上述三个因子的乘积给出。如果雷达的最大作用距离定义是当接收功率 P_r 等于接收机最小可检测信号 S_{min} 时的雷达作用距离,则雷达方程可写为

$$R_{max}^4 = \frac{P_t G_t A_e \sigma}{(4\pi)^2 S_{min}} \tag{1-5}$$

当同一天线兼作发射和接收时,发射增益 G_t 与有效接收孔径 A_e 的关系式为 $G_t = 4\pi A_e/\lambda^2$,式中 λ 表示雷达电磁能量的波长。将该式代入方程(1-5)得到雷达方程的另外两种形式:

$$R_{max}^4 = \frac{P_t G_t^2 \lambda^2 \sigma}{(4\pi)^3 S_{min}} \tag{1-6a}$$

$$R_{max}^4 = \frac{P_t A_e^2 \sigma}{4\pi \lambda^2 S_{min}} \tag{1-6b}$$

上面给出的雷达方程可用于粗略计算雷达测距性能,但由于过于简化,故不能得到实用的结果。估算的作用距离往往过于乐观。至少有两个主要原因可用于解释简化的雷达方程为什

么不能精确估算实际雷达的作用距离：首先，方程不包括雷达的各种损失；其次，目标截面积和最小可检测信号在本质上是统计量。所以，作用距离必须用统计值来规定。

功率是由矩形脉冲组成的常用雷达波形的一种为人熟知的特性，上面根据信号功率讨论了雷达方程。

雷达方程除了用于估算作用距离外，还可指导如何在和雷达性能相关的各种参数中选择可行的折衷方案，从而为初始的雷达系统设计打下良好的基础。

1.2 雷达工作频段的划分及应用

雷达的工作频率没有根本性的限制。无论工作频率如何，只要是通过辐射电磁能量来检测和定位目标，并且利用目标回波来提取目标信息的任何设备都可认为是雷达。已经使用的雷达工作频率从几兆赫到紫外线区域。任何工作频率的雷达，其基本原理是相同的，但具体的实现却差距巨大。实际上，大多数雷达的工作频率是微波频率，但也有值得注意的例外。

雷达工程师利用表1-1所列的字母来标识雷达常用工作频段，这些字母波段在雷达领域是通用的，它作为一种标准已被电气与电子工程师协会(IEEE)正式接受并被美国国防部所认可。在过去，人们试图用其他字符波段来细分整个频谱(如在波导中用和在电子对抗措施中用)，但表1-1是雷达界采用的唯一频段标识。

表1-1 标准的雷达频率命名法

名 称	频率范围	国际电信联盟规定的雷达频段
HF	3～30 MHz	
VHF	30～300 MHz	138～144 MHz　216～225 MHz
UHF	300 MHz～1 GHz	420～450 MHz　890～942 MHz
L	1～2 GHz	1.215～1.4 GHz
S	2～4 GHz	2.3～2.5 GHz　2.7～3.7 GHz
C	4～8 GHz	5.25～5.925 GHz
X	8～12 GHz	8.5～10.68 GHz
Ku	12～18 GHz	13.4～14.0 GHz　15.7～17.7 GHz
K	18～27 GHz	24.05～24.25 GHz
Ka	27～40 GHz	33.4～36.0 GHz
V	40～75 GHz	59～64 GHz
W	75～110 GHz	76～81 GHz　92～100 GHz
mm	110～300 GHz	126～142 GHz　144～149 GHz 231～235 GHz　238～248 GHz

最初的代码(如P、L、S、X和K)是在第二次世界大战期间为保密而引入的，后来不再需要保密，故这些代码仍沿用至今。后来雷达使用了新的频段，其他的字符是新增加的(其中UHF

代替了 P 波段,P 波段不再使用)。

雷达的常用工作频段用字母来标识。在军事应用上,它的重要作用是它不必用雷达的确切频率来描述雷达的工作频段。当实际需要时,可加上确切的工作频率或替换掉字母。

ITU(国际电信联盟)为无线电定位(雷达)指定了特定的频段,这些频段列于表 1-1 的第三列,它们适用于包括北美、南美在内的 ITU 第Ⅱ区。欧非区第Ⅰ区、亚澳区第Ⅲ区的划分略有不同。例如,尽管 L 波段如表 1-1 的第二列所示,它的范围从 1~2 GHz,实际上,L 波段雷达的工作频率均在国际电信联盟指定的 1.215~1.4 GHz 的范围内。

每个频段都有其自身特有的性质,从而使它比其他频段更适合于某些应用。下面将说明在雷达已采用的或可以工作的电磁波频谱中各部分的特性。实际上,频域的划分并不像名称那样分明。

1. 高频(HF)(3~30 MHz)

虽然在第二次世界大战前夕英国安装的第一部作战雷达的工作频率位于该波段,但是用在雷达上,它有许多缺点。在高频段,窄波束宽度要采用大型天线,外界自然噪声大,可用的带宽窄,并且民用设备广泛使用电磁频谱的这一部分,因而雷达所用的该频段被限制在窄的范围内。另外,波长长意味着许多有用的目标位于瑞利区,在该区内目标的尺寸比波长小。因此,目标的截面积在 HF 频率条件下比在微波条件下小。

尽管高频段有许多缺点,英国仍采用该波段,这是因为高频段是当时所能得到性能可靠的大功率器件的最高频率,它对飞机的防御距离达 200 n mile。就是这些雷达在不列颠战役中成功地探测到敌机,并且依赖它使有限的英国战斗机能有效地抗击进攻的轰炸机。

高频电磁波的一个重要特性是它能被电离层折射,并且根据电离层实际情况,电磁波可以在 500~2 000 km 的距离外折射回地面。这可用作飞机和其他目标的超视距检测。

对于大面积观察(如海洋)的雷达来说,可能实现的超视距探测距离使频谱的 HF 段颇具吸引力,而采用常规雷达是不实际的。

2. 甚高频(VHF)(30~300 MHz)

20 世纪 30 年代开发的大多数早期雷达都工作在该频段。在当时,这些频率的雷达技术是技术领域大胆的探索并处于 20 世纪 30 年代技术的前沿。这些早期的雷达很好地适应了当时的需要并牢固地确立了雷达的实用性。

和 HF 频段一样,VHF 频段很拥挤,带宽窄,外部噪声高,波束宽。但是与微波频段相比,所需的工艺简单、价格便宜,大功率和大尺寸天线都现成可用。对于性能好的动目标显示 MTI 雷达所需的稳定的发射机和振荡器来说,该频段较更高频段更容易实现,并且可以免除当频率升高时盲速对 MTI 效能的限制,雨的反射也不成问题。在好的反射表面上(如海面)采用水平极化,直射波和表面反射波间的相长干涉会大大增加雷达的最大防空距离(几乎为自由空间作用距离的两倍)。但伴随而来的相消干涉会导致覆盖范围内某些仰角能量为零和低仰角能量降低。该频段是低成本、远距离雷达的一个较好的工作频段,诸如卫星探测设备。理论上要减小该频段大多数空中目标雷达截面积是很困难的。

尽管甚高频有许多诱人的特点,但是它的优点并不总能弥补它的局限,所以许多雷达不采用该频段。

3. 超高频(UHF)(300 MHz～1 GHz)

上述甚高频雷达许多情况也适合于超高频,但比起 VHF 频段,超高频段外部噪声低,波束也较窄,并且也不受气候的困扰。在有合适的大天线情况下,对于远程警戒雷达,特别是用于监视宇宙飞船、弹道导弹等外层空间目标的雷达,这个频段是好的。它特别适合于机载早期预警(AEW),例如使用 AMTI 检测飞行器的机载雷达。超高频段的固态发射机能产生大功率并且具有维修性好和带宽大的优点。

4. L 波段(1～2 GHz)

它是地面远程对空警戒雷达首选频段,如作用距离为 200 n mile 的用于空中交通管制的雷达(美国联邦航空局(FAA)命名为 ARSR)。在该频段能得到好的 MTI 性能和大功率及窄波束天线,并且外部噪声低。军用 3D 雷达使用过 L 波段,也使用过 S 波段。L 波段也适用于必须检测外层空间远距离目标的大型雷达。

5. S 波段(2～4 GHz)

在 S 波段,对空警戒雷达可以是远程雷达,但比在较低频率上更难达到远距离。随着频率升高,MTI 雷达出现的盲速数量增多,从而使 MTI 的性能变差。雨杂波会明显减少 S 波段雷达的作用距离。但对于必须准确估计降雨率的远程气象雷达来说,它是首选频率。它也是对空中程监视雷达的较好频率,例如航线终端的机场监视雷达(ASR)。该频段波束宽度更窄,因而角精度和角分辨力高,从而易于减轻军用雷达可能遭遇的敌方的主瓣干扰的影响。由于在更高的频率能得到窄的仰角波束宽度,也有军用三坐标雷达和测高雷达采用 S 波段。远程机载对空警戒脉冲多普勒雷达也工作在该频段,如机载预警和控制系统(AWACS)。

通常,比 S 波段低的频率适合于对空警戒(大空域内探测和低数据率跟踪多目标)。S 波段以上的频率更适合于信息收集,例如高数据率精确跟踪和识别个别目标。若一雷达既要用于对空警戒又要精确跟踪(如基于多功能相控阵雷达的军用防空系统),S 波段是合适的折衷。

6. C 波段(4～8 GHz)

C 波段介于 S 波段和 X 波段之间,可看作是二者的折衷。但是,在该频段或更高的频率上实现远程对空警戒很困难。该频段常用于导弹精确跟踪的远程精确制导雷达中。多功能相控阵防空雷达和中程气象雷达也使用该频段。

7. X 波段(8～12 GHz)

X 波段是军用武器控制(跟踪)雷达和民用雷达的常用频段。舰载导航和领港、恶劣气象规避、多普勒导航和警用测速都使用 X 波段。工作于该频段的雷达的尺寸适宜,所以适合于注重机动性和重量轻而非远距离的场合。X 波段雷达的带宽宽,从而可产生窄脉冲(或宽带脉冲压缩),并且可用尺寸相对小的天线产生窄波束,这些都有利于高分辨力雷达的信息收集。一部 X 波段雷达可小到拿在手里,也可大如麻省理工学院林肯实验室的"干草堆山"(Haystack Hill)雷达。它的天线直径为 120 ft(英尺,1 ft=0.304 8 m),平均辐射功率为 500 kW。不过,雨会大大削弱 X 波段雷达的功能。

8. Ku、K 和 Ka 波段(12~40 GHz)

在第二次世界大战期间发展起来的初期 K 波段雷达的波长都集中在 1.25 cm(24 GHz)。由于该波长很接近水蒸气的谐振波长,而水蒸气的吸收会降低雷达的作用距离,因此选择这个波长是不适宜的。后来,以水蒸气的吸收频率为界将 K 波段细分为两个频段,低段用 Ku 表示,高段用 Ka 表示。这些频率受到关注是因为带宽宽,并且用小孔径天线可获得窄波束。但是,在该波段难以产生和辐射大的功率。由于雨杂波和大气衰减的限制,工作在较高频率愈加困难。所以,并没有多少雷达采用这些频率。但是,用于机场地面交通定位和控制的机场场面探测雷达由于要求高分辨力,它们工作在 Ku 波段。在这特殊应用中,由于作用距离短,故该波段的缺点并不重要。

9. 毫米波波段(40 GHz 以上)

尽管 Ka 波段的波长约为 8.5 mm(35 GHz),考虑到 Ka 波段雷达的工艺与毫米波的相比更接近微米波雷达的工艺,故其很少被认为是毫米波段的典型频率。所以毫米波雷达的频率范围取在 40~300 GHz。在 60 GHz 由于大气中氧气吸收产生的异常衰减,排除了雷达在其邻近频率的应用。因而,94 GHz 频率(3 mm 波长)通常代表毫米波雷达的"典型"频率。

如表 1-1 所列,在 IEEE 标准中,40 GHz 以上频段被进一步分成字母波段。尽管人们对电磁频谱的毫米波段感兴趣,但是到目前为止还没有现役雷达运行于 Ka 波段以上。大功率、高灵敏度接收机和低损耗传输线在毫米波不易实现,但这并不是根本问题。即使在"晴朗"的天气下,毫米波段也存在很高的衰减,这就是雷达很少采用该频段的主要原因。实际上,所谓"传播窗口"(94 GHz)处的衰减也大于 22.2 GHz 水蒸气吸收频率点处的衰减。毫米波雷达更适合于那些工作于没有大气衰减的空间雷达。对于近程应用,当总衰减不大且可承受时,人们在大气层内的近程雷达中也考虑采用这些频率。

10. 激光频率

红外光谱、可见光谱和紫外光谱的激光雷达可得到幅度、效率适当的相参功率和定向窄波束。激光雷达具有良好的角度和距离分辨力,对目标信息的获取来说颇具吸引力,例如精确测距和成像,它们已用于军用雷达测距器和勘探的距离测量。人们已考虑利用这些雷达从太空测量大气温度、水蒸气、臭氧的分布剖面以及测量云层的高度和对流层风速。激光雷达孔径的实体面积比较小,因而不能用于大空域的警戒。激光雷达的严重缺点是在雨、云或雾中不能有效地工作。

1.2.1　雷达的主要战术技术参数

雷达的战术参数是指雷达完成作战战术任务所具备的功能和性能。

雷达的技术参数是指描述雷达技术性能的量化指标。

雷达的战术参数是设计雷达的主要依据,雷达的技术参数又决定了雷达的战术性能。

1.2.2　战术参数

① 探测范围:包括探测距离、方位角和俯仰角。

② 测量精度和准确度:测量精度是测量时作用的最小单位;准确度是测量时数据的有效位数,用均方误差表示。

③ 分辨力:包括距离分辨力 ΔR、角分辨力 $\Delta \theta$ 和速度分辨力 Δv。

距离分辨力 ΔR:同一方向上两目标的最小可分辨距离取决于信号带宽 B,带宽越大,距离分辨力越大;带宽越小,距离分辨力越差,如图 1－6(a)所示。

角分辨力 $\Delta \theta$:同一距离上两个目标的最小可分辨角度取决于波束宽度,波束宽度越大,角分辨力越小;波束宽度越小,角分辨力越高,如图 1－6(b)所示。

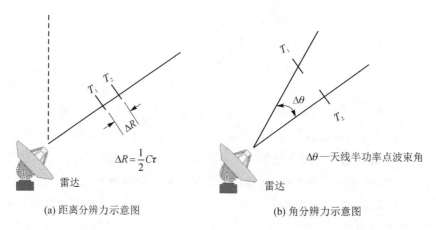

(a) 距离分辨力示意图　　　　　　　(b) 角分辨力示意图

图 1－6　分辨力示意图

速度分辨力 Δv:同方位、同距离上的两个目标的最小可分辨速度取决于数字滤波器的带宽 Δf,带宽越小,分辨力越差,带宽越宽,分辨能力越高。

④ 数据率 D:单位时间雷达对一个目标完成测量的次数。

⑤ 跟踪速度:对距离和角度的最大连续跟踪速度。

⑥ 跟踪目标的数量。

⑦ 抗干扰能力。

⑧ 可靠性:MTBF—平均无故障时间;MTTR—平均修复时间。

1.2.3 技术参数

① 雷达工作频率 f。

② 发射功率和调制波形。

③ 脉冲重复频率 PRF：一般脉冲重复频率为几百赫兹到几千赫兹，远程警戒雷达可达十几赫兹，脉冲多普勒雷达为几百千赫兹。

④ 脉冲宽度 τ。

⑤ 接收机灵敏度 $S_{i\,min}$：也称最小可检测信号。一般 $S_{i\,min}$ 为 $-140\sim-60$ dBw。

⑥ 天线波束形状和扫描方式。

1.3 雷达的应用与发展

最初，雷达是为了满足对空监视和武器控制的军事需求而研制的。军事上的应用使雷达技术快速发展。

现代雷达的应用极为广泛，它不仅作为武器装备应用于军事，成为目标搜索、跟踪、测量和武器引导、控制以及敌我识别等不可缺少的设备，而且在民用和科学研究方面也有十分重要的作用，如机场和海港的管理、空中交通管制、天气预报、导航及天文研究等都需要使用雷达。

1.3.1 雷达的分类

1. 军用雷达按照战术分类

① 预警雷达（超远程雷达）。

② 搜索和警戒雷达。

③ 引导指挥雷达（监视雷达）。

④ 火控雷达。

⑤ 制导雷达。

⑥ 战场监视雷达。

⑦ 机载雷达：包括机载截击雷达、机载护尾雷达、机载导航雷达、机载火控雷达。

⑧ 无线电测高仪。

⑨ 雷达引信。

2. 按照雷达信号的形式分类

① 脉冲雷达。

② 连续波雷达。

③ 脉冲压缩雷达。

④ 脉冲多普勒雷达。

⑤ 噪声雷达。

⑥ 频率捷变雷达。

3．按照其他标准分类

① 按角跟踪方式分：单脉冲雷达、圆锥扫描雷达、隐蔽锥扫雷达。

② 按测量目标的参量分：测高雷达、两坐标雷达、三坐标雷达、测速雷达、目标识别雷达。

③ 按信号处理方式分：各种分集雷达（频率分集、极化分集）、相参或非相参积累雷达、动目标显示雷达、合成孔径雷达。

④ 按天线扫描方法分：机械扫描雷达、相控阵雷达、频扫雷达。

1.3.2 雷达的应用

1．军事应用

(1) 搜索和引导雷达

对空搜索雷达的用途是尽早发现敌方飞机；对海搜索雷达用以发现敌方舰船。搜索雷达通常是二坐标的，即测定入侵武器的实时方位和距离。发现敌机后若要引导己方歼击机去迎击，还需要测定敌机高度，需要用三坐标雷达进行引导。三坐标引导雷达可兼作搜索之用，第三个坐标（仰角）可用多波束、频扫和相扫等方法获得。

(2) 跟踪测量和火控雷达

在发射导弹和卫星时，为了知道其是否进入正确的轨道，在起飞段需要有精密的跟踪测量雷达测定目标的距离、方位、高度、速度等信息。这种雷达通常采用单脉冲测角方式，并把自动化跟踪的数据输入计算机，获得目标的未来轨迹。高射炮或地空导弹的火控雷达也用单脉冲测角，它不仅精度高，而且抗干扰能力强。

(3) 敌我识别雷达

敌我识别雷达用于探明目标是敌机还是我机（友机），这是一种利用二次雷达原理工作的设备。敌我识别雷达包括询问机和应答器，实际上是一种特殊的发射、接收设备。询问机通过天线向目标发射编码询问信号，我（友）机上装的应答器在收到询问信号后发回特殊的编码回答信号。回答信号经询问机接收并解码后在显示器上显示出我机的标志。

(4) 机载雷达

机载雷达用于战斗机下视、下射和测绘。机载雷达具有下视能力，以发现低空飞行的飞机、巡航导弹或地面高速行驶的车辆，这时会有很强的地杂波从天线进入接收机中。另外，由于雷达载机的高速飞行，地杂波谱会发生很大扩散。这些都会增加机载雷达从地杂波中检测动目标的难度。机载下视雷达的另一重要用途是地形测绘,其原理是利用雷达载机高速运动对地面各点所产生的不同的多普勒频率变化,使方位分辨力比天线真实方位波束的分辨力提高数百倍甚至上千倍(合成孔径雷达)。雷达测绘地图可接近光学照相所能达到的清晰度,并且不受气象条件和黑夜的限制。但是,飞机对机载雷达的体积重量限制极严,因而必须采用优越的结构设计、精密的加工和先进的设备。微波集成、线性电路集成和大规模数字电路集成是减轻重量、缩小体积和提高可靠性的重要技术途径。

2. 民用雷达和科研用雷达

(1) 机场和海港管理

现代机场的飞机起落频繁,而且要求在黑夜或能见度差的云雾天气安全正点起落,因此,空中交通管制雷达就成为现代机场必备的设备。现代机场配有较远距离的航线监视雷达、机场上空四周的空中监视雷达和观测跑道上飞机的高分辨力航空港监视雷达等。海港和河港的船舶进出也十分频繁,必须使用分辨力高的雷达和应答器提供监视、指挥、进港导航等服务,以避免碰撞、搁浅等灾难。

(2) 气象预报雷达

气象雷达能对恶劣天气提前发出警报,例如,可观测 $400\sim500$ km 以外的台风中心并测知其行进速度和方向。海船上和飞机上装有气象雷达,可测知前进航道上的暴风雨区,并绕道行驶。

(3) 天文研究

天文雷达是研究较近天体的有力工具,它能精确测定天体离测定点的距离。现代雷达测月球距离的精度已达米的量级,这是其他方法无法达到的。它还能测知天体的形状和自转的方向与速度等。

(4) 导航雷达

船舶上一般均装有导航雷达,这种雷达有较高的分辨力,避免在航行中与邻近的船只或小岛碰撞。有些飞机上装有多普勒导航雷达,多普勒导航雷达多以连续波工作,天线产生前后左右几个波束,借以测定航线的偏差。

1.3.3　雷达的发展

1. 发展过程

1886—1888 年,海因里奇·赫兹(Heinrich Hertz)验证了电磁波的产生、接收和散射。

1903—1904 年,克里斯琴·赫尔斯迈耶(Christian Hulsmeyer)研制出原始的船用防撞雷达并获得专利权。

1922 年,M. G. 马可尼(M. G. Marconi)在接受无线电工程师协会(IRE)荣誉奖章时的讲话中提出了一种船用防撞测角雷达的建议。

1925 年,约翰斯·霍普金斯大学(Johns Hopkins University)的 G. 布赖特(G. Breit)和 M. 图夫(M. Tuve)通过阴极射线管观测到来自电离层的第一个短脉冲回波。

1934 年,美国海军研究实验室(Naval Research Lab.)的 R. M. 佩奇(R. M. Page)拍摄了第一张来自飞机的短脉冲回波照片。

1935 年,英国人和德国人第一次验证了对飞机目标的短脉冲测距。

1937 年,由罗伯特·沃森·瓦特(Robert Watson - Watt)设计的第一部可使用的雷达 "Chain Home"在英国建成。

1938 年,美国陆军通信兵的 SCR - 268 成为第一部实用的防空火控雷达,后来生产了 3 100 部。该雷达探测距离大于 100 n mile,工作频率为 200 MHz。

1939 年,研制成功第一部实用舰载雷达——XAF,安装在美国海军纽约号(New York)战舰上,对飞机的探测距离为 85 n mile。

1941 年 12 月,那时已生产了 100 部 SCR - 270/271 陆军通信兵预警雷达。其中一部雷达架设在檀香山,它探测到了日本飞机对珍珠港的入侵。但是,误将该反射回波信号认为是友军飞机,铸成了大悲剧。

20 世纪 50 年代以来,许多新的技术逐步应用到雷达中来,且新的体制不断出现,雷达的发展进入蓬勃发展的阶段。在雷达新体制、新技术方面,50 年代已较广泛地采用了动目标显示、单脉冲测角和跟踪以及脉冲压缩等技术;60 年代出现了相控阵雷达;70 年代固态相控阵雷达和脉冲多普勒雷达问世。

20 世纪 40 年代后期出现了动目标显示技术,这有利于在地杂波和云雨等杂波背景中发现目标。高性能的动目标显示雷达必须发射相干信号,于是研制了功率行波管、速调管、前向波管等器件。50 年代出现了高速喷气式飞机,60 年代又出现了低空突防飞机和中、远程导弹以及军用卫星,促进了雷达性能的迅速提高。60～70 年代,电子计算机、微处理器、微波集成电路和大规模数字集成电路等应用到雷达上,使雷达性能大大提高,同时减小了体积和重量,提高了可靠性。70～90 年代,由于反弹道导弹、空间卫星探测与监视、军用对地侦察、民用环境和资源勘查等的需要,又出现了合成孔径雷达、高频超视距雷达、双/多基地雷达、超宽带雷达、逆合成孔径雷达、干涉仪合成孔径雷达、综合脉冲与孔径雷达等新技术、新体制的雷达。

2. 发展趋势

相控阵雷达,特别是固态相控阵雷达具有极高的可靠性,它的天线有可能与装载雷达的飞机或卫星等载体的形状完全贴合(称为共形天线),是受到人们重视的新型雷达。动目标检测和脉冲多普勒雷达具有在极强杂波中检测小的动目标的能力,已得到进一步发展。雷达波长将向更短的方向扩展,从 3 mm 直至激光波段。毫米波雷达和激光雷达的信号虽然在大气层内有严重衰减,但更适于装在卫星或宇宙飞船上工作,只用很小的天线就能得到极高的定位精度和分辨力。雷达设备模块化、小型化、高机动性和高可靠性是总的发展趋势。为了提高军用雷达的抗干扰性能和生存能力,除改进雷达本身设计外,把多种雷达组合成网,则可获得更多的自由度。天线和信息处理的自适应技术,导弹真假弹头和飞机机型、架数的识别技术,也是雷达技术的重要研究课题。

雷达一方面综合运用各种新技术、新器件来完善和提高自身的性能,另一方面为不断适应各种新技术的对抗,雷达也在不断地发展。当前,军用雷达已经进入电子战领域。

第 2 章

雷达发射机

2.1 概　述

　　雷达是利用目标对电磁波的二次散射现象来发现目标并确定其位置的,因此雷达工作时要求能发射一种特定的大功率无线电信号。发射机在雷达中就是起这一作用的。

2.1.1 雷达发射机的分类

　　雷达发射机有单级振荡式和主振放大式两大类。
　　单级振荡式发射机的主要优点是简单、经济、轻便。主振放大式发射机的优点是可以实现一些较高的指标。

2.1.2 雷达发射机的基本组成

1. 单级振荡式发射机的组成

　　单级振荡式发射机由脉冲调制器和大功率射频振荡器组成,如图 2-1 所示。由于它所提供的射频信号直接由一级大功率振荡器提供,故名单级振荡式发射机。

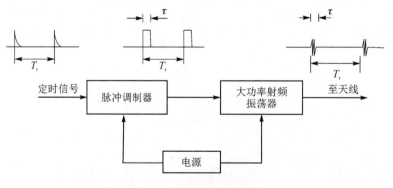

图 2-1　单级振荡式发射机

2. 主振放大式发射机的组成

主振放大式发射机由多级组成,如图 2 - 2 所示。从各级功能来看,一是用来产生射频信号的,称为主控振荡器;二是用来放大射频信号的,称为射频放大链。取"主控振荡器"中的"主振"和"射频放大链"中的"放大"即组成该类发射机的名字。

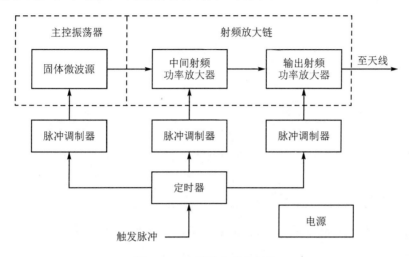

图 2 - 2　主振放大式发射机

2.1.3　雷达发射机的主要质量指标

1. 工作频率或波段

雷达的工作频率或波段是由雷达的用途确定的。第1章介绍过不同用途的雷达的主要工作波段。另外,工作频率或波段的不同涉及发射管种类的选择,一般 1 GHz 以下的发射管采用微波三、四极管;1 GHz 以上的发射管采用多腔磁控管、大功率速调管、行波管、前向波管。

2. 输出功率

输出功率直接影响雷达的威力和抗干扰能力。发射机的输出功率指发射机送至天线输入端的功率。

脉冲雷达发射机的输出功率分为峰值功率 P_t 和平均功率 P_{av}。峰值功率是指脉冲期间射频振荡的平均功率;而平均功率是指脉冲重复周期内输出功率的平均值。

$$P_{av} = P_t \frac{\tau}{T_r} = P_t \tau f_r \qquad (2-1)$$

式中,$f_r = 1/T_r$,是雷达重复频率,其中 $\tau/T_r = \tau f_r$,称为雷达工作比 D。

单级振荡式发射机的输出功率取决于振荡管的功率容量。主振放大式发射机的输出功率取决于输出级(末级)发射管的功率容量。

3. 信号调制形式

雷达信号调制器主要应满足脉冲宽度、脉冲重复频率和脉冲波形的要求,有调频、调幅及调相信号等调制形式,如表 2-1 所列。

表 2-1 雷达的常用信号形式

波 形	调制类型	工作比(D)/%
简单脉冲	矩形振幅调制	0.01～1
脉冲压缩	线性调频 脉内相位编码	0.1～10
高工作比多普勒	矩形调幅	30～50
调频连续波	线性调频 正弦调频 相位编码	100
连续波	—	100

对于常规雷达的简单脉冲波形而言,调制器满足脉冲宽度、脉冲重复频率和脉冲波形的要求比较容易;对于复杂调制,射频放大器和脉冲调制器要采用特殊措施才能满足要求。目前应用较多的三种雷达信号形式和调制波形如图 2-3 所示,图 2-3(a)为简单的固定载频矩形脉冲调制信号波形,τ 为脉冲宽度,T_r 为脉冲周期;图 2-3(b)为脉冲压缩雷达的线性调频信号;图 2-3(c)为相位编码脉冲压缩雷达中使用的相位编码信号(图中为 5 位巴克码信号),τ_0 为子脉冲宽度。

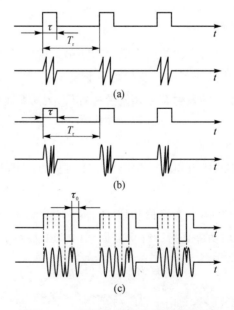

(a)

(b)

(c)

图 2-3 三种雷达信号形式和调制波形

4. 总效率

总效率指发射机输出功率与它的输入总功率之比。对于主振放大式发射机,要提高总效率要注意改善输出级的效率。

5. 信号的稳定度或频谱纯度

信号的稳定度指信号的各项参数是否随时间做不应有的变化。信号的稳定度可以在时间域或频率域内衡量。

雷达信号任何参数不稳定,都会给雷达整机性能带来不利影响。信号参数的不稳定可分为规律性的与随机性两类:规律性的不稳定往往是由电源滤波不良、机械振动等原因引起的;而随机性的不稳定则是由发射管的噪声和调制脉冲的随机起伏引起的。

频谱纯度是信号稳定度在频域中的表示,指雷达信号在应有的信号频谱之外的寄生输出。以典型的矩形调幅的射频脉冲序列为例,它的理想频谱是以载频 f_0 为中心的、包络呈辛克函数状的、间隔为脉冲重复频率的梳齿状频谱,如图 2-4 所示。但实际上由于发射机各部分的不完善,发射信号会在理想的梳齿状频谱之外产生寄生输出,如图 2-5 所示。从图 2-5 中可以看出,存在着两种类型的寄生输出:离散的和分布的。前者相应于信号的规律性不稳定,后者相应于信号的随机性不稳定。

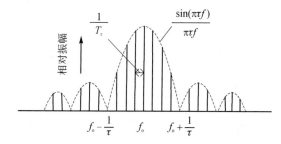

图 2-4 矩形射频脉冲序列的理想频谱

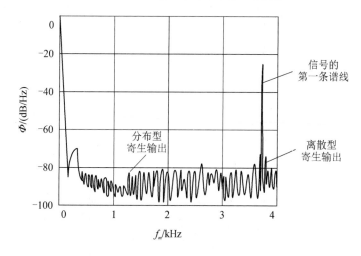

图 2-5 矩形射频脉冲序列的实际频谱

现代雷达对信号的频谱纯度提出了很高的要求,除以上电性能要求以外,还应考虑以下因素:

① 就结构方面看,应考虑发射机的体积重量、通风散热、防震防潮及调整调谐等问题;

② 就使用方面看,应便于控制监视、便于检查维修、保证安全可靠等;

③ 由于发射机往往是雷达系统中最昂贵的一个部分,所以还应考虑它的经济性。

2.2 发射机的组成与原理

2.2.1 单级振荡式发射机

1. 单级振荡式发射机的组成

单级振荡式发射机主要由预调器、调制器、振荡器、电源及控制保护电路等部分组成,如图 2-6 所示。调制器包括刚性开关调制器、软性开关调制器和磁开关调制器。单级振荡式发射机各级波形如图 2-7 所示。

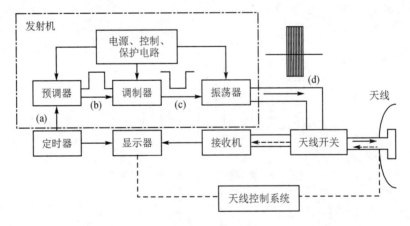

图 2-6 单级振荡式发射机组成

2. 振荡管的分类

微波能量是由振荡器产生的,振荡器包括微波管和微波管电源两个部分。其中微波管电源(简称电源或微波源)的作用是把常用的交流电能变成直流电能,为微波管的工作创造条件。微波管是振荡器的核心,它将直流电能转变成微波能。

微波管有微波晶体管和微波电子管两大类。微波晶体管输出功率较小,一般用于测量和通信等领域。微波电子管种类很多,常用的有磁控管、速调管、行波管等。它们的工作原理不同、结构不同、性能各异,在雷达、导航、通信、电子对抗和加热,以及科学研究等方面都得到广泛的应用。由于磁控管的结构简单、效率高、工作电压低、电源简单和适应负载变化的能力强,因此特别适用于微波加热和微波能的其他应用。磁控管由于工作状态的不同可分为脉冲磁控管和连续波磁控管两类。微波加热设备主要工作于连续波状态,所以多用连续波磁控管。

在雷达应用领域,对于米波雷达,振荡器采用超短波三极管;对于分米波雷达,采用微波三极管或磁控管;对于厘米波雷达,采用多腔磁控管。

3. 磁控管的结构

磁控管是一种用来产生微波能的电真空器件,实质上是一个置于恒定磁场中的二极管。管内电子在相互垂直的恒定磁场和恒定电场的控制下,与高频电磁场发生相互作用,把从恒定电场中获得的能量转变成微波能量,从而达到产生微波能的目的。磁控管由管芯和磁钢(或电磁铁)组成,管芯的结构包括阳极、

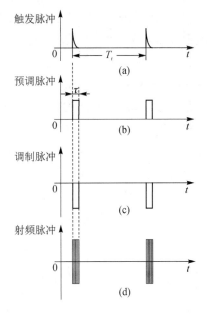

图 2-7　单级振荡式发射机各级波形

阴极、能量输出器和磁路系统四部分,管子内部保持高真空状态。磁控管外形如图 2-8 所示。

阳极是磁控管的主要组成之一,它与阴极一起构成电子与高频电磁场相互作用的空间。在恒定磁场和恒定电场的作用下,电子在此空间内完成能量转换的任务。磁控管的阳极除与普通的二极管的阳极一样收集电子外,还对高频电磁场的振荡频率起着决定性的作用。

磁控管的阴极即电子的发射体,又是相互作用空间的一个组成部分。阴极的性能对管子的工作特性和寿命影响极大,被视为整个管子的心脏。

能量输出器是把相互作用空间中所产生的微波能输送到负载的装置。能量输出装置的作用是无损耗、无击穿地通过微波,保证管子的真空密封,同时还要做到便于与外部系统相连接。小功率连续波磁控管大多采用同轴输出在阳极谐振腔高频磁场最强的地方。放置一个耦合环,当穿过环面的磁通量变化时,将在环上产生高频感应电流,从而将高频功率引到环外。耦合环面积越大,耦合越强。大功率连续波磁控管常用轴向能量输出器,输出天线通过极靴孔洞连接到阳极翼片上。天线一般为条状或圆棒状,也可为锥体,整个天线被输出窗密封。

磁控管的磁路系统就是产生恒定磁场的装置。磁路系统分永磁和电磁两大类。永磁系统一般用于小功率管,磁钢与管芯牢固合为一体构成所谓包装式。大功率管多用电磁铁产生磁场,管芯和电磁铁配合使用,管芯内有上、下极靴,以固定磁隙的距离。磁控管工作时,可以很方便地改变磁场强度的大小以调整输出功率和工作频率。另外,还可以将阳极电流馈入电磁线包以提高管子工作的稳定性。

大功率磁控管的机械调谐范围一般为频率的 $5\%\sim10\%$,在某些情况下可达 25%。随着工艺和技术的发展,在 1960 年左右旋转调谐(自旋调谐)的磁控管被研制出来。阳极腔体上悬挂了一个带槽孔的盘,当它旋转时就交替地给空腔加上感性或容性的负载,以升高或降低频率。当盘旋转一周时,频率在整个带宽内来回变化的次数等于沿围绕阳极的腔体的数目,所以

能够实现快速调谐。调谐盘用轴承支撑在真空中(最初是为旋转阳极 X 射线管研制的),并通过磁耦合到外部的轴上。如转速为 1 800 r/min,管子有 10 个腔体,则可在带宽内每秒调谐 300 次。若调制器的 PRF 不同步于调谐速率,则发射的频率将在脉间按某一规律变化,其变化频率为 PRF 与调谐速率之差。

快速改变调制器的 PRF 或马达转速,能得到不规则的(伪随机)频率跳变。接收机本振的初始跟踪信息从一个和调谐盘装在同一轴上、通常为电容性的内部变换器得到。

旋转调谐器的使用除高成本、重量大外,还有一些弊端:由于旋转盘不易冷却,管子的平均功率输出小于采用一般调谐的磁控管,不能保证精确的带边调谐;因为每个调谐周期都覆盖了整个调谐范围,又不允许指定带宽以外的运用,故调谐范围容限只能由带宽承担。

旋转调谐(自旋调谐)的磁控管内部结构如图 2-9 所示。

图 2-8 磁控管外形

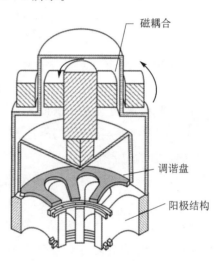

磁耦合

调谐盘

阳极结构

图 2-9 磁控管内部结构

4. 磁控管的使用

磁控管是微波应用设备的心脏,因此,磁控管的正确使用是维护微波设备正常工作的必要条件。磁控管在使用时应注意以下几个问题:

(1) 保持负载匹配良好

磁控管的输出负载尽可能做到匹配,也就是它的电压驻波比应尽可能的小。驻波大不仅反射功率大,使负载实际得到的功率减少,而且会引起磁控管跳模和阴极过热,严重时会损坏管子。

为使磁控管负载不发生变化,应经常检查波导连接处是否接触良好、波导内是否进水或有异物、波导是否变形等。对于因升降天线而需要拆卸连接波导的雷达发射机,开机前务必确认波导的连接状态,不连接天线就要连接等效负载,严禁磁控管在无负载的情况下开机工作。

(2) 冷 却

冷却是保证磁控管正常工作的条件之一,大功率磁控管的阳极常用水冷,其阴极灯丝引出部分及输出陶瓷窗同时进行强迫风冷,有些电磁铁也用风冷或水冷。冷却不良将使管子过热而不能正常工作,严重时将烧坏管子。应严禁在冷却不足的条件下工作。

(3) 预　热

磁控管加高压前,应充分预热,预热不足将缩短磁控管使用寿命,甚至损坏磁控管。

(4) 合理调整阴极加热功率

磁控管起振后,有害电子回轰阴极使阴极温度升高而处于过热状态,阴极过热将使材料蒸发加剧,寿命缩短,严重时将烧坏阴极。防止阴极过热的办法是按规定调整降低阴极加热功率。

(5) 老　练

新的或者长期不用的磁控管在正式使用前要进行"老练"。有的雷达可直接在机上老练,对于备品磁控管有专门的老练仪器。老练的原理和步骤是:先将磁控管预热好,然后加上较低的高压使磁控管起振,再慢慢升高高压并观察磁控管电流表,若电流表指针出现抖动现象,说明磁控管内部气体电离引起轻微打火,则要降低高压至电流表指针不抖动为止,工作一段时间后再升高压。如此反复直到在满高压状态下电流表指针不再抖动,则完成老练工作。

(6) 保存和运输

磁控管的电极材料为无氧铜、镍等,这些材料在酸、碱湿气中易于氧化,因此,磁控管的保存应防潮,避开酸碱气体,防止高温氧化。包装式磁控管因带磁钢,应防止磁钢的磁性变化,在管子周围 10 cm 内不得有铁磁物质存在。管子运输过程中应放入专用防震包装箱内,以防止受振动、撞击而损坏。

5. 磁控管的不足

采用磁控管作为单级振荡式发射机的振荡器件尽管具有多种优势,但随着雷达的发展和对雷达信号处理的需要,磁控管由于自身的结构,有以下几种情况不能适用:

① 需要对频率进行精确控制,而要求的精度在考虑到齿轮间隙、热漂移、频推和频牵等因素后超过磁控管调谐所能达到的程度。

② 需要精确的频率跳变,或在脉间或脉组内的频率跳变。

③ 需要极高的频率稳定度。磁控管的稳定性不适于输出宽脉冲(如 100 μs),起始抖动又限制它们在极窄脉冲中的应用(如 0.1 μs),这种弱点在大功率时和低频段尤为突出。

④ 需要脉间相参以进行二次跨周期杂波对消。注入锁相方式已被试用,但这种方式需要较大的功率以至于没有成功运用。同样,对磁控管的功率输出进行合成也并不诱人。

⑤ 要求编码或成形脉冲,磁控管仅仅只有几个分贝的脉冲成形范围,而且频率推移效应也使它得不到期望的好处。

⑥ 要求最低可能的杂散功率电平。磁控管不能提供很纯净的频谱,而是在比其信号带宽宽得多的带宽内产生相当可观的电磁干扰(EMI)(同轴线磁控管稍好一些)。

磁控管的局限性最终促使雷达使用功能更强也更复杂的主振放大式发射机。

2.2.2 主振放大式发射机

1. 主振放大式发射机的组成

如图 2 - 2 所示,主振放大式发射机包括主控振荡器和射频放大链两部分。主振放大式发射机与单级振荡式发射机的根本不同在于主振放大式发射机是在低电平获得所需频率精度的发射信号。主振放大式发射机的优点如下:可以很容易地采取各种稳频措施;很容易地产生相位相参信号;很方便地适用于频率捷变雷达;很方便地产生各种复杂波形。

主振放大式发射机采用多级射频放大链。射频放大链常有以下几种形式:

① 微波三、四极管式放大链;

② 行波管-行波管式放大链;

③ 行波管-速调管式放大链;

④ 行波管-前向波管式放大链。

主振放大式发射机射频放大链包括多级射频放大器,每级都有自身的电源、调制器及其控制器。它的设计质量与射频放大管的选择关系密切。

2. 射频真空管

一直到 20 世纪 70 年代中期,雷达发射机只采用真空管产生微波功率。如前所述,早期的发射机都使用磁控管,而放大链系统的发展则不得不等待合适的大功率脉冲放大管的开发。尽管开发了各种管子,但成功的种类是速调管、行波管和正交场管,三极管和四极管在低于 600 MHz 的雷达中也得到了应用。

速调管和行波管称为线性电子注管,这是因为加速电子注的直流电场与聚焦和约束电子注的磁场的轴线指向相同;与其相对,在交叉场放大管如磁控管、正交场管中,电场与磁场互成直角。

(1) 速调管

多腔速调管以其高增益和大功率而闻名,但在 20 世纪 50 年代它的带宽只有 1%或更低一些,只有对腔体进行机械调谐才能得到宽频带,通常使用同调(用一个调谐旋钮或电动驱动机构同时调谐所有的腔体)。尽管在速调管增益与带宽间进行折衷是可行的,但速调管的参差调谐比中频电路复杂得多。速调管的频率响应是中间增益的乘积以及其全部独立腔体响应的总乘积;某些调谐组合会产生过大的谐波输出,并且宽带的小信号增益不能确保宽带的饱和增益。由于强电子注给腔体提供大负载,故速调管的带宽随功率电平的增大而增大。

在计算机的帮助下,可以确定调谐各腔的最佳方案,速调管的带宽迅速增大。在固定腔体调谐下 3 dB 带宽达 8%,个别的可达 11%(Varian VA - 812C)。速调管带宽的展宽也部分取决于电子注导流系数的改进,但更多地取决于输出腔设计的改进。无论前面的增益或激励有多大,输出腔的"功率-带宽"特性决定了从通过这个腔的电子注里能吸取出的能量大小。因此在宽带速调管里,用双重调谐或三重调谐的腔体(有时称为长作用腔(Extended – interaction Circuit)或组腔)取代单腔。长作用腔是在一个腔体内有多个作用隙缝以从电子注中取能,如图2-10所示。这种组腔技术也推广到了前面的腔体中。在发现组中各腔体不必相互耦合后,组腔速调管(Clustered – cavity Klystron)可达到20%的带宽。组腔速调管的复杂性和价格高于一般速调管,但与性能相似的行波管或行波速调管相比,组腔速调管仍然结构简单,价格也较低。

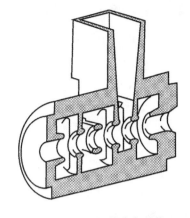

图2-10 速调管内部结构

(2) 行波管

在所有类型的行波管中,小功率螺线型行波管在带宽上仍占第一位。由于在所有频率小功率螺线型行波管相速基本不变,故螺线使行波管的带宽超过倍频程。螺线型行波管没有用于大功率雷达是因为大功率要求高压电子注,而电子速度太高则难以与螺线上的低速射频波同步。螺线型行波管最高运用于10 kV,峰值功率约几千瓦。为了得到大功率,需使用其他类型的有较高射频速度的慢波电路,而这些慢波结构的带通特性可能导致带边振荡。此外,在慢波线上会同时传播前向波和反向波,这可能引起返波振荡。根据不同线路,还可能产生其他振荡。由于这些原因,大功率行波管的研制落后于速调管,到目前价格仍然较贵。1963年,Varian公司用三叶草线路研制出几兆瓦级的脉冲行波管(见图2-11),这种三叶草形慢波结构既重又坚实,足以承受与速调管相当的功率。

图2-11 三叶草形慢波结构行波管

大功率行波管的慢波结构包括螺线形结构(反绕螺线或环杆线路)和耦合腔电路(如三叶草线路)以及梯型网络(Ladder Network)。在100 kW以下,环杆线路的带宽比耦合腔电路宽,效率也高;在200 kW以上或低于200 kW时,受平均功率限制,耦合腔线路则占优势。

如果采用耦合腔电路的行波管是阴极脉冲调制的,则在脉冲电压上升或下降过程中的某一时刻,电子注速度和高频电路的截止频率同步,这会引起振荡。在高频输出脉冲前后沿所产生的特殊振荡形状称为"兔耳",很少能完全抑制这种振荡。由于这种特殊振荡取决于电子速度,而电子速度又取决于注电压,因此采用脉冲调制阳极或栅极可以防止它的产生。在这种情况下,需要保证不在加高压期间就加上阴极调制脉冲,而是等高压加到约60%~80%的满值,即超过引起振荡的安全值时,再加上调制脉冲。

为了防止由于输入端和输出端反射引起的振荡,在大功率行波管的慢波线中间必须有不连续性,即切断(Sever)。虽然沿慢波线分布损耗也能防止振荡,但它会降低效率,对大功率管是不利的。一般达到 15~30 dB 增益的每节管子都有一个切断,在每个切断处,已调制的电子注载运信号继续前进,而沿慢波线传播的功率被耗散在切断处的负载中,这样就消除了反向传输功率。切断处的负载可以放在管外,以减少高频结构内的功率耗散。

行波管的效率低于速调管,这是因为保持稳定需要负载,同时也因沿整个结构的大部分都存在较高的功率。提高大功率行波管效率的一个重要手段是"速度渐变"(Velocity Tapering),运用这种方法时,对慢波线最后几节的长度进行渐变,以便能与换能后失速的电子注相适应。速度渐变允许从电子注中取出更多的能量,并显著改进管子的功率带宽特性。但大功率行波管在带边的功率输出一般有显著下降,它的额定带宽很大程度上取决于整个系统所能允许的功率跌落。

降压收集极可以显著提高行波管(速调管)的效率。在中等电压下的多收集极节在近于最佳电压时吸收每个失能的电子。通信领域用到多于 10 个收集极节的行波管,3 节大功率行波管是现代雷达的典型应用。降压收集极的各种不同电压需求使高压电源变得较为复杂,幸运的是收集极电压并不像电子注电压那样要求严格的稳压。

(3) 行波速调管

1963 年 Varian 公司研制了一个复合管,前面几节都是速调管腔体,输出级用了三叶草行波结构。当时的目的是从腔体对电子注能更有效地群聚出发,企图提高 S 波段宽带行波管 VA-125 的效率。结果不仅是效率略有提高,而且由于腔体调谐的灵活性加上后面的宽功率-带宽能力的行波输出腔,带宽方面也有了显著的改进。为了补偿行波管输出级在边带的增益跌落,可以在行波速调管边带频率处将前面几级速调管腔的增益调高。因为行波速调管部分属速调管,部分属行波管,故命名为行波速调管。在 VA-145 中可达 14% 的 3 dB 带宽,或 12% 的 1 dB 带宽,在中心频率有 41 dB 的增益和 48% 的效率。虽然比大多数速调管复杂且贵,但与除了聚腔速调管之外的其他速调管相比,在同样的大功率下,行波速调管具有较宽的带宽。

3. 主振放大式发射机的优点

主振放大式发射机相比单级振荡式发射机的优点如下:

(1) 载波频率的精度和稳定度

在振荡型发射机中,振荡频率由射频功率管决定,而不是由独立的小功率稳定振荡器提供。因此振荡频率可能受管子的预热漂移、温度漂移、频推、频牵、调谐器齿隙以及校准误差等因素的影响。在放大链发射机中,频率精度基本等于低电平稳定晶体(或其他)振荡器的精度。而且,放大链的工作频率可通过电子开关在几个振荡器中迅速切换,切换速度远快于任何机械调谐的速度。

(2) 相参性

放大链系统能够以高精度产生本振信号和相参(相参中频振荡器)信号,而振荡型发射机需要手动调谐或自频控系统把本振调谐至正确的频率。振荡型发射机在相对于相参和本振成任意起始相位的情况下起动每个脉冲,所以必须提供相参锁定。在放大链系统中,相参锁定存在于信号产生过程中。由于放大型发射机的脉冲序列能保持相位相参性,二次跨周期杂波是可以对消的;而振荡型系统中,这种杂波由振荡管随机起动相位进行噪声调制。放大链可以提供全相参性,在这种情况下脉冲重复频率、中频、高频全都锁定。

图 2-12 所示为采用频率合成技术的主振放大式发射机方框图,图中基准频率振荡器输出的基准频率 F、发射信号频率 $f_0(f_0 = N_i F + MF)$、稳定本振电压频率 $f_L(f_L = N_i F)$、相参电压频率 $f_C(f_C = MF)$、定时器触发脉冲频率 $f_\tau(f_\tau = F/n)$ 都由基准信号频率 F 经过倍频、分频和频率合成而产生,它们之间有确定的相参性,所以这是个全相参系统。

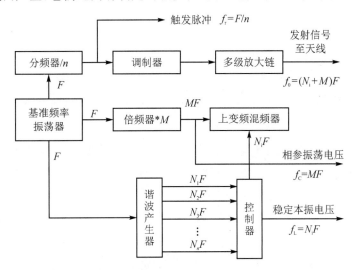

图 2-12 采用频率合成技术的主振放大式发射机方框图

(3) 不稳定度

脉冲振荡器系统和脉冲放大链存在不同种类的不稳定度。对振荡型系统,脉间频率稳定度取决于高压电源的纹波,而脉内的频率变化则取决于调制波形的顶降和振铃。对放大链系统,脉间相位稳定度由高压电源纹波决定,脉内的相位变化取决于调制器波形的顶降和振铃。单级振荡式发射机对频率敏感,而主振放大式发射机对相位敏感。

4. 主振放大式发射机的不足

放大链发射系统很容易做到脉间全相参,并具有其他脉冲振荡管系统(通常为磁控管)不能提供的特性:脉冲编码、频率捷变、合成及阵列化,由此带来的代价是复杂的系统和高昂的价格。

(1) 定 时

主振放大式发射机每级都有自身的电源、调制器及其控制器。由于调制器上升时间不同,每个放大级的触发器必须分别调节,以实现恰当的同步而不过多地浪费电子注能量。在正交场管放大链中,应考虑必需的高频激励重叠引起的脉宽压缩。

(2) 隔 离

放大链的每个中间级必须有适当的负载匹配,即使下一级有大的电压驻波比(VSWR)输入(如典型的宽带速调管),或是下一级有大的反向功率反射(如在正交场放大管中那样)。这种反向功率由正交场放大管输出端失配引起,并沿正交场放大管的低损耗结构返回。例如,具有 1.5:1 的电压驻波比的负载能反射功率 14 dB。在某些频率下,这种反射功率将同管内的反射功率复合,并回馈到正交场放大管输入端,其功率电平仅比满功率输出低 8 dB。即使正交场放大管仅有 10 dB 的增益,反向功率也比到达那里的射频输入功率大 2 dB。虽然这不会干扰正交场放大管的正常运转,但是它要求在正交场放大管输入端放置一个 16 dB 的隔离器,以便将前级所看到的电压驻波比降低到 1.5:1。

(3) 匹 配

放大链中使用的射频管比振荡管更需要考虑匹配。由于目前已能得到良好的隔离器,如果能保证管子得到良好的匹配(如 1.1:1),就能够改进放大管的额定能力。另外,正交场放大管和行波管要求在比规定工作频带宽得多的范围内能控制匹配,以确保放大管保持稳定。

(4) 信噪比

单个放大管的噪声功率输出可能较大。当几个管子连接成链时,输出的信噪比不可能比其中最差的一级好。因此,特别是对输入级,必须仔细检查,看其是否具有足够小的噪声系数;否则,可能妨碍整个放大链达到满意的信噪比。

例如,一只射频信号输入为 0.5 mW、噪声系数为 35 dB 的低电平行波管在 1 MHz 带宽内限制放大链的信噪比在 74 dB 以下。常规正交场管的噪声电平比线性注管大,在 1 MHz 带宽时,它们的典型信噪比值只有 55 dB;低噪声正交场管则可达到 70 dB 或更好。

(5) 电 平

在多级线性注管放大链中,每一级管子的工作都部分地依赖于前级的工作状况,特别是在前级可容许的不平坦度的条件下,功率平坦度指标(频段内不变的功率输出)需要精确地规定每级的平坦度。例如,管子的饱和增益在频段内可能是常数,但是在恒定射频输入时,频段内的功率输出会发生相当大的变化。饱和增益是通过改变各个频点的激励直到发现该频点的最大输出功率而测得的,饱和增益是在该点输出射频功率与输入射频功率的比值。除非饱和功率输出在频段内为常数,否则在频段内恒定射频激励时,饱和增益与功率平坦度关系很小。平坦的小信号增益也并不表示在大信号条件下的功率平坦度。一般最好规定管子要经过测试能确保在系统中正常工作,包括足够的射频激励容限。

自然,像管子的容限一样,发射机的增益和电平规划必须包括级间元件所有的损耗和容限以及管子的容限;还需要考虑无源频率形成网络以补偿已知的射频管特性引起的平坦度偏差。

在正交场管放大链中,由于过大的激励功率是无害的(它仅仅馈通并加到输出端),所以电平问题十分简单,只需要保证总是有足够的激励功率即可。

(6) 稳定度预分配

在多级放大链中,每级的稳定度都必须优于整个发射机的指标要求,这是因为所有级的影响是相加的。根据不稳定度的特性和来源,多级放大链可能随机或直接相加、在某种特定条件下相减。通常有必要将发射机稳定度要求分解为几个较小的数值并根据难易程度预先分配到各级。稳定度预分配通常是对脉间变化、脉内变化、有时是对相位线性度要求的。频率跳变主要来自于单级,故一般不在级间预分配。

(7) 射频泄漏

在屏蔽室和特定场所,典型的放大链在发射频率具有 90 dB 的增益。为防止放大链自激,从放大链输出端泄漏到输入端的信号必须有 90 dB 以上的衰减。但是,更严格的要求是相对于该点信号电平,泄漏到放大链输入级的射频信号必须低于 MTI 纯度期望的水平,这是因为泄漏路径可能被风扇叶片、机柜振动等调制,泄漏反馈也会影响脉冲压缩的副瓣电平。由于 MTI 或脉冲压缩期望的典型纯度电平为 50 dB,故将导致从放大链输出到输入端的隔离要求达到 140 dB。典型的波导交连和同轴线连接件的泄漏电平为 −60 dB,所以达到 140 dB 的隔离度是很困难的。其他影响放大链射频泄漏的问题有线性注管收集极密封和正交场管阴极管座。成功的放大链设计需要有意识地和仔细地控制射频泄漏。

(8) 可靠性

发射机放大链复杂的结构常常使其可靠性难以达到要求的指标。一般采用备份单级或备份整个放大链解决这个问题,因而必须使用开关转换组合。仔细分析和限制是必需的,否则故障监控和自动开关转换的复杂性和造价很快会超出限度。对于可接受的可靠性的合理设计,要求对各种序列和备份发射链及转换开关进行综合折衷考虑,但这种系统可靠性计算已超出本书讨论的范围。

(9) 射频放大器

成功的放大链发射机设计依赖于是否有合适的射频放大器件以及开发它们的可行性。

2.3　固态发射机

2.3.1　发展概况和特点

应用微波单片集成电路(MMIC)和优化设计的微波网络技术将多个微波功率器件、低噪声接收器件组合在一起形成的电路称为固态电路或固态模块。固态发射模块或固态收发模块是固态电路的具体应用。

固态发射机通常由几十个甚至几千个固态发射模块组成,并且已经在机载雷达、相控阵雷达和其他雷达系统中逐步代替常规的微波电子管发射机。

目前固态发射模块和固态收发模块已越来越多地应用于超高频至 L 波段,尤其在超高频波段,固态发射机输出的平均功率已接近 1 MW。S 波段由于频率更高的原因发展稍慢。

固态发射机与微波电子管发射机相比,具有如下特点:

① 不需要阴极加热,寿命长;

② 具有很高的可靠性;

③ 体积小,重量轻;

④ 工作频带宽,效率高;

⑤ 系统设计和运用灵活;

⑥ 维护方便,成本较低。

2.3.2 固态高功率放大器模块

1. 大功率微波晶体管

大功率微波晶体管的迅速发展对固态发射模块的性能和应用起到了重要的推动作用。在 S 波段以下,通常采用硅双极晶体管;在 S 波段以上,则较多采用砷化镓场效应管(GaAs FET),它们的输出功率在 8~10 GHz 频率上可达 20 W,在 12 GHz 以上只有几瓦。

2. 固态高功率放大器模块

应用先进的集成电路工艺和微波网络技术将多个大功率晶体管的输出功率并行组合,即可制成固态高功率放大器模块。输出功率并行组合的主要要求是高功率和高效率。

主要有两种典型的输出功率组合方式:空间合成的输出结构和集中合成的输出结构。

(1) 空间合成的输出结构

空间合成的输出结构(见图 2-13)主要用于相控阵雷达。由于没有微波功率合成网络的插入损耗,因此输出功率的效率很高。

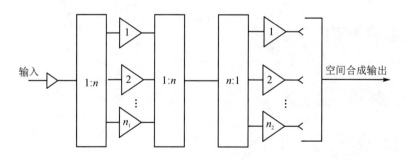

图 2-13 空间合成输出

(2) 集中合成的输出结构

集中合成的输出结构(见图 2-14)可以单独作为中、小功率的雷达发射机辐射源,也可以用于相控阵雷达。由于有微波功率合成网络的插入损耗,它的效率比空间合成输出结构要低些。

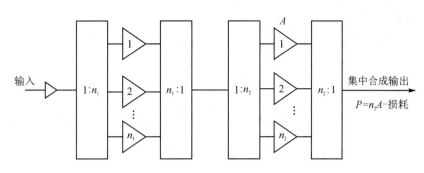

图 2-14 集中合成输出

2.3.3 微波单片集成(MMIC)收发模块

微波单片集成电路采用了新的模块化设计方法,将固态收发模块中的有源器件(线性放大器、低噪声放大器、饱和放大器或有源开关等)和无源器件(电阻、电容、电感、二极管和传输线等)制作在同一块砷化镓基片上,从而大大提高了固态收发模块的技术性能,使成品的一致性好、尺寸小、重量轻。

1. 典型的 MMIC 收发模块的组成

典型的 MMIC 收发模块主要由功率放大器、低噪声放大器、宽带放大器、移相器、衰减器、限幅收发开关和环形器等部件组成,如图 2-15 所示,具有高集成度、高可靠性和多功能的特点。

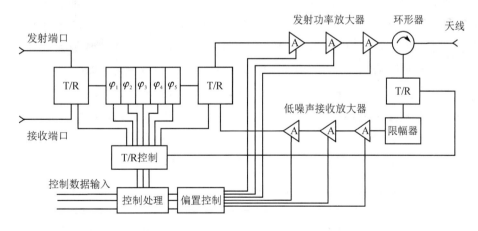

图 2-15 典型的 MMIC 收发模块的组成

2. MMIC 的优点

微波单片集成电路的主要优点如下:

（1）成本低

因为有源器件和无源器件构成的高集成度和多功能电路是用批量生产工艺制作在相同的基片上的，它不需要常规的电路焊接装配工艺，所以成本低廉。

（2）高可靠性

采用先进的集成电路工艺和优化的微波网络技术，没有常规分立元件电路的硬线连接和元件组装过程，因此单片集成收发模块的可靠性大大提高。

（3）电路性能一致性好、成品率高

单片集成收发模块是在相同的基片上批量生产制作的，电路性能一致性好、成品率高，在使用维护中的替换性也好。

（4）尺寸小、重量轻

有源器件和无源器件制作在同一块砷化镓基片上，电路的集成度很高，尺寸和重量与常规的分立元件制作的收发模块相比越来越小。

2.3.4　固态发射机的应用

在 L 波段至 S 波段中，固态发射机应用较多。从体制上讲，固态发射机主要应用于高工作比的雷达和连续波雷达中。下面介绍固态发射机在相控阵雷达、全固态化高可靠性雷达和连续波体制对空监视雷达系统中的应用。

1．在相控阵雷达中的应用

固态模块在相控阵雷达中的应用达到了实用阶段。相控阵雷达天线中的每个辐射元由单个的固态收发模块组成。相控阵雷达天线利用电扫方式，使每个固态模块辐射的能量在空中合成所需要的高功率输出，从而避免了采用微波网络合成功率所引起的损耗。

在相控阵雷达中，全固态收发模块由固态发射机、环形器、限幅收发（T/R）开关、低噪声接收机、移相器和控制逻辑电路等组成。如图 2-16 所示，一种典型的 L 波段相控阵雷达的收发模块参数为：最大峰值功率为 1 kW；带宽为 10%～20%；脉冲宽度大于 10 μs；接收机噪声系数为 3 dB；四位数字式移相器的相移量分别为 22.5°、45°、90° 和 180°。

2．在全固态化高可靠性雷达中的应用

如图 2-17 所示，一种典型的 L 波段高可靠固态发射机的参数为：输出峰值功率为 8 kW、平均功率为 1.25 kW。其主要特点如下：

① 功率放大级由 64 个固态放大集成组件组成，每个集成组件峰值功率为 150 W、增益为 20 dB、带宽为 200 MHz、效率为 33%；

② 采用高性能的 1:8 功率分配器和 8:1 功率合成器，保证级间有良好的匹配和高的功率传输效率；

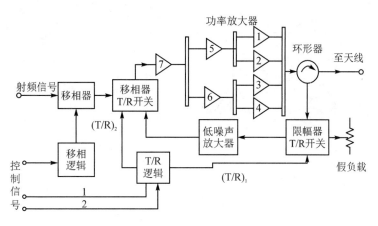

图 2-16　典型的 L 波段相控阵雷达的收发模块

③ 采用两套前置预放大器(组件 65 和 66),如果一路预放大器失效,转换开关将自动接通另一路;

④ 高可靠性,而且体积小、重量轻、机动性好。

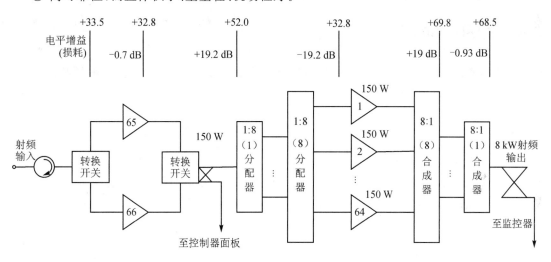

图 2-17　典型的 L 波段高可靠固态发射机

3. 在连续波体制对空监视雷达系统中的应用

一种连续波体制对空监视雷达的组成如图 2-18 所示。整个天线阵面由 2 592 个相控阵偶极子辐射器组成,每个辐射器直接由一个平均功率为 320 W 的固态发射模块驱动。

由于固态发射模块与偶极子辐射器采用了一体化结构,与电子管发射机相比,功率传输效率提高了 1 dB。

2 592 个固态发射模块输出的总平均功率为 830 kW,当考虑天线阵面的增益时,在空中合成的有效辐射功率高达 98 dBW。

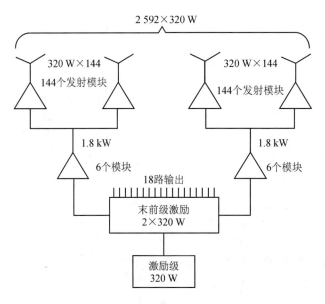

图 2-18　连续波体制对空监视雷达的组成

2.4　脉冲调制器

脉冲调制器的任务是给发射机的射频各级提供合适的视频调制脉冲。脉冲调制器由三部分组成:电源部分、能量储存部分和脉冲形成部分,如图 2-19 所示。

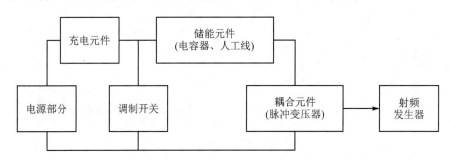

图 2-19　脉冲调制器的组成

电源部分的作用是把初级电源(例如市电)变换成符合要求的直流电源;能量储存部分的作用是为了降低对于电源部分的高峰值功率要求;脉冲形成部分在短促的脉冲期间给射频发生器提供能量。

脉冲调制器在短促的脉冲期间给射频发生器提供能量,在较长的脉冲间歇期间停止工作,因此,为了有效地利用电源功率,采用储能元件在脉冲间歇期间把电源送来的能量储存起来,等到脉冲期间再把储存的能量放出,交给射频发生器。常用的储能元件有电容器和人工线(或称仿真线)。

脉冲形成部分是利用一个开关控制储能元件对负载(射频发生器)放电,以提供电压、功率、脉冲宽度及脉冲波形等都满足要求的视频脉冲。常用的开关元件有真空三、四极管,氢闸流管,半导体开关元件(可控硅元件)和具有非线性电感的磁开关等。

由真空三、四极管开关元件组成的调制器统称为"刚性"调制器或"刚管"调制器。由于开关器件可随意地接通和断开,又称这些调制器为刚性开关调制器。刚性开关调制器电路用电容器储能。

由氢闸流管等开关元件组成的调制器称为软性开关调制器,这是因为触发脉冲只能控制其导通,不能控制其断开,只能等到其电流下降到一定程度时,开关管自然断开。软性开关调制器电路用仿真线储能。

2.4.1 刚性开关脉冲调制器

根据负载的不同,刚性开关调制器又可分为阴极脉冲调制器、调制阳极脉冲调制器和栅极脉冲调制器。

阴极脉冲调制器必须直接或通过耦合电路控制射频管的全部电子注功率。调制阳极脉冲调制器必须提供一个等于管子满电子注电压的脉冲电压,但仅要求在脉冲开始和结束时满足回路电容充电和放电所必需的电流,这是因为调制阳极在脉冲期间仅吸引很小的电流。栅控射频管的脉冲调制器能够完成调制阳极脉冲调制器相同的任务,但是这里所说的"栅极"是指一个控制电极,因此栅极脉冲调制器所需的电压很低,容许使用低压元件和低压技术。

通常,有源开关调制器在脉冲宽度和脉冲重复频率(其中包括混合的脉冲宽度和脉组)等方面具有较大的灵活性。这是因为脉冲宽度是在低电平电路中产生的,在某种许可的顶部降落限制条件下能否获得最大脉冲宽度,取决于所用的储能电容的大小(如用脉冲变压器时,还与脉冲变压器有关)。

(1) 阴极脉冲调制器

阴极脉冲调制器的基本形式如图2-20所示。图中的三极管V_1表示合适的有源开关,如刚管或固态器件链;作为负载的线性注管V_2则代表阴极脉冲调制的射频管,既可以是正交场型管或直线电子注管,也可以是振荡器或放大器;电阻R_1是充电元件;电感L和二极管V_3构成储能电容C的通路并改善调制脉冲的下降沿。

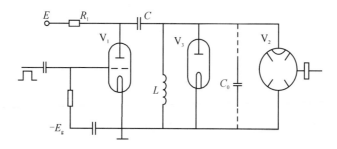

图2-20 阴极脉冲调制器的基本形式

阴极脉冲调制器有两种基本工作状态。常见的是开关器件被过激励(相当于晶体三极管的饱和状态),使其在脉冲期间的电压降非常低,称为"基底"(Bottomed)状态,此时开关管的损耗最低、效率最高。但是,整流纹波、线电压变化或储能电容跌落引起的电源电压变化都直接加到负载。另一种工作状态是限制激励信号,使开关作为"恒流"器件工作(相当于晶体三极管的截止状态)。电容器组电压跌落和电源电压的变化对负载的影响降低$(R_P + R_L)/R_L$倍,这里R_P是器件的动态电阻,R_L是负载的动态电阻。

由于板极电阻高,所以四极管比三极管更适于做"恒流"开关。但是,"恒流"工作时,栅极激励的任何波动将直接影响负载电流,而开关管在"基底"状态工作时栅极激励的波动影响较小。在"恒流"工作状态时,栅极激励也能设计得比恒定栅极激励得到较好的顶部下降。例如,调整栅极激励的脉冲上升"坡度"(Ramp)就能完全补偿脉冲期间储能电容的跌落。

(2) 调制阳极脉冲调制器

调制阳极脉冲调制器(Mod - anode Pulsers),有时称为浮动板调制器。基本的浮动板调制器如图2-21所示,图2-21中O形管(例如速调管)表示具有调制阳极的线性注管,而三极管则表示适用的有源开关器件。在脉冲期间"接通"管使调制阳极保持在近地的电平以接通速调管;在两脉冲之间,R使调制阳极相对于速调管的阴极保持负偏压以确保切断速调管注电流。"接通"管在脉冲前沿通过对调制阳极杂散电容C_s(包括所有的杂散电容,例如接通板的分布电容)充电才有大量的电流;"断开"管仅在脉冲结束时通过C_s放电而有大量电流。"断开"管可看成是脉冲结束的截尾器,当调制器主要是电容负载时,截尾管是必不可少的。

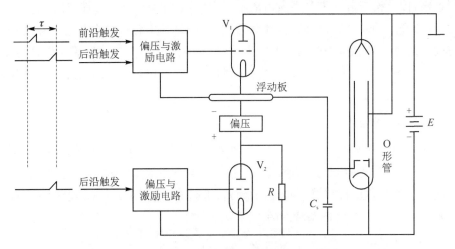

图 2 - 21 浮动板调制器

调制器工作时,浮动板上的电位随调制脉冲而浮动,使速调管工作或截止,这就是浮动板调制器名称的由来。

由于速调管直接跨接在电容器组上,在脉冲期间能对"接通"管栅极激励进行钳位以产生平顶脉冲,所以调制阳极调制器在脉冲期间能得到很好的脉冲平顶。除电容器组的尺寸外,其他参数对最大脉冲宽度没有限制。但调制阳极接通和断开需要一定的时间及能量,这使得极窄脉冲的效率降低。因为通过管子的电流很小,时间也很短,所以"接通"管和"断开"管比用于相同速调管的阴极脉冲调制器的开关管要小得多,但是电源和触发必须耦合到浮动在高压上的两个板上,其中之一是处于直流电源电压E的电位上,另一个是处于调制阳极的脉冲上升和下降的电位上。因为每个开关管的损耗为$C_s E^2/2$与脉冲重复频率的乘积,所以减小C_s十分重要(特别是在高脉冲重复频率时)。

(3) 栅极脉冲调制器

当射频管具有高 μ 栅极时(μ 为电子管放大倍数),与其他刚性调制器中的开关管相比,其栅极脉冲需求较小,在此不作讨论。前述的各种类型的调制器同样可以使用,只是栅极脉冲调制器的栅极脉冲调制所需的电压振幅远低于满电子注电压。因杂散电容充电的损耗随 μ 的平方而减少,所以栅极脉冲调制器能很好地适用于高脉冲重复频率和脉组方式工作的雷达。

2.4.2　软性开关脉冲调制器

软性开关脉冲调制器的典型线路如图 2-22 所示。如前所述,由于软性开关(在图 2-22 中画的是氢闸流管 V_1)在控制其导通后只有等通过它的电流下降到一定电平(接近于零)以后才能断开,因而储能元件只能是完全放电。为了在负载上获得近于矩形的脉冲,储能元件用开路长线组成,根据开路长线向匹配负载放电的原理,在负载上可以形成宽度等于电磁波在长线上往返传播时间的矩形脉冲。由于雷达的工作脉冲宽度多半在微秒量级以上,用真实长线长度太长,因而实际上是用集总参数的网络来代替长线,称为仿真线或脉冲形成网络,如图 2-22 中 PFN 所示。由于软性开关的正向阻断电压较低,在调制器和负载之间要用升压的脉冲变压器耦合,因而仿真线实际上是向一个由分布电容、变压器的漏感和励磁电感以及射频发生器呈现的电阻组成的复杂负载放电。可以证明,所得到的负载波形有一定的上升边和下降边,在脉冲顶部有肩峰和脉动,有时在主脉冲结束后还会有电压的回扫和振荡。这些对于射频发生器的工作都是不利的,在设计调制器时应仔细考虑。

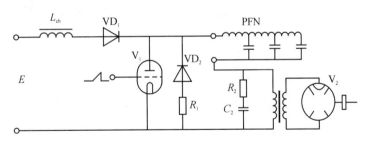

图 2-22　软性开关调制器的典型线路

为了提高充电效率,在软性开关调制器中广泛采用电感作为充电元件。通常的设计使充电回路的自然谐振周期 $T_{ch}=2\pi\sqrt{L_{ch}C_0}$ 等于脉冲重复周期 T_r 的两倍,即 $T_r=\pi\sqrt{L_{ch}C_0}$(C_0 是仿真线的静电容)。这种充电方式称为直流谐振充电。在忽略充电电路的损耗时,仿真线在充电结束时的电压应为电源电压的两倍。直流谐振充电的缺点是脉冲重复频率必须是固定的,因此为了适应雷达工作于多种重复频率的要求,可在充电电路中串入一只二极管,称为充电二极管或保持二极管,如图 2-22 中 VD_1 所示。这时只要保证 $T_{r\,min}>\pi\sqrt{L_{ch}C_0}$ 就行了。由于二极管的保持作用,仿真线上的电压在闸流管点火前可以保持为电源电压两倍的数值。

图 2-22 中的 VD_2 和 R_1 组成的电路称为过电压保护电路,它的作用是防止仿真线上出

现过高的电压而损坏闸流管。这种过电压是因负载打火使仿真线发生严重的不匹配放电造成的。当仿真线向接近短路的负载放电时,其上的电压会变成负极性,由于闸流管不能反向导电,这个负极性的电压不会消失,在下一个脉冲重复周期充电时,这个电压与电源电压的极性一致,因而仿真线将会充到一个较高的电压值。如果这时负载打火并未消失,那么这一过程将会继续下去。理论上可以证明,仿真线上的电压将会达到电源电压的 6 倍以上,当电路中接入 VD_2 和 R_1 之后,只要仿真线上出现负极性电压,就可以通过 VD_2 放掉,从而防止了仿真线上过电压的产生。

图 2-22 中的 R_2 和 C_2 组成的电路称为反肩峰电路。众所周知,磁控管等微波发生器是一个非线性电阻,并不是在所有条件下都与仿真线相匹配。这种不匹配的放电会在脉冲的前沿引起显著的肩峰。R_2 和 C_2 组成的电路就是为了减小这种肩峰,其电阻通常选择为和负载阻抗相等,而电容的大小可按电路时间常数与脉冲前沿时间大致相当来确定。

软性脉冲调制器的开关器件 V_1(闸流管、引燃管、可控硅整流器、反向开关整流器或火花隙)仅用来启动和维持脉冲形成网络(PFN)的放电,脉冲波形和宽度完全取决于脉冲形成网络和无源元件。当无源元件充分放电后电流停止,开关断开时脉冲结束,开关恢复其电压保持能力,如图 2-22 所示。

脉冲放电的自动终止特性允许使用简单的开关器件(只是全通或全断)。这个特性也是该类调制器的最大弱点,开关器件只能控制脉冲放电的开始而不能控制脉冲波形。虽然在谐振充电线路中使用串联二极管时脉冲重复频率是可以改变的,但必须利用高压开关切换与多个脉冲形成网络或脉冲形成网络段的连接来改变脉冲宽度。因为脉冲后沿取决于贮存在多个脉冲形成网络中的能量是否同时放到零,所以脉冲后沿通常不很陡。对非线性负载(如射频管)而言,要达到良好的匹配是很困难的。此外,对于非线性负载,如磁控管,要想得到希望的脉冲波形常常需要加反肩峰电路或阻尼线路。

射频管的灯丝电源(如果需要的话)可用低电容高压绝缘的灯丝变压器供给或通过脉冲变压器次级的双绕线包绕组供给。

当所需脉冲结束时,不匹配负载下工作的线性调制器在脉冲形成网络中会有能量剩余。如果负载小于匹配负载(通过脉冲变压器变换后的负载阻抗低于脉冲形成网络的阻抗),则剩余能量在脉冲形成网络上形成反极性的电压。在一定限度内,反向电压将延长开关的恢复时间,但需要一个反肩峰电路(图 2-22 中的 VD_2)泄放能量,以免影响下一个脉冲的充电电压。

当负载打火并对调制器造成短路时,一个设计得当的反肩峰电路能使下一个充电周期的充电电压不高出正常值百分之几。用接地棒模拟高频管打火并观察充电电压的峰值,可以很快看出反肩峰电路的效果如何。所有的线性调制器都应进行这种测试。调制器必须允许正交场型微波管的偶然打火而不跳闸(特别是在"点火"期间)。现代的调制器通常设计成除非连续打火,否则是不跳闸的。

当线性调制器工作负载大于匹配负载时,从理论上可知会出现一串幅度按指数规律衰减的脉冲,使下一个充电周期开始时闸流管尚未完成消电离。这种情况在纯电阻负载上确实产生了,并造成闸流管的连续导通而使调制器跳闸。然而,当一个典型的线性调制器中有脉冲变压器存在,且负载大于匹配负载时,也能保持调制器的正常工作。脉冲变压励磁电流的建立使脉冲形成网络连续放电直到电压反转(或许要经过若干脉冲宽度之后)为止,像负载低于匹配值时一样。

由于线性调制器通常都工作在匹配或接近匹配的情况,故负载阻抗少量的变化可以按调制器传递功率为常数来进行分析。只要脉冲形成网络的充电电压为常数,则这个假定是成立的,但它取决于一个有效的削波电路。类似的情况是:当峰值充电电压增加 1%,如不考虑动态阻抗的变化,则传递到负载的功率将增加 2%。

许多线性调制器装有几个脉冲形成网络,以便在不同阻抗时用氢闸流管切换输出脉冲。这在某些情况下可提供方便,但在一般情况下这种技术增加了脉冲形成网络的成本并难以得到好的脉冲波形。因为在这种情况下,脉冲形成网络上的电压在正常工作期间有着两种极性,故要使削波电路有效作用是很困难的,或者是不可能的。结果在多网络调制器中,由于各个脉冲形成网络中剩余能量的多次反射,产生了多个次脉冲(在主脉冲后面又有附加的脉冲输出),因此,多脉冲形成网络调制器在雷达中不常见。

在线性调制器的历史中,大功率应用的要求总是比开关器件的发展快得多。所以常常将两个或多个大功率器件串联或并联使用以对付高峰值功率或高平均功率。

2.4.3 软性调制器的优缺点

与刚性开关脉冲调制器相比,软性开关调制器的优点如下:

① 转换功率大,线路效率高。这是因为软性开关导通时内阻小,可以通过的电流大。例如,国产氢闸流管的定型产品转换功率可达 10 MW 以上,电流达 1 000 A。

② 软性开关调制器要求的触发脉冲振幅小,功率低,对波形的要求不严格,因此预调器比较简单。

软性开关调制器的主要缺点如下:

① 脉冲波形一般不如刚性开关调制器的好,因为人工线的不理想和脉冲变压器的分布参数都会使脉冲波形的前后沿拖长,顶部产生脉动。

② 对负载阻抗的适应性差,因为软性开关调制器在正常工作时要求人工线的特性阻抗与负载阻抗匹配。

③ 对波形的适应性也差,因为改变脉冲宽度时必须在高压电路中变换人工线,如果在高工作比下工作,受软性开关恢复时间的限制,往往更难做到。

由此可见,软性开关调制器适宜应用在精度要求不高、波形要求不严而功率要求较大的雷达发射机中,例如远程警戒雷达中。

2.4.4 辅助电路

本节讨论雷达发射机中提供给射频管、脉冲调制器的所需电源应考虑的几个特殊问题。

1. 消弧电路

当两个电位相差很大的导体趋于接近时,就会发生尖端放电现象,俗称拉弧。拉弧时因电流过大,导体会烧毁。几乎无一例外,微波管及其高压开关管都会偶尔拉弧,这种情况使电源和向管子传送功率的调制器之间形成短路。因为大约 50 J 的能量便可使高频管或开关管损坏,而高压电源电容器组通常储存的能量远远大于 50 J,故必须提供一个消弧电路,在管子起弧时泄放电容器组的储能。软性调制器通常不需要消弧器件,因为其短路负载电流已被限制为额定值的两倍,并且它的脉冲宽度不管用何种器件都被限定为额定值。再者,本质上软性调制器脉冲形成网络中,储存的只是一个脉冲所需的能量,而在刚性开关调制器内储存的能量必须要比它大许多倍,因此刚性开关调制器通常都需要消弧电路。

直流工作的正交场放大器也需要消弧器件,这是因为正交场放大器与调制阳极的脉冲线性注管一样,是直接与电容器组两端相接的。由于消弧器件的作用相当于在电源两端放置一根很粗的导体,所以它又称为"撬棒"。如果要更清楚地说明其作用,也可把这些电路和器件称为"能量分流器"。

但有一些高压开关管可以不使用消弧电路,比如带有控制阳极的栅控直线电子注管,这种管子的控制阳极与调制阳极相似,通过电阻简单地与管体(地)相连。最有可能拉弧的地方位于阴极与控制阳极之间,在这种情况下管子截止。阳极经过特殊设计,以使其在突然降落到阴极电压时该处的拉弧不致引起其他电弧。电阻使拉弧电流限制在足够小的水平,从而使拉弧快速消失,电路迅速恢复正常工作。当调制器故障时,必须采取一些额外的措施来中断出现的极长脉冲,一般采用放电隙,即像拉弧一样使控制阳极达到阴极的电位,就好像有拉弧一样。该触发放电隙比完善的消弧电路要小,并且简单得多。

2. 稳压器

射频管常工作在某一特定的峰值脉冲电流,允许误差为百分之几以便得到较好的工作性能及较长的工作寿命。从系统的观点看,也希望如此,因为低功率输出降低了系统的性能,而过高输出则浪费了电源,并使元件过热,从而增加了冷却系统的负担。在正交场型管中,必须避免工作于额定工作模式附近的其他模式。在直线电子注管中,增益和带宽随着注电压的少量改变而迅速地变化。因此,在大多数发射机中,需要某种形式的稳压器以维持高压电源和调制器输出稳定,使其不受电源电压的变化(包括瞬态)或脉冲重复频率以及脉冲宽度改变的影响。在某些情况下,采用稳压器即可使高压电源波纹降低到很小的数值,但如果使用无源 LC 滤波元件,稳压器的体积可能大得不切实际。

3. 高压电源

除需要考虑一般高压电源设计的因素外,脉冲发射机使用的高压电源还须考虑一些特殊要求。

显然,脉冲发射机的输出功率是脉冲式的,但是,发射机从供电电网吸取功率应是平稳、连续的。为此高压电源滤波器通常要做得比仅考虑纹波所需要的数值大得多。虽然在高纹波衰减方面多级滤波器具有吸引力,但在低 PRF 时,大型单节滤波器能更好地平滑初级功率汲取。当考虑来自电路失衡和振荡器分谐波的低频纹波分量时,滤波器节最少也许更吸引人。

现代计算机控制的雷达系统,特别是多功能相控阵雷达,脉冲重复频率以及工作比通常不是常数。这种从高压电源汲取功率的起伏导致其从电网汲取功率产生同样的起伏。由于这种起伏延时太长(数毫秒),以至于不能用合适的电容器去消除它的影响。这种从电网汲取功率的变化方式被称为"悸动"(Thump),当发射机功率消耗占供电网额定容量的大部分时,"悸动"将成为严重的问题,在舰载和野战系统中经常出现此类问题。"悸动"的影响是:对电网峰值功率的要求提高,发射机吸收的伏安均方值增加,以及功率因数减小。需要的起伏范围必须在雷达设计开始前仔细权衡。

设计的发射机的高压电源必须能在寿命期间承受多次短路。在线性调制器中,闸流管(或其他开关)会出现"悬火"(Hang Fire)现象,而在有源开关调制器中,负载起弧和消弧器件起辉现象是常见的。由于电源的短路电流一直持续到主电源电路被切断时为止,因此,高压电源所有的其他元件也必须有与此相应的额定值。高压电源"突然闭合"(Snapped On),而不是由在自耦变压器、可控硅整流器以及其他软启动器件逐渐起动时,将出现与上述类似的短暂浪涌电流;电源线也必须能应付这种情况;主电源接触器必须能数千次地断开这种短路电流。

高功率固态开关器件以及高频功率变换技术(逆变器、斩波器、谐振变换器等)的发展极大地减小了雷达(或其他系统)中高压电源的体积、重量,并改善了其性能。高稳定系统中,以前的串联真空管稳压电路已被固态变换系统所取代,其典型工作频率为 10 Hz~100 kHz。高频工作提供了充分的闭环调整器带宽以适应 MTI 及参差 PRF 的需要。静态斩波技术同样可用来迅速地切断主电源电路,保证不从电源线上吸收大于正常数值的浪涌电流,即使在逆变电源不中断或消弧工作时也能做到这一点。

2.5 频率合成器

频率合成(Frequeney Synthesis)是指以一个或数个参考频率为基准,在某一频段内,综合产生并输出多个工作频率点的过程。基于这个原理制成的频率源称为频率合成器(Frequeney Synthesizer)。

频率源广泛应用于现代的电子设备中,甚至被喻为众多电子系统的"心脏"。频率合成器就是用频率合成技术实现的频率源,广泛地应用于仪器仪表、遥控遥测通信、雷达、电子对抗、导航以及广播电视等各个领域。

性能优良的频率合成器应同时具备输出相位噪声低、频率捷变速度快、输出频率范围宽和捷变频率点数多等特点。频率合成器一般可分为直接式、间接式(锁相式)、直接数字式和混合式。

2.5.1 频率合成技术的发展

频率合成理论大约是在 20 世纪 30 年代中期被提出来的。最初产生并进入实际应用的是直接频率合成技术。

20 世纪 60 年代末 70 年代初,相位反馈控制理论和模拟锁相技术在频率合成领域里的应用引发了频率合成技术发展史上的一次革命,相干间接合成理论就是这场革命的直接产物。随后数字化的锁相环路部件,如数字鉴相器、数字可编程分频器等的出现及其在锁相频率合成技术中的应用标志着数字锁相频率合成技术得以形成。由于不断吸引和利用脉冲计数器、小数分频器、多模分频器等数字技术发展的新成果,故数字锁相频率合成技术已日益成熟。

直接数字频率合成(DDS)的出现导致了频率合成领域的第二次革命。20 世纪 70 年代初,J. Tierney 等人发表了关于直接数字频率合成的研究成果,第一次提出了 DDS 的概念。由于直接数字频率合成器(DDFS)具有相对带宽很宽、频率捷变速度很快、频率分辨率很高、输出相位连续、可输出宽带的正交信号、可编程和全数字化便于集成等优越性能,因此在几十年间得到了飞速的发展,DDS 的应用也越来越广泛。

2.5.2 直接频率合成技术

直接式频率合成器(DS)如图 2 – 23 所示,其是最先出现的一种合成器类型的频率信号源,其将两个基准频率直接在混频器中进行混频,以获得所需要的新频率。这些基准频率是由石英晶体振荡器产生的。这种频率合成器原理简单,易于实现。其合成方法大致可分为两种基本类型:一种是非相干合成方法;另一种是相干合成方法。

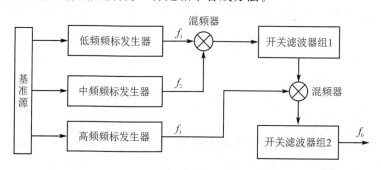

图 2 – 23　直接式频率合成器原理图

如果是用多个石英晶体产生基准频率,因而产生混频的两个基准频率相互之间是独立的,就叫非相干式直接合成;如果只用一块石英晶体作为标准频率源,因而产生混频的两个基准频率(通过倍频器产生的)彼此之间是相关的,就叫相干式直接合成。

直接式频率合成器是最早出现、最先使用的一种频率合成器,它由一个或多个晶体振荡器经过开关转换、分频、倍频、混频、滤波得到所需要的频率。虽然提出的时间早,最初的方案也显得十分落后,但由于直接模拟合成具有频率捷变速度快、相位噪声低的主要优点,故其在频率合成领域占有重要的地位。

直接式模拟频率合成器容易产生过多的杂散分量且设备量大,近年来随着声表面波(SAW)技术的发展,新型的 SAW 直接式频率合成器实现了较低的相位噪声、更多的跳频频道、更快的频率捷变速度、更小的体积和中等的价格。预计随着 SAW 技术的成熟,SAW 直接频率合成技术将使直接模拟频率合成器再现辉煌。

直接式频率合成器的输出信号有相干和非相干两种,可达到微秒级、亚微秒级的频率切换速度是直接式合成技术的主要特色,这是间接合成方法所无法比拟的,此外,相位噪声可以做得低也是直接式合成技术的优点。

直接式频率合成器电路结构复杂、体积大、成本较高、研制调试一般比较困难,由于采用了大量的混频、滤波环节,直接式频率合成器很难抑制因非线性效应而引入的杂波干扰,因而难以达到较高的杂波抑制度。

2.5.3　间接频率合成技术

间接式频率合成器(IS)又称为锁相频率合成器。锁相频率合成器是目前应用最广的频率合成器。间接式频率合成器有模拟和数字两种,分别为模拟间接式频率合成器和数字间接式频率合成器。

1. 锁相环工作原理

最基本的锁相环包括三个部分:鉴相器(PD)、环路滤波器(LF)、压控振荡器(VCO),其原理如图 2-24 所示。

在锁相环频率合成器中,输入信号 $u_i(t)$ 通常由晶振产生参考信号。当压控振荡器的工作频率 f_0 由于某种原因发生变化时,其相位也要相应发生变化,这种变化是在鉴相器中与输入参考信号

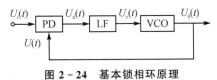

图 2-24　基本锁相环原理

的相位进行比较产生的,其结果使鉴相器输出一个与相位误差 θ_e 成正比的误差电压 $u_d(t)$,用来控制压控振荡器频率发生变化,使 VCO 的振荡频率 f_0 能够稳定在 f_r 上。锁相环输出频率稳定度与参考晶振的频率稳定度相同。

2. 数字锁相频率合成器

数字锁相频率合成器是以数字锁相环为基础构成的锁相频率合成器。应用数字鉴相器和可编程数字分频器是数字锁相频率合成器有别于模拟锁相频率合成器的主要特征。图 2-25 所示为单环锁相频率合成器,图 2-26 所示为在反馈通道中插入了混频器的锁相混频频率合成器,图 2-27 所示为采用前置分频器的频率合成器。其中,VCO 频率锁相到参考源的谐波频率上,谐波次数等于数字分频器的分频比。

锁相频率合成器优缺点如下:

锁相频率合成器利用了相位反馈控制原理来稳频,在对频率切换速度要求不高,但对相位噪声、杂散抑制要求较高时,锁相频率合成有其特殊的优势。

模拟锁相频率合成器的优点是能获得较低的相噪。其缺点是模拟锁相的锁定不可靠,需要外加辅助频率捕获措施,输出频率点数少。

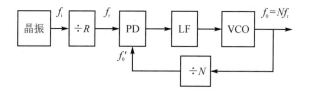

图 2 - 25　单环锁相频率合成器

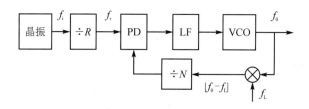

图 2 - 26　锁相混频频率合成器

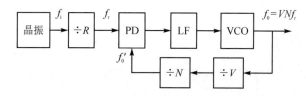

图 2 - 27　采用前置分频器的频率合成器

　　数字锁相频率合成器的优点是不需要外部辅助频率捕获,可用数字指令来选择输出频率,输出频率点数多,易于集成。其缺点是带内相位噪声不仅受限于参考源的相噪,也受数字鉴相器、数字分频器等数字器件相噪的限制。

　　由于间接式合成器结构简单,性能优越,因此锁相频率合成技术一提出就得到了非常迅速的发展,很快成为频率合成领域中最活跃的一个技术主流。

2.5.4　直接数字频率合成技术

　　直接数字式频率合成器(DDS)是近年来发展非常迅速的一种器件,它采用全数字技术,具有分辨率高、频率转换时间短、相位噪声低等特点,并具有很强的调制功能和其他功能。

　　直接数字频率合成器由相位累加器、只读存储器(ROM)、数模转换器(DAC)及低通滤波器组成,如图 2 - 28 所示。在参考源时钟的控制下,相位累加器依据数字指令,产生以数字方式逼近的线性增加的相位函数。相位累加器的输出送到 ROM 的查询表中,把相位码转换为正弦波形的幅度码。ROM 的输出送到 DAC 中,产生阶梯形的正弦波,最后经低通滤波器平滑得到所需频率的波形。

　　DDS 的主要优点是相位可以连续地快速频率切换,具有极高的频率分辨率、小体积及低成本。其主要缺点是工作频率有限,相噪高。

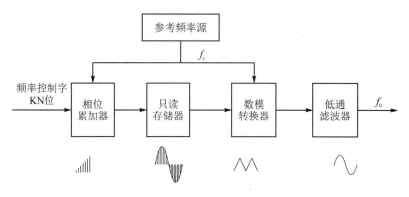

图 2 - 28　DDS 基本原理图

2.5.5　频率合成器的主要技术指标

频率合成器设计方案的选择取决于系统对频率合成器技术指标的要求。当技术指标确定后,即可根据要求优化频率合成器方案。技术指标基本上决定了频率合成器的成本、体积、重量以及技术实现的难易程度。

1. 工作频率和频率范围

工作频率就是在特定的工作条件下,频率合成器所产生的稳定载频的标称频率值,通常用实际测量的估计值表示。

频率范围是指频率合成器在满足规定的技术条件下的最高工作频率与最低工作频率之差。

2. 跳频间隔和跳频点数

频率合成器相邻两个工作频率之差的绝对值称为跳频间隔,也称频率分辨率。跳频间隔通常用最大跳频间隔和最小跳频间隔表示。

频率合成器满足指标要求的工作频率点数称为跳频点数,也称通道数。

3. 频率转换时间

从发出频率转换指令开始,到频率转换完毕,并进入允许的相位误差范围所需要的时间称为频率转换时间(Frequency Switching Time)。对于变容管调谐的电压控制振荡器来说,其转换时间在 ns 量级。直接式频率合成器的转换速度取决于各部分电路的响应时间,一般放大、混频、倍频、分频电路的速度是很快的,主要限制来自电路中的滤波器以及控制电路的响应时间。总之,直接式频率合成器的频率转换时间容易达到 $1\sim2~\mu\text{s}$。

锁相环频率合成器的速度主要受限于环路本身,其环路带宽有限,通常在 $100\sim200~\text{kHz}$ 以下,因此切换时间在几十微秒甚至几百微秒之间。雷达和电子对抗用的频率合成器频率间隔较大,至少几兆赫兹,因此允许环路带宽比其他用途的锁相环(几千赫兹)大得多,但实际电路设计受到器件参数的限制,环路带宽不可能非常大,其频率转换时间一般不小于 $10~\mu s$。

4. 谐波抑制和杂散抑制

所谓谐波,是指与输出信号有相干关系的信号。在频谱上反映为信号频率 f_0 的整数倍 nf_0 频率处的单根谱线($n=2,3,4,\cdots$)谐波功率与载波功率之比,即谐波抑制。

杂散是指和输出信号没有谐波关系的一些无用谱。在频谱上可能表现为若干对称边带,也可能表现为信号频率 f_0 谱线旁存在的非谐波关系的离散单根谱线。这些谱线的幅度一般都高于噪声。杂散抑制就是指与载波频率成非谐波关系的离散频谱功率与载波功率之比。

频率源中的谐波和杂散主要由频率源中的非线性元件产生,也有机内机外干扰信号的影响。另外,当频率源的电源质量较差时,电源纹波也会在频率源输出信号中引起杂波,它们常以离散的单根谱线出现在距载频 50 Hz、100 Hz、200 Hz 等处。

直接式频率合成器的杂散输出比较多,某些分量可能较大。相比之下,由于锁相环路的抑制作用,锁相环频率合成器的杂散成份比较少,一般容易达到 $-60~dB$ 的杂散抑制。

5. 长期频率稳定度

频率合成器在规定的外界条件下,在一定时间内工作频率的相对变化称为长期频率稳定度。

频率合成器的长期频率稳定度与它所选用的参考标准源的长期频率稳定度相同。对频率合成器的长期频率稳定度的要求与应用场合有关。一般来说,独立工作的雷达系统对频率合成器的长期频率稳定度没有特殊要求。在无线电导航、定位系统中对长期频率稳定度有较高的要求,如 GPS 接收机要求本振的长期频率稳定度要达到 10^{-9}/天的数量级。

6. 短期频率稳定度

短期频率稳定度是频率合成器的主要质量指标,通常所说的短期频率稳定度主要指各种随机噪声造成的瞬时频率或相位起伏,即相位噪声。

相位噪声是频率合成器的一项主要质量指标,它表征合成器输出频率的短期频率稳定度。频率合成器的相位噪声直接影响多种系统的性能指标。

例如在多普勒测速雷达中利用多普勒频移得到速度数据,动目标显示雷达利用多普勒效应在时域上从背景中提取动目标信息,脉冲多普勒雷达利用多普勒效应在频域上滤除地物和气象杂波,提取动目标信息等,都要求发射激励源和接收本振源高度稳定。

7. 频谱纯度

频谱纯度是指输出信号接近正弦波的程度。影响频率合成器频谱纯度的因素主要有两个,一是相位噪声,二是寄生干扰。相位噪声是瞬间频率稳定度的频域表示,在频谱上呈现为主谱两边的连续噪声。

第 3 章

雷达接收机

3.1 概 述

3.1.1 雷达接收机的任务

雷达接收设备的任务是将天线接收到的微弱的高频信号加以放大并转换成视频信号,送到显示器及其他终端设备中去。

3.1.2 雷达接收机的基本组成

一般来说,可以将雷达接收机分为超外差式、超再生式、晶体视放式和调谐高频(TRF)式四种类型。其中超外差式雷达接收机具有灵敏度高、增益高、选择性好和适用性广等优点。因此,超外差式雷达接收机在所有雷达系统中都得到了应用。

超外差式雷达接收机的结构如图 3-1 所示,超外差式雷达接收机主要由三部分组成:一是高频部分,俗称接收机"前端",包括接收机保护器、低噪声高频放大器、混频器和本机振荡器;二是中频放大器,包含匹配滤波器;三是检波器和视频放大器。

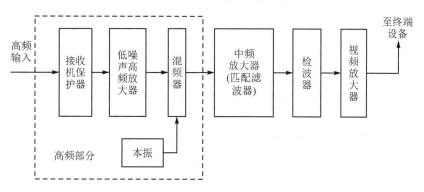

图 3-1 接收机组成原理方框图

经过适当放大的微弱回波与本振混频变成中频。在混频过程中一般不能有严重的镜频和寄生频率问题,达到最终的中频可能需要一次以上的变换。中频放大不仅比微波频率放大成本低,稳定性好,而且有用回波占有较宽的百分比带宽,使滤波工作得到简化。另外,超外差接收机的本振频率可随着发射机频率的改变而变化,同时并不影响中频滤波。这些优点十分突出,致使其他接收机形式在实际应用中已渐渐消失。

3.1.3 雷达接收机的主要质量指标

1. 灵敏度

灵敏度表示接收机接收微波信号的能力,一般用最小可检测信号功率 $S_{\min}$ 表示。超外差式接收机的灵敏度一般为 $10^{-12} \sim 10^{-14}$ W。

2. 接收机的工作频带宽度

接收机的带宽表示接收机的瞬时工作频率范围,接收机的带宽主要取决于高频部件的性能。选择较宽的带宽就必须选择较高的中频,以减少混频器输出的寄生响应对接收机性能的影响。

3. 动态范围

动态范围表示接收机任何环节都不饱和的最大输入信号功率与最小可检测信号功率之比。若输入信号太强,则接收机发生过载;若输入信号太弱,则信号淹没在杂波中,不能被检测出来。

为了使强弱信号都能较好地接收,接收机必须有较大的动态范围。这可以用对数放大器、各种增益控制电路来实现。

4. 中频的选择和滤波特性

中频的选择与发射波形的特性、接收机的带宽以及高频部件和中频部件的性能有关。一般中频选择为 30 ~500 MHz。带宽越宽,选择的中频越高。

滤波特性是减小接收机噪声的关键参数。滤波特性的带宽若大于回波信号带宽,则过多的噪声进入接收机;反之,信号能量就受到损失。

5. 工作稳定性和频率稳定度

工作稳定性是指当环境条件(例如温度、湿度、机械振动等)和电源电压发生变化时,接收机的性能参数(振幅特性、频率特性和相位特性等)受到影响的程度。

频率稳定度是指当环境条件(例如温度、湿度、机械振动等)和电源电压发生变化时,在指定时间内,接收机的频率变化的数值。

一般采用频率稳定度和相位稳定度极高的本机振荡器即"稳定本振"。

6. 抗干扰能力

在现代电子战和复杂的电磁干扰环境中,抗有源干扰和无源干扰是雷达系统的重要任务之一。有源干扰为敌方施放的各种杂波干扰和邻近雷达的同频异步脉冲干扰;无源干扰主要是从海浪、雨雪、地物等反射的杂波干扰和敌机施放的箔片干扰。

7. 微电子化和模块化结构

微电子化和模块化结构是指采用微波单片集成电路(MMIC)、中频单片集成电路(IMIC)和专用集成电路(ASIC)组成的接收机。其主要优点是体积小、重量轻、成本低、一致性好。

3.2 接收机的组成及功能电路

由图3-1可知,超外差式雷达接收机的工作过程如下:从天线接收的高频回波通过天线开关送至接收机保护器,一般经过低噪声放大器放大后再送至混频器。在混频器中,高频回波信号与本振信号混频后得到中频信号,由中频放大器放大并匹配滤波后,经过检波器送至视频放大器放大,最后送至终端处理设备。

更为通用的超外差式雷达接收机组成如图3-2所示,它适用于收发共用天线的各种脉冲雷达系统。实际的雷达接收机不一定包含图中的全部单元。

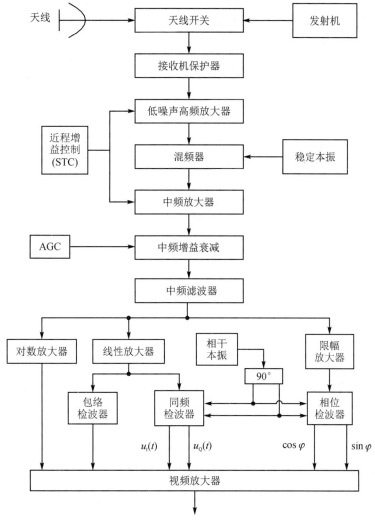

图3-2 通用的超外差式雷达接收机组成

雷达接收机的高频部分因处于接收机的前端,所以习惯称其为接收机前端。接收机前端的特性在三个方面影响非相参脉冲雷达的性能:前端引入的噪声会限制最大作用距离;强信号下前端饱和可能限制系统的最小作用距离或处理强干扰的能力;寄生特性影响对带外干扰的敏感性。

相参雷达的性能主要受混频器寄生特性的影响。在脉冲多普勒雷达中会降低距离和速度精度;在 MTI 雷达中会损害对固定目标的对消能力;而对于高分辨力脉冲压缩系统,则会使距离副瓣升高。

3.2.1　天线开关

天线开关又称收发开关、收发转换开关。在脉冲雷达中,天线是收发共用的。在发射时,要保证天线与发射机接通而与接收机断开;在接收时又要保证天线与发射机断开而与接收机接通。完成这一转换任务的就是天线开关。

收发开关通常由高频传输线和气体放电管组成。近年来出现了由铁氧体环形器(或隔离器)和接收机保护器构成的新型收发开关。

由高频传输线和气体放电管组成的收发开关主要有两种形式:分支线型收发开关和平衡式收发开关。

1. 分支线型收发开关

分支线型收发开关(见图 3-3)是利用传输线 $\lambda/4$ 波长开路和短路的特性实现的。其优点是结构简单,适用于米波段;缺点是带宽较窄,承受功率能力较差。

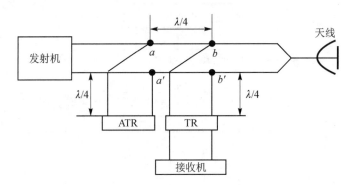

图 3-3　分支线型收发开关

2. 平衡式收发开关

与分支线型收发开关相比,平衡式收发开关的功率容量大,带宽也较宽,一般为 $5\%\sim10\%$,而且在发射状态时漏入接收机的能量也较小。实际使用时,在平衡式收发开关和接收机之间还要插入一个接收机保护器。如图 3-4 所示,图中 TR_1 和 TR_2 是一对宽带接收机保护放电管,两端各为 3 dB 裂缝电桥。

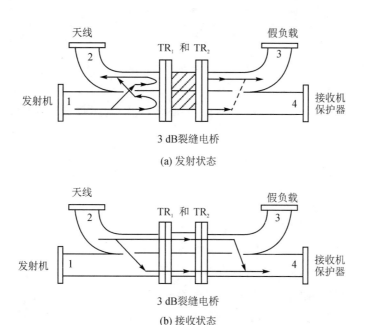

(a) 发射状态

(b) 接收状态

图 3-4　平衡式收发开关

3 dB 裂缝波导桥的特点是相邻端口(例如端口 1 和端口 2)是相互隔离的,当信号从其一端输入时,从另外两端输出的信号大小相等而相位相差 $180°$。

发射状态时,TR_1 和 TR_2 都放电,从端口 1(发射机)输入的发射机信号被反射,送至端口 2(天线),漏过放电管的两路能量进入端口 4(接收机)的部分反相相消,进入端口 3(假负载)的部分同相相加,被假负载吸收。接收状态时,TR_1 和 TR_2 都不放电,从端口 2(天线)输入的微弱回波信号通过放电管进入端口 3(假负载)的部分反相相消,进入端口 4(接收机)的部分同相相加,进入接收机。反射到端口 1(发射机)的部分可忽略不计。

3.2.2　接收机保护器

随着大功率、低损耗的铁氧体环形器研制成功,出现了一种由铁氧体环形器、TR 放电管(有源的或无源的)和微波限幅器组成的收发开关——接收机保护器,如图 3-5 所示。

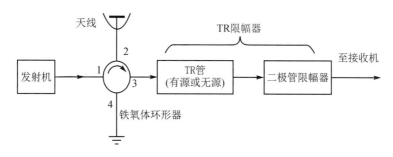

图 3-5　接收机保护器

1．铁氧体

大功率铁氧体环形器具有结构紧凑、承受功率大、插入损耗小（典型值为 0.5 dB）和使用寿命长等优点，但它的发射端 1 和接收端 3 之间的隔离约为 20～30 dB。一般来说，接收机与发射机之间的隔离度要求 60～80 dB。所以在环形器 3 端与接收机之间必须加上由 TR 管和限幅二极管组成的接收机保护器。

2．TR 放电管

TR 放电管分为有源和无源两类。有源 TR 放电管内部充有气体，工作时必须加一定的辅助电压，使其中一部分气体电离。有源 TR 放电管有以下两个缺点：

① 外加辅助电压产生的附加噪声使系统噪声温度增加 50 K（约 0.7 dB）；

② 当雷达关机期间，TR 放电管没有辅助电压，不起保护作用，此时邻近雷达的强辐射能量将会进入本接收机，导致发生烧毁接收机的事故。

所以最近出现了一种新型的无源 TR 放电管，它内部充有处于激发状态的氚气，不需要外加辅助电压，因此在雷达关机时仍能起保护接收机的作用。

3．微波限幅器

微波限幅器可用 PIN 二极管和变容二极管构成，具有功率容量较大，响应时间极短的优点，在 TR 放电管后面作限幅器效果很好。

3.2.3　高频放大器

接收机高频放大器主要有用于米波段的电子管高频放大器、晶体管高频放大器和用于微波段的行波管高频放大器、微波晶体管高频放大器、隧道二极管高频放大器、参量放大器、体效应管放大器。随后又出现了很多适用于雷达接收机的新型低噪声高频器件。从总的发展趋势看，最具代表性的有以下四种：超低噪声的非致冷参量放大器（简称参放）；低噪声晶体管（硅双极晶体管和砷化镓场效应管）放大器；低噪声镜像抑制混频器；微波单片集成（MMIC）接收模块。

1．行波管放大器

行波管包括电子枪、慢波电路、集中衰减器、能量耦合器、聚焦系统和收集极等部分，如图 3-6 所示。

在行波管中，电子注与慢波电路中的微波场发生相互作用，微波场沿着慢波电路向前行进。为了使电子注同微波场产生有效的相互作用，电子的直流运动速度应比沿慢波电路行进的微波场的相位传播速度（相速）略高，称为同步条件。输入的微波信号在慢波电路建立起微弱的电磁场，电子注进入慢波电路相互作用区域以后，首先受到微波场的速度调制。电子在继

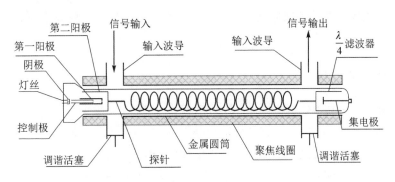

图 3-6　行波管放大器结构示意图

续向前运动时逐渐形成密度调制,大部分电子群聚于减速场中,而且电子在减速场滞留时间比较长。因此,电子注动能有一部分转化为微波场的能量,从而使微波信号得到放大。

行波管的特点是频带宽、增益高、动态范围大、噪声低、抗饱和能力强、工作稳定性高。行波管频带宽度(频带高低两端频率之差/中心频率)可达100%以上,增益在25~70 dB的范围内,低噪声行波管的噪声系数最低可达1~2 dB。行波管的缺点是体积和重量大,需要较大的聚焦线包,因此逐步被微波晶体管放大器取代。

2. 微波晶体管放大器

微波晶体管放大器是工作在微波频率范围的晶体管放大器,具有体积小、重量轻、耗电少、调整方便、成本低等优点。

微波晶体管放大器由于需要在一定的频率范围内输出一定的微波功率,因此,微波晶体管功率放大器总是在大信号状态下工作。所以,从所用的放大器件和电路设计方法上讲,微波晶体管功率放大器与小信号微波晶体管放大器相比有以下突出的特点:

① 要求具有最大功率输出和高效率,并要求一定的带宽。

② 为了承受大功率和散热条件,增强其管子内部结构。

③ 微波晶体管功率放大器常常处于非线性工作状态,在放大信号的过程中必然产生大量的谐波失真,必须采用非线性方法来分析处理。

④ 微波晶体管功率放大器通常使用大信号 S 参量来设计晶体管的动态输入阻抗和输出阻抗。

⑤ 由于在大功率情况下使用,微波晶体管较为容易烧毁,因此在选择工作电压和工作电流时,务必保证不超过最大允许耗散功率 PCM。

3. 隧道二极管放大器

隧道二极管又称为江崎二极管,它是以隧道效应电流为主要电流分量的晶体二极管。所谓“隧道效应”就是指粒子通过一个势能大于总能量的有限区域。这是一种量子力学现象,按照经典力学是不可能出现的。隧道二极管是采用砷化镓(GaAs)和锑化镓(GaSb)等材料混合制成的半导体二极管,其优点是开关特性好、速度快、工作频率高;缺点是热稳定性较差。一般应用于低噪声高频放大器及高频振荡器中(其工作频率可达毫米波段),也可以被应用于高速开关电路中。

4. 参量放大器

参量放大器(Parametric Amplifier)是利用时变电抗参量实现低噪声放大的放大电路。例如,在变容二极管的两端外加一个周期交变电压时,其电容参量将随时间做周期变化。若把这一时变电容接入信号回路中,且当电容量变化和信号电压变化满足适当关系时,信号就能得到放大。外加的交变电压源称为泵源。利用铁芯非线性电感线圈和电子束的非线性等也能构成参量放大器。参量放大的原理在 20 世纪 30 年代就已出现,但直到 20 世纪 50 年代后期,在微波频段工作的半导体变容二极管问世以后参量放大器才得到发展。这是因为变容二极管具有很高的 Q 值,适于制作噪声电平极低的微波放大器。

变容管参量放大器主要用来放大频率约为 1~50 GHz 的微弱信号。在这个频率范围内,它的噪声特性略差于量子放大器,但结构简单,维护也很方便。

变容管参量放大器按工作方式区分,有负阻式放大器和上变频式放大器两大类。前者可分为信号频率和空闲频率大致相等的简并式放大器(这时信频回路可兼作闲频回路)和不相等的非简并式放大器。上变频式参量放大器实际上是一个有增益的参量变频器。

5. 体效应管放大器

体效应管是利用某些半导体导带的特殊结构,在强电场作用下能产生振荡或放大作用的一种半导体器件。

在这种器件中,当外加电压超过某一阈值时,它的电流随着电压增加反而减小,出现了负阻效应,放大和振荡就是利用其负阻效应产生的。由于这种器件的负阻效应发生在某些 N 型半导体的整个晶片体内,所以称为"体效应管",是一种重要的固体微波器件。制造体效应管所用的半导体材料主要是砷化镓。体效应管的典型类型是单结晶体管,常用型号为 BT33。

体效应管放大器的突出优点是噪声系数非常低,工作频率高;缺点是需要有制冷设备、通频带窄、抗饱和能力弱、恢复时间长。

3.2.4 混频器

混频是将信号频率由一个量值变换为另一个量值的过程。具有这种功能的电路称为变频器或混频器。

一般用混频器产生中频信号:混频器将天线上接收到的信号与本振产生的信号混频。当混频的频率等于中频时,这个信号可以通过中频放大器放大后,进行峰值检波。检波后的信号被视频放大器放大,然后显示出来。

混频器的分类如下:

① 按工作性质可分为两类:加法混频器和减法混频器,分别得到和频及差频。

② 按电路元件可分为三极管混频器和二极管混频器。

③ 按电路分有混频器(带有独立振荡器)和变频器(不带独立振荡器)。

混频器和频率混合器是有区别的,后者是把几个频率的信号线性地叠加在一起,不产生新的频率。

3.2.5　本机振荡器

本机振荡器和混频器共同作用把回波信号变换成便于滤波和处理的中频信号。

早期米波雷达采用高频电子管和晶体管构成本机振荡器,微波段雷达采用反射式速调管和微波固体振荡器构成本机振荡器。

微波管振荡源由微波真空管组成,具有输出功率大、振荡频率高、频谱纯、耐高低温和抗核辐射能力强等优点,但是结构复杂、体积大、工作电压高,应用受到限制。

大多数现代雷达系统需要对目标的一串回波进行处理,这时对本机振荡器的短期频率稳定度有极高的要求,这就要求接收机采用相位稳定性极高的本机振荡器,简称为"稳定本振"。造成稳定本振频率不稳定的因素是各种干扰调制源,它可分为规律性与随机性两类:风扇和电机的机械振动或声振动、电源波纹等产生的不稳定属于规律性的不稳定,可以采用防振措施和电源稳压的方法减小它们的影响;由振荡管噪声和电源随机起伏引起的本振寄生频率和噪声属于随机性不稳定。目前,常采用的稳定本振有锁相型稳定本振和晶振倍频型稳定本振。

1. 锁相型稳定本振

采用锁相技术可以构成频率固定的稳定本振,但主要还是用来构成可调谐的稳定本振。"可调谐"是指频率的变化能以精确的频率间隔离散地阶跃。图 3-7 是典型的可调谐的锁相型本振。

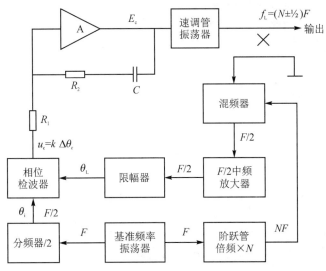

图 3-7　可调谐的锁相型本振

基准频率振荡器产生稳定的基准频率 F,经过阶跃二极管倍频 N 次,变成一串频率间隔为 NF 的微波线频谱。速调管输出功率的一部分与线频谱混频,若本振速调管频率为 $f_L \approx (N \pm 1/2)F$,则混频后所得的差频 f_I 接近 $F/2$,经 $F/2$ 中频放大器放大和限幅后,与频率为 $F/2$ 的基准频率比相,根据相位误差 $\Delta\theta_\varepsilon$ 的大小和方向,相位检波器输出相应的误差信号 u_ε ($u_\varepsilon = k\Delta\theta_\varepsilon$),经直流放大后输出 E_c,改变速调管的振荡频率,使其频率准确地锁定在 $(N \pm 1/2)F$ 上。因此,只要调节速调管的振荡频率大致在 $(N \pm 1/2)F$ 上,锁相回路就能将其频率准确地锁定在 $f_L \approx (N \pm 1/2)F$ 上,从而实现频率间隔为 F 的可变调谐。这种稳定本振的稳定性取决于基准频率的稳定性。

2. 晶振倍频型稳定本振

在相参脉冲放大型雷达中,通常其载波频率、稳定本振频率和相参本振频率均由同一基准频率倍频而成,图 3-8 所示为晶振倍频型本振。

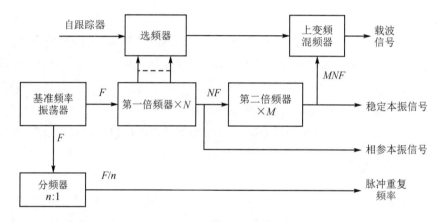

图 3-8　晶振倍频型本振

基准频率振荡器产生稳定的基准频率,经过第一倍频器 N 次倍频后输出,作为相参本振信号(中频),再经过第二倍频器 M 次倍频后输出,作为稳定本振信号(微波)。如果多普勒频移不大,则把相参本振信号与稳定本振信号通过混频,取其和频分量输出,作为雷达的载波信号。如果多普勒频移大,则须从第一倍频器输出一串倍频信号,其频率间隔为基准振荡器频率,从跟踪器送来的信号中选择能对多普勒频移做最佳校准的一个频率,经与稳定本振信号混频后,作为雷达的载波信号。为了避免产生混频的寄生分量,一般用分频器把基准频率分频而产生脉冲重复频率。

基准频率振荡器采用石英晶体振荡器,其相位不稳定主要是由噪声产生的,在较低的频率上可以获得较好的相位稳定度,一般采用的最佳振荡频率范围为 $1 \sim 5$ MHz。用倍频器倍频后,其相位稳定度将与倍频次数成反比地降低。

第一倍频器所需的倍频次数较低,通常采用变容二极管做成的低阶倍频器。第二倍频器所需的倍频次数较高,通常采用由阶跃二极管做成的高阶倍频器。

3.2.6 中频放大器

无论是晶体管中频放大器还是电子管中频放大器,均有单调谐、参差调谐和双调谐等类型。

单调谐放大器每级电路中只有一个调谐回路,各级回路均调谐在中频,这种放大器的通频带较窄,频率响应曲线的形状同矩形相差较远。通常,在通频带小于 3 MHz,放大量小于 10^5 的中频放大器中使用。但是它的电路简单,制作、调整方便,稳定性也好。

参差调谐放大器每级也只有一个调谐回路,分为两级参差调谐和三级参差调谐。前者由两级组成一组,为了获得近似矩形的频响曲线,两级放大器的调谐回路分别调谐在对称于中频的两个频率 f_1 和 f_2 上,这种放大器可以用在通频带在 3~8 MHz 范围内的中频放大器中。后者由三级组成一组,有一级的调谐回路调谐于中频,其他两级则分别调谐在对称于中频的两个频率上,这种放大器的通频带可以达到 8 MHz 以上,但是调整起来相当复杂。

双调谐放大器的输出电路中有两个调谐回路,它们都调谐于中频,通常处于临界耦合状态,这种放大器的通频带可达 3~8 MHz,而且频响曲线近似矩形,但是调整也困难,应用也少。

上述电路工作原理可参见有关电子线路的书籍。此外,中频放大器还具有带通滤波器和集成化电路的形式。

目前集成中频放大器主要采用混合集成电路。这种电路是在宽频带线性固体组件中,插入具有一定带宽的选择性电路,其中线性固体组件担负着放大信号的功能,简称功能块,选择性电路则担负着选择信号的功能。

1. 线性固体组件(功能块)

线性集成电路中两级放大器的级联形式很多,常用的组合形式有:共发-共发、共发-共基和共集-共基组合电路。后两者属于差分放大器,因此,线性集成电路一般为两类:共发级联式放大器和差分式级联放大器。

8FZ1 是共发级联式集成电路的典型电路之一(5G722 与其性能相似,但是管脚略有差别)。FZ3 是差分式功率块的典型电路之一。

以上列举了两种形式的功能块,从原则上讲,凡是频率特性满足要求的线性集成电路,都可以用作中频放大器,但是具体应用时,还应考虑一些问题,例如中频放大器末级应当选用输出动范围较大的功能块,如 FZ2;而作为前置中频放大器,则应选用低噪声功能块,如 FZD1。

2. 选择性电路

目前集成化中频放大器的选择性电路都是外加的,因此,调谐方式也与分立元件的中频放大器电路相似,一般有两种形式:级间调谐法和插入滤波器法。

级间调谐法即每级都外接一个谐振回路,各谐振回路可以采用单调谐或参差调谐。这种方法的优点是单级增益高，但是缺点是体积大，调谐麻烦。

插入滤波器法是在多级功能块之间插入一组滤波器，其原理如图3-9所示。其中的滤波器可以是LC集中参数的带通滤波器或陶瓷滤波器、晶体滤波器等，目前广泛采用的是LC集中参数的带通滤波器。

图3-9 插入滤波器法原理

3.2.7 检波器、视频放大器

1. 检波器

检波，就是从已调制的中频（或高频）信号中取出调制信号（如视频信号），这个过程与"调制"过程相反，称为"解调"或"反调制"，完成解调过程的设备叫作检波器。

解调是调制的相反过程，与信号的调制方式——调幅、调频、调相相对应，解调过程必须有振幅检波、频率检波和相位检波之分，彼此相辅相成，以达到传递信号之目的。本节只讨论雷达接收机中常用的矩形中频脉冲的振幅检波。

振幅检波（以下简称检波）以输入信号的振幅大小分大信号检波和小信号检波。通常，当输入信号电压大于0.5 V（伏特级）时，称为大信号检波；信号电压小于0.5 V（毫伏级）时，称为小信号检波。因大信号检波失真小（信号电压幅度的变化大部分处于检波管特性曲线的直线部分的缘故），小信号检波失真大（信号电压幅度变化部分处于特性曲线的弯曲部分的缘故），所以雷达接收机常将高频信号经高放、变频、中频放大而把幅度提高到伏特级，采用大信号检波。

因为调制是一种频率变换过程，而解调是调制的一种相反过程，所以不难理解解调也是一种频率变换过程，要实现频率变换，在检波器中必须要有一个非线性元件。因线性电路只能线性地改变输入信号的幅度，不会改变输入信号的频率，故只有通过非线性电路才能产生新的频率分量。其次，必须有一个滤波器来取出所需要的频率分量（如视频），并滤除不需要的频率分量（如高频和中频）。检波器所用的非线性元件通常是晶体二极管（或真空二极管），有时也用晶体三极管（或真空三极管、多极管）。二极管检波的线路简单，应用广泛，因此本节只着重讨论晶体二极管检波器。

在雷达接收机中，检波器的任务是将中频脉冲变换成为视频脉冲。对检波器的质量的主要要求如下：

① 波形失真小，即检波器的输出波形要尽可能接近输入信号的包络形状，以免影响测距精确度及距离分辨力。

② 电压传输系数（也叫检波效率）要大。

③ 滤波性能好，即中频分量与视频分量分离得干净，不让中频信号进入视频放大器。

④ 输入阻抗大，因为检波器的输入阻抗即为末级中频放大器的负载，阻抗小会使末级中频放大器调谐回路的 Q 值降低，从而使选择性变坏，增益下降。

⑤ 动态范围大，即当输入的中频脉冲的幅度在大范围内变化时，仍能得到失真很小的输出。

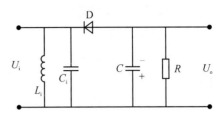

图 3 - 10　晶体二极管检波器电路原理图

晶体二极管检波器的电路原理如图 3 - 10 所示，该电路包括三个部分：一是中频输入部分，由中频放大器末级调谐回路 $L_i C_i$ 组成，它相当于检波器的信号源；二是非线性元件，即晶体二极管 D，它起频率变换作用；三是电路负载，电容 C 用以滤去中频成分，电阻 R 为检波器负载电阻，从它的两端输出视频信号。

二极管检波器之所以能将中频信号变换为视频信号，主要是利用晶体二极管的单向导电特性（非线性特性）来改变负载电容器充电和放电的时间常数，从而得到了中频脉冲的包络波形，即输出视频脉冲。

中频脉冲电压 U_i 输入以后，在信号的负半周，晶体二极管负极的电位低于正极，二极管 D 导电，脉冲电流（向 C 充电电流）通过 D 向负载电容器充电，由于 D 导通时内阻很小，充电时间常数也很小，电容器 C 两端的电压迅速增大（负值）。当中频电压经过负的最大值并减小到同电容器 C 两端电压相等时，二极管 D 就截止，电容器 C 开始通过 R 放电，放电时间常数远大于充电时间常数，所以电容器 C 两端电压减小得很慢。当中频电压再次变到负半周且其负值开始大于电容器 C 两端电压时，二极管 D 重新导电，电容器 C 再次被充电，其两端电压又迅速增大。此后的工作重复上述过程。这个过程具有以下的特点：

① 电容器 C 在较短的时间内迅速地充电；

② 电容器 C 在充电放电过程中，开始充得多，放得少，电容器两端电压的平均值按指数规律增长，电容器 C 充电时间为视频脉冲波形前沿建立时间 τ_r；

③ 到充电和放电的电量相等时，电容器 C 两端的电压均值就保持不变，这一状态一直维持到中频信号消失。中频电压消失以后，电容器 C 通过电阻 R 放电，其两端电压按指数规律减小到零，电容器 C 放电时间为视频脉冲后沿下降时间 τ_f。

通过以上过程，检波器的输出端就得到一个负向视频脉冲。由于二极管 D 的内阻的分压作用，视频脉冲的幅度总小于输入的中频脉冲幅度 U_{im}，也就是说，二极管检波器的电压传输系数总是小于 1。视频脉冲波形同中频脉冲包络相比还有失真，主要是前后沿发生了倾斜，这是因为电容器的充电和放电都需要经历一段时间。此外，输出波形的顶部还有起伏的波纹。

总之，检波的实质是靠二极管的单向导电特性和电容器两端电压的暂态特性。输入信号经过二极管后产生了许多新的频率分量，负载电容 C 滤除中频（或高频）分量，从而得到了输入信号的包络波形。

2. 视频放大器

视频放大器一般放在显像管电路中（见图 4 - 9）。视频放大器在电子线路课程中有详细讨论,在此不再赘述。

3.2.8 自动频率控制

发射信号的频率和本振的频率的不稳定将导致混频器输出的中频信号偏离正确中频,使接收机增益大大下降,甚至不能工作。因此必须采用自动频率控制。

控制磁控管的自频控系统采用的是可调谐的磁控管振荡器,因此可用固定频率的稳定本振,如图 3-11 所示。

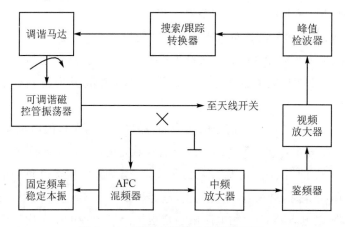

图 3-11 控制磁控管的自频控系统

频率跟踪状态时,鉴频器根据差频偏离额定中频的方向和大小,输出一串脉冲信号,经过放大、峰值检波后,取出其直流误差信号去控制调谐马达转动。转动的方向和大小取决于直流误差信号的极性(正或负)和大小,从而使磁控管频率与稳定本振频率之差接近额定中频。

3.2.9 动态范围与增益控制

1. 动态范围

接收机抗过载性能的好坏可用动态范围 D 来表示,它是当接收机不发生过载时允许接收机输入信号强度的变化范围,其定义式如下:

$$D(\text{dB}) = 10\lg \frac{P_{i\,max}}{P_{i\,min}} = 20\lg \frac{U_{i\,max}}{U_{i\,min}} \tag{3-1}$$

其中,$P_{i\,max}$、$U_{i\,max}$ 为接收机不发生过载所允许接收机输入的最大信号功率、电压;$P_{i\,min}$、$U_{i\,min}$ 为最小可检测信号功率、电压。

为了防止强信号引起的过载,需要增大接收机的动态范围,就必须要有增益控制电路;跟踪雷达为了得到归一化的角误差信号,以使天线正确地跟踪运动目标,就需要自动增益控制电路;由海浪等地物反射的杂波干扰、敌方干扰机施放的噪声调制等干扰往往远大于有用信号,更会使接收机过载而不能正常工作,为使雷达的抗干扰性能良好,通常都要求接收机应有专门的抗过载电路,例如瞬时自动增益控制电路、灵敏度时间控制电路、对数放大器等。

2. 自动增益控制(AGC)

在跟踪雷达中,为了保证对目标的自动方向跟踪,要求接收机输出的角误差信号强度只与目标偏离天线轴线的夹角(称为误差角)有关,而与目标距离的远近、目标反射面积的大小等因素无关。为了得到归一化的角误差信号,以使天线正确地跟踪运动目标,就需要自动增益控制电路。图3-12所示是一种简单的自动增益控制电路。

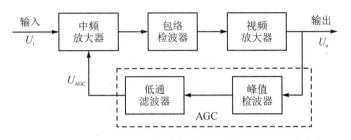

图3-12 自动增益控制电路

自动增益控制是一种反馈技术,用来自动调整接收机的增益,以便在雷达系统跟踪环路中保持适当的增益范围。在现在的数字接收机中,该电路已经被数字电路取代,没有单独的AGC电路。

3. 瞬时自动增益控制(IAGC)

一种有效的中频放大器的抗过载电路能够防止由于等幅波干扰、宽脉冲干扰和低频调幅波干扰等引起的中频放大器过载,即使干扰电压衰减,维持目标信号的增益也能尽量不变。图3-13所示是一种瞬时自动增益控制电路,与一般AGC电路原理相似,也是一种反馈技术,用来自动调整中频放大器的增益。

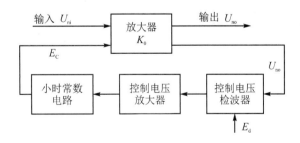

图3-13 瞬时自动增益控制电路

4. 近程增益控制(STC)

近程增益控制电路又称时间增益控制电路或灵敏度时间控制(STC)电路,它用来防止近程杂波干扰所引起的中频放大器过载。

不同的雷达截面积、不同的气象条件和不同的距离所引起的回波强度都不同,但距离对雷达回波的影响超过其他因素。雷达接收到的目标回波功率与 R^4 成反比。距离对信号强度的影响不利于对目标尺寸的测量。当信号超过有效动态范围时,许多雷达接收机会出现不好的特性。这些影响可以用一种称为灵敏度时间控制(STC)的技术来克服,STC 使雷达接收机的灵敏度随时间变化,即按 R^{-4} 规律随时间增加而增加,从而使被放大的雷达回波强度与距离无关,如图 3-14 所示。

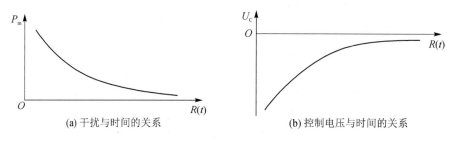

(a) 干扰与时间的关系　　　　　　　(b) 控制电压与时间的关系

图 3-14　STC 电路波形图

STC 电路的组成如图 3-15 所示,其基本原理是当发射机每次发射信号之后,接收机产生一个与干扰功率随距离(也就是时间)的变化规律相匹配的控制电压 U_c,控制接收机的增益按此规律变化,以保证接收机对近距目标的强回波不过载。

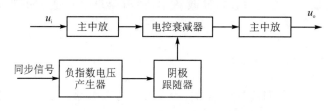

图 3-15　近程增益控制电路组成

3.3　噪声系数和灵敏度

3.3.1　噪声系数

接收机的噪声包括内部噪声和外部噪声。

内部噪声(时间上连续,振幅相位随机)是一种起伏噪声。内部噪声主要由接收机中的馈线、放电保护器、高频放大器或混频器等产生。

外部噪声包括天线热噪声和由雷达天线进入的各种干扰。天线热噪声也是一种起伏噪声,是由天线周围介质微粒的热运动产生的噪声;由雷达天线进入的各种干扰主要是宇宙噪声,是由太阳及银河星系产生的噪声,这种起伏噪声被天线吸收后进入接收机,就呈现为天线的热起伏噪声。

信号与噪声的功率比值 S/N 简称为信噪比。

噪声系数 F 的定义:接收机输入端信号噪声比与输出端信号噪声比的比值,即

$$F = \frac{S_i/N_i}{S_o/N_o} \tag{3-2}$$

物理意义:它表示由于接收机内部噪声的影响,使接收机输出端的信噪比相对其输入端的信噪比变坏的倍数,可改写为

$$F = \frac{N_o}{N_i G_a} \tag{3-3}$$

式中,$G_a = S_o/S_i$ 为接收机额定功率增益。

噪声系数 F 的另一定义是实际接收机输出的额定噪声功率与理想接收机输出的额定噪声功率之比。

N 级电路级联时接收机总噪声系数为

$$F_o = F_1 + \frac{F_2-1}{G_1} + \frac{F_3-1}{G_1 G_2} + \cdots + \frac{F_n-1}{G_1 G_2 \cdots G_n} \tag{3-4}$$

为了使接收机的总噪声系数小,要求各级的噪声系数小、额定功率增益高。而各级内部噪声的影响并不相同,级数越靠前,对总噪声系数的影响越大。所以总噪声系数主要取决于最前面几级,这就是接收机要采用高增益、低噪声高频放大器的主要原因。

3.3.2　灵敏度

接收机的灵敏度表示接收机接收微弱信号的能力。

已知接收机噪声系数 F_o 为

$$F_o = \frac{S_i/N_i}{S_o/N_o} \tag{3-5}$$

则输入信号的额定功率为

$$S_i = N_i F_o \frac{S_o}{N_o} \tag{3-6}$$

令 $S_o/N_o \geqslant (S_o/N_o)_{min}$ 时对应的接收机输入信号功率为最小可检测信号功率,即接收机灵敏度为

$$S_{i\,min} = N_i F_o \left(\frac{S_o}{N_o}\right)_{min} \tag{3-7}$$

其中,$M = (S_o/N_o)_{min}$ 称为识别系数。

为了提高接收机的灵敏度,即减少最小可检测信号功率,应做到以下几点:

① 尽量降低接收机的总噪声系数 F_o,所以通常采用高增益、低噪声高频放大器;

② 接收机中频放大器采用匹配滤波器,以便得到白噪声背景下输出最大信号噪声比;

③ 识别系数 M 与所要求的检测质量、天线波瓣宽度、扫描速度、雷达脉冲重复频率及检测方法等因素均有关系。在保证整机性能的前提下,应尽量减小 M 的数值。

雷达接收机的灵敏度用额定功率表示,并常以相对 1 mW 的分贝数计值,即

$$S_{imin}(\text{dBmW}) = 10 \lg \frac{S_{imin}(\text{W})}{10^{-3}} (\text{dBmW}) \qquad (3-8)$$

一般超外差接收机的灵敏度为 $-90 \sim -110$ dBmW。

3.4 滤波和带宽

3.4.1 匹配滤波

滤波器是接收机鉴别有用回波和多种干扰的主要手段。理想滤波器是匹配滤波器,它是一种无源网络,其频率响应与发射频谱成复数共轭。

匹配滤波(Matched Filtering)是最佳滤波的一种。当输入信号具有某一特殊波形时,其输出达到最大。在形式上,一个匹配滤波器由以按时间反序排列的输入信号构成,且滤波器的振幅特性与信号的振幅谱一致。因此,对信号进行匹配滤波相当于对信号进行互相关运算。

不能将匹配滤波器看成带通滤波器,二者是完全不同的两个概念。匹配滤波器可以实现白噪声背景中任意信号的最佳线性滤波,得到最大输出信噪比。带通滤波器只能实现频域滤波,理想的带通滤波器的幅频特性是一个矩形;而匹配滤波器的幅频特性与输入信号的幅频特性相同。带通滤波器不能调整输入信号的各频率成分的相位,实现输入信号能量的相参叠加;匹配滤波器的相频特性与输入信号的相频特性相反(仅差一个线性相位项),能实现信号不同频率成分幅度的相参叠加。

匹配滤波器可以处理来自所有距离的回波。为了简化设备,或者为了获得对其他形式干扰的更有效的滤波能力,往往采用近似的匹配滤波器,即准匹配滤波器。

准匹配滤波器是实际中容易实现的几种典型频率特性,通常用矩形、高斯型等其他频率特性作近似。准匹配滤波器输出的最大信噪比与理想匹配滤波器输出的最大信噪比的比值定义为失配损失 ρ,即

$$\rho = \frac{\left(\dfrac{S}{N}\right)_{\approx\max}}{\left(\dfrac{S}{N}\right)_{\max}} \qquad (3-9)$$

3.4.2 带宽的选择

适当选择准匹配滤波器的通频带可以获得准匹配条件下的“最大信噪比”。选择最佳通频带(当检波器输入端的信噪比最大时,接收机线性部分的总通频带),接收机的灵敏度也最高。

接收机的灵敏度主要取决于总噪声系数 F_o。但是,接收机通频带的宽窄也会影响接收机

的输出信噪比,即对灵敏度也有很大影响。

通过数学分析,最佳通频带 B_{opt} 与信号脉冲宽度 τ 的相互关系为

$$B_{opt} = \frac{1.37}{\tau} \qquad (3-10)$$

式(3-10)表明,最佳通频带与信号脉冲宽度 τ 成反比,脉冲宽度越窄,最佳通频带越宽,但这时的信号波形失真度小。雷达根据不同的用途选择接收机的通频带宽度。

警戒雷达和引导雷达的主要要求是雷达的作用距离远,对波形失真的要求不严格,因此接收机的线性部分要求输出信噪比大,即高频和中频部分应取最佳通频带。考虑到发射信号频率和本振信号频率会有漂移的变化,因此实际高频和中频部分的通频带 B_{RI} 比最佳通频带要宽,即

$$B_{RI} = B_{opt} + \Delta f_x \qquad (3-11)$$

式中,Δf_x 为发射信号频率的漂移量。

在有自动频率控制的接收机中,Δf_x 取剩余失谐量的两倍,一般为 0.1~0.5 MHz。

视频部分必须保证视频脉冲的主要频谱分量 B_V 能顺利通过,一般取

$$B_V = \frac{1}{\tau} \qquad (3-12)$$

跟踪雷达(含精确测距雷达)的主要任务是精确测距,要求波形失真小,其次才是信噪比高。这类雷达要求总带宽 B_0(含视频部分的带宽)大于最佳带宽,一般取

$$B_0 = \frac{2 \sim 5}{\tau} \qquad (3-13)$$

第 **4** 章

雷达显示终端

雷达所获取的信息最后均集中到终端进行处理,以提供给使用人员,对雷达的控制也是通过终端设备进行的。可见,雷达终端系统是雷达信息的输出设备,是人机互相联系、互相作用的环节。现代雷达的终端都配以计算机进行信息处理和控制,从而使雷达的功能更加完善。

雷达显示器用来显示雷达所获得的目标信息和情报、目标的位置及运动情况、目标的各种特征参数等。

早期对于警戒雷达和引导雷达的终端显示器,其基本任务是发现目标和测定目标的坐标参数,以及根据回波特点判别目标性质,供指挥员全面掌握情况。雷达显示器的作用就是总结雷达站各部分的工作,并用信号幅度或亮度形式表示和确定被测目标是否存在,以及测定目标在空间的位置。另外,有经验的操纵员还可根据雷达显示器显示的目标回波的形状、大小以及变化规律来判别目标的性质,如飞机的类型和架数等。

在现代预警雷达中,通常采用数字录取设备,雷达显示器的任务是在搜索状态下截获目标,在跟踪状态下监视目标的运动规律和雷达系统的工作状态。

4.1 概　述

早期的雷达终端系统是以显示器为主体的,目标的发现、坐标的录取等工作都依赖于显示器,并由人工来完成。早期的雷达显示器主要利用模拟技术显示雷达原始图像。

目前,雷达信号的录取基本上实现了半自动化或全自动化。至于航迹的管理,则是以计算机为中心来完成,以人工通过显示器来进行监视的。

随着飞机速度的增大,洲际导弹的出现,以及科学技术的发展,一方面对雷达提出了远距离、高数据率、高精度以及能对付多个目标等高要求;另一方面雷达技术随着新技术的采用而得到了很大的发展,如各种新体制雷达的研制,特别是数字技术在雷达中的应用,以及雷达和数字计算机的结合,可以从雷达信号中获取更多的情报,更好地发挥雷达的功能。为此,在近代雷达中除了使用常规的图像显示器外,还有一些受计算机控制的情况显示器和表格显示器,以及使雷达和计算机联系起来的录取显示器等新的显示设备,当然这些显示器的任务就不仅仅是显示目标的坐标位置了。

现代雷达除了显示原始图像之外,还要显示经过计算机处理的雷达数据,如目标的高度、航速、航向、数量、批次以及敌我属性等,还可以显示雷达的工作状态和控制标志,进行人机对话。

雷达终端系统的基本任务包括：

① 检测目标的回波，判定目标的存在。

② 录取目标的坐标。

③ 录取目标的其他参数，如机型、架数、国籍、发现时间，并对目标进行编批。

④ 建立目标的航迹，实施航迹管理。

⑤ 对雷达的工作状态进行控制。

⑥ 执行上级的命令。

⑦ 输出雷达数据，报送上级或友邻。

4.2　显示器的分类及性能参数

雷达显示器的类型很多，分类的方法也有许多种。根据显示器件分类，有示波管显示器、光栅扫描示波管显示器、液晶显示器。示波管显示器分类如表 4-1 所列。

表 4-1　示波管显示器分类

扫描方式	按显示坐标数目分		
	一维空间显示器	二维空间显示器	三维空间显示器
	按调制方式分		
	偏转调制	亮度调制	
直线扫描	A、A/R、K、L、M、N	B、微 B、E、C、F、G	H、D
圆周扫描	J		
径向扫描		PPI(P)	I

不同类型的显示器其画面也各不相同，因此依据显示器的画面便可识别不同类型的显示器。简单说明如下：

① A 型显示器为直线扫描，扫描线的起点与发射脉冲同步，扫描线长度与雷达距离量程对应，主波与回波之间的扫描线长度代表目标的斜距。

② A/R 型显示器是 A 型显示器的扩展，有两条扫描线，上面的扫描线与 A 型显示器的相同，下面的扫描线是上面扫描线中波门的放大，以提高测距精度。

③ B 型显示器是以直角坐标显示的平面显示器，横坐标表示方位，纵坐标表示距离。通常只取距离和方位的一小段，称为微 B 显示器，用以配合 P 型显示器观察波门范围内的情况。

④ D 型显示器由信号在方位角轨迹上的宽度粗略地表示距离信息。

⑤ F 型显示器只能指示单个目标信号。当无信号时，光点可扩展成一个圆。

⑥ G 型显示器只能指示单个目标信号。信号以"翼形光点"出现，它的位置给出方位角误差和仰角误差。翼长反比于距离。

⑦ H 型显示器信号显现为两个点。左边的点给出目标的距离与方位角，右边的点相对左

边点的高低位置给出仰角的粗略指示。

⑧Ｉ型显示器天线做锥形扫描,信号呈现为圆,它的半径与距离成比例。圆的明亮部分指示着从锥轴到目标的方向。

⑨Ｊ型显示器除时基为圆,信号显现为径向偏转外,与Ａ型相同。

⑩Ｋ型显示器是带有天线开关的Ａ型。展开电压使从两个天线来的信号错开,天线装置正对着目标时,脉冲的大小相等。

⑪Ｌ型显示器与Ｋ型相同,但从两个天线来的信号是背靠背放置的。

⑫Ｍ型显示器是带有距离梯级或距离缺口的Ａ型。当脉冲用梯级或缺口对准时,距离可从度盘或计数器上读出。

⑬Ｐ型显示器中的距离可从圆心径向测出。

4.2.1 按显示画面分类

1. 一维空间显示器

一维空间显示器主要是距离显示器,只能显示距离信息。又因为荧光屏上光点偏离横轴的振幅表示回波的大小,所以又称为偏转调制显示器。

距离显示器按扫描线的形状分类可分为直线扫描的Ａ型显示器和圆周扫描的Ｊ型显示器。几种距离显示器的画面如图4-1所示。

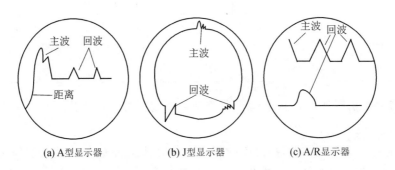

(a) A型显示器　　　　(b) J型显示器　　　　(c) A/R显示器

图4-1　距离显示器画面示意图

Ａ型显示器为直线扫描,扫描线起点与发射脉冲同步,扫描线的长度与雷达距离量程相对应,主波与回波之间的扫描线长度代表目标的斜距。

Ｊ型显示器是圆周扫描,它与Ａ型显示器相似,所不同的是为了提高测距精度,把直线扫描改为圆周扫描,以增大距离扫描线的长度。主波与回波之间在顺时针方向扫描线的弧长为目标的斜距。

Ａ/Ｒ型显示器本质上仍然是Ａ型显示器,所不同的是它有两条扫描线,上面一条扫描线与Ａ型显示器相同,下面一条扫描线是上面扫描线中一小段的扩展,称为Ｒ型显示器,利用它来扩展其中有回波的一小段。距离的粗测数据由Ａ扫描线上读出,精测数据由Ｒ扫描线上读出,粗读数(如整千米数)与精读数(不足一千米的数)之和为目标的距离,这样就提高了测距精度和距离分辨率。

2. 二维空间显示器

二维空间显示器主要有平面位置显示器和高度显示器,显示器显示距离信息和角度信息。又因为荧光屏上光点表示目标的坐标,所以又称为亮度调制显示器。

平面位置显示器按扫描线的形状分类可分为极坐标显示的 PPI 显示器(简称 P 显)和直角坐标显示的 B 显。如图 4-2(a)和图 4-2(b)所示。B 显一般只用于显示波门内的情况,这样的 B 显称为微 B 显。

平面位置显示器是使用最广泛的一种雷达显示器(P 显),它能同时显示目标的斜距和方位两个坐标的数据。因为它能提供 360°范围内的全部平面信息,所以也叫环视显示器或全景显示器,简称 PPI 显示器或 P 型显示器。

P 显有时只显示出空间一个锥面的情况,但更多的是用来显示雷达周围区域内所有的地面和空中的目标。显示器荧光屏的中心代表雷达所在地,从中心沿半径向外的扫描线(距离扫描线)表示距离。扫描线与天线同步做圆周旋转,方位角以正北为基准,顺时针方向计量,因此可根据扫描线的位置来测读方位。

P 显有时可以移动原点,使其远离显像管的中心,以便在给定方向上得到最大的扩展扫描,这种显示器叫偏心 PPI 显示器,如图 4-2(c)所示。

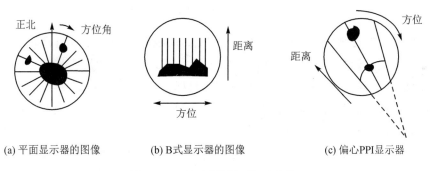

(a) 平面显示器的图像　　　　(b) B式显示器的图像　　　　(c) 偏心PPI显示器

图 4-2　平面显示器画面示意图

高度显示器称为 E 显,在测高雷达和地形跟随雷达中显示目标的距离和仰角或高度。

在测高雷达和一些引导雷达中,常用到高度显示器,如图 4-3 所示。这种显示器显示水

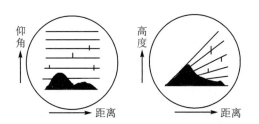

图 4-3　高度显示器的两种形式

平距离和高度两个坐标,是直角坐标式的二度空间亮度调制显示器。扫描线的水平分量代表水平距离,垂直分量代表高度,目标显示成垂直的亮弧。这种显示器又称为 RHI 显示器,R 表示距离,H 表示高度,I 表示显示器。

3. 情况显示器和表格显示器

随着防空系统和航管系统要求的提高和数字技术在雷达系统中日益广泛的应用,许多由计算机和微处理器控制的新型显示器出现了,其中常用的有两种:一种是情况显示器,另一种是表格显示器,如图 4-4 所示。

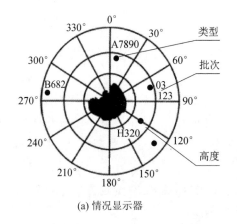

批次	属性	斜距	方位	仰角	航速
01	A	112	120	82	182
02	B	160	255	69	269
03	C	266	132	78	378
10	D	326	326	89	289
21	E	526	223	55	155

(a) 情况显示器   (b) 表格显示器

图 4-4　情况显示器和表格显示器

情况显示器一般在画面除显示目标的原始信息外,通常还要显示经过计算机处理过的地图背景和某些重点目标的航迹,以及其他必要的标志。图 4-4(a)是情况显示器画面的示意图,图中小圆形表示目标的类型,旁边的数据表示目标的批次、斜距和高度,背景是雷达威力范围内的地图。从这一简单的画面可以看出,这种显示器能够提供雷达威力范围内比较全面的动态情况,便于掌握全局,实施指挥。

表格显示器的画面如图 4-4(b)所示,它能将计算机处理后的数据以表格的形式显示出来,表格显示器经常与情况显示器配合使用,便于指挥员观看和查对。图 4-4(b)中只列出了5 批目标的数据,实际使用的表格显示器画面比该画面要复杂得多。

4. 综合显示器

综合显示器既可显示雷达原始信息(一次信息),又可显示经过计算机处理的雷达数据信息(二次信息:表格数据、特征符号、地图等),如图 4-5 所示。

5. 光栅扫描显示器

随着电视扫描技术和数字扫描技术的发展,出现了多功能的光栅扫描显示器。光栅扫描显示器与雷达中心计算机综合一体,具有高亮度、高分辨率、多显示格式和实时显示等优点,既能显示雷达目标的二次信息,也能显示其他综合信息和背景地图。光栅扫描显示器由于采用

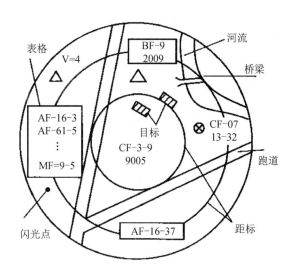

图 4 - 5　综合显示器画面示意图

数字式扫描变换技术,通过对图像存储器的控制,可以实现多种显示格式的画面,包括 A 显、A/R 显、P 显、B 显等多种画面,并叠加显示二次信息、背景地图等。

4.2.2　按显示器件分类

按显示器件分类有示波管显示器、光栅扫描示波管显示器、液晶显示器。

示波管显示器按结构分类又可分为静电式示波管和磁式示波管,磁式示波管根据偏转线圈的不同又分为动圈式示波管和定圈式示波管。

静电式示波管一般用于距离显示器,磁式示波管一般用于平面位置显示器。光栅扫描示波管显示器和液晶显示器用于综合显示器。

4.2.3　显示器的性能参数

雷达显示器性能的优劣直接影响雷达的性能。所以雷达站对雷达显示器性能的要求是由雷达的战术和技术参数决定的,主要有以下几方面:

1. 数量及形式

雷达显示器的数量及形式是指采用了几个显示器和它们的扫描形式,它由要求测定的目标坐标数和测量精度以及所需的观察区域所决定。

2. 测量范围

测量范围是指显示器所能观察的范围。测量范围愈大,测量的精度和分辨率也就愈差,因此许多显示器往往采用可变的测量范围,最常见的是具有几个测距范围。

3. 扫描的线性程度

扫描的线性程度是指扫描单位长度距离的均匀程度,它决定于雷达所要求的测量精度,同时又和测量坐标的方法密切相关,不同的测量方法对扫描的线性程度要求不同。

4. 测量标志

测量标志包括距离标志、角度标志和高度标志。各种标志又有固定标志和移动标志、机械标志和电标志之分。雷达显示器根据所要求的测量精度来选择不同类型的标志以及标志所代表的测量范围。对测量标志的基本要求是测读简便,迅速准确。

5. 示波管的性能

示波管的性能主要是指示波管荧光屏的大小、光点直径、余辉时间的长短以及亮度调节的范围等。荧光屏的大小及光点直径常常取决于雷达要求的精度和分辨率,余辉时间的长短由显示器的类型和雷达的工作条件决定,而亮度调节的范围则与显示器的观察条件、使用需要有关。

6. 光栅扫描显示器的带宽和分辨率

视频带宽(Bandwidth):指每秒钟电子枪扫描过的像素总数,其单位是兆赫(MHz),理论上视频带宽是水平分辨率、垂直分辨率、垂直刷新率的乘积。带宽越宽能处理的频率越高,图像质量自然也更好。专业显示器和普通显示器其视频带宽的差距是巨大的,带宽越高,显示器的价格也越贵,高档显示器其带宽可达 200 MHz 以上,但家用的显示器能有 100 MHz 左右的带宽就能满足日常的需求了。

扫描频率:指显示器每秒钟扫描的行数,单位为 kHz(千赫兹)。扫描频率决定最大逐行扫描清晰度和刷新速度。水平扫描频率、垂直扫描频率、分辨率这三者是密切相关的,每种分辨率都有其对应的最基本的扫描速度,比如用于文字处理、分辨率为 1 024×768 的水平扫描速率为 64 kHz。还有的显示器采用的是隔行扫描形式,即先扫描所有的偶数行,再扫描所有的奇数行,与逐行扫描相比,隔行扫描产生的新图像的频率只有逐行扫描的一半,闪烁现象更为严重。当然,即使显示器再好,其扫描频率也只能达到显示卡所能驱动的水平。

刷新率:显示器的刷新率指每秒钟出现新图像的数量,单位为 Hz(赫兹)。刷新率越高,图像的质量就越好,闪烁越不明显,人的感觉就越舒适。一般认为,70~72 Hz 的刷新率即可保证图像的稳定。

4.2.4 显示器的选用

显示器的选用是根据雷达的战术和技术参数决定的,通常有下面几点:

① 显示的格式。显示的格式取决于显示的内容。当显示距离和方位角时,采用 P 式显示

器(PPI);当只需要显示距离数据时,采用 A 式显示器;当显示高度数据时,有特殊的高度显示器。这些显示器都是显示原始的雷达图像,也就是显示雷达接收机的视频信号。有的显示器除了显示原始的雷达图像外,还要显示其他标志、符号、文字和数据,也有采用彩色显示的。还有的雷达显示器以表格形式只显示有关目标航迹的数据,而这些数据则是计算机根据雷达信息计算出来的。

② 需要在显示器上测读目标坐标的数量及种类,即显示目标的斜距、方位角、仰角(高度)中的一个、两个或三个。

③ 待测目标的量程,即要求显示器能显示多大的距离及方位范围。

④ 测定目标坐标的准确度,即显示器的读数与真实坐标的误差。

⑤ 对目标坐标的分辨率。这是指分辨显示器画面上两个相邻目标的能力。

⑥ 测定目标所需的时间(测量速度)、方便程度、与其他系统配合使用的关系。

⑦ 运用参数方面的要求,如体积、重量、工作温度、电源电压、频率和功率消耗、耐震程度等。

4.3　距离显示器

不管雷达设备是对空间、地面还是海上的目标进行测定,测定目标的距离是必不可少的主要任务之一。由此可见,各种类型的雷达中,几乎都要配有距离显示器。距离显示器大都采用偏转(幅度)调制,常用的有 A 型、A/R 型以及 J 型、K 型、L 型、M 型。采用偏转调制的显示器其优点是结构简单,能够在荧光屏上直接看到信号和噪声的形状,从而具有较小的识别系数 M(识别系数 M 是指要能在显示器上把目标信号从噪声中辨别出来,要求显示器输入端的最小信号噪声比),易于从目标变化的强弱以及振幅跳动的情况来判断目标的性质,并可以从这些变化中判断目标的属性。此外,由于这类显示器是把回波信号的波形直接在荧光屏上显示出来的,因此若采用可移刻度和粗测-精测两级显示器(A/R 型显示器),则能够获得较高的测距精度,这一点对炮瞄雷达来说显得尤为重要。再则,采用偏转调制的显示器对目标的鉴别能力也比亮度调制的显示器高。距离显示器类型较多,但最基本的是 A 型显示器和 A/R 型显示器。

显示器总成包括示波管和扫描电路两部分。示波管是显示器的核心部分,它在扫描电压、电流的作用下,将回波脉冲和刻度脉冲显示为可以观测的图像。示波管电路包括辉度、聚焦和位置控制电路。

4.3.1　A 型显示器画面

根据雷达的测距原理可知,要测定目标的距离,首先要测定回波脉冲和发射脉冲之间的时间间隔。距离显示器之所以能够显示目标距离,就是因为它能够显示出回波脉冲和发射脉冲之间的时间间隔。

A 型显示器是利用静电(偏转)式示波器将回波脉冲和发射脉冲显示在荧光屏上,并用时间基线来计量它们之间的间隔时间,故也称为直线扫描距离显示器。A 型显示器显示画面如图 4-6 所示,画面上有发射脉冲主波(又称主波)、近区地物回波、目标回波和距离刻度,距离刻度可以是电刻度,也可以是安装在荧光屏前面的机械刻度尺。

A 型显示器实际上是一个同步示波器。雷达发射脉冲(主波)瞬间,电子束开始从左到右进行线性扫描,接收机输出的回波信号显示在主波之后,两者之间的距离与回波滞后发射脉冲时间成比例。

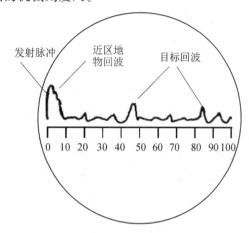

图 4-6　A 型显示器画面示意图

直线扫描距离显示器的时间基线是靠加载静电式示波管水平偏转板上的锯齿扫描电压产生的。扫描电压的大小随时间成正比变化,起始时间和发射脉冲同步。在扫描电压的控制下,荧光屏上的光点发生偏转。光点偏移量的大小同扫描电压的大小成正比,即同时间成正比。光点扫描所形成的时间基线,其单位长度可以代表一定的间隔时间。

接收机接收到的主波脉冲和回波脉冲在每次扫描过程中先后加到示波管的垂直偏转板,使电子束产生垂直方向的偏转,于是荧光屏上出现主波和回波。根据主波和回波在时间基线上的位置,可以测量出它们之间的时间间隔 t_R,再利用测距公式 $R = 0.15t_R$,便可换算出目标的距离,公式中 R 的单位是 km,t_R 的单位是 μs。

实际上,距离显示器的时间基线所代表的距离事先已用距离刻度标出,只要目标回波一出现,就能直接读出目标的距离。例如,在图 4-6 中,第一个目标回波的距离为 46 km,第二个目标回波的距离为 85 km。

4.3.2　距离显示器结构

A 型显示器所用静电式示波管结构及各极波形如图 4-7 所示,静电式示波管的基本结构可分为三部分,即电子枪、偏向板和荧光屏。

要使电子束从左到右均匀扫描,在一对水平偏转板上应加入锯齿波电压。为了增大扫描振幅并避免扫描过程中偏转板中心电位变化引起的散焦,通常在水平偏转板上加入推挽式的锯齿波。接收机接收到的回波信号加在一个垂直偏转板上。由于回波滞后主波时间 t_R 与线性锯齿波电压振幅成正比,所以,显示器上回波滞后主波的水平距离与目标的斜距成正比。

距离刻度可加在另一个垂直偏转板上。如果刻度脉冲的极性与回波信号的极性相同,在画面上将形成与回波相反偏转的刻度图像。刻度数 N 与滞后于发射脉冲的时间 t_R 成正比,因此根据回波位置所对应的刻度,就可以得到目标的距离读数。移动距标通常是以增辉的短线表示,它的波形加在示波管的阴极(负极性脉冲)或栅极(正极性脉冲)上。在移动距标脉冲出现瞬间,电子枪发射的电子束强度增加,从而使扫描线上某一点或某一段亮度加强。

通常,显示器只在工作期(相应于雷达探测范围的距离内)显示雷达信号,停止期间则匿影,所以应在栅极或阴极加入辉亮信号,使工作期间电子枪有电子束射出,而在停止期间电子枪无电子束射出,因此在匿影期就不显示信号。图4-8给出了上述信号相对应的时间关系。

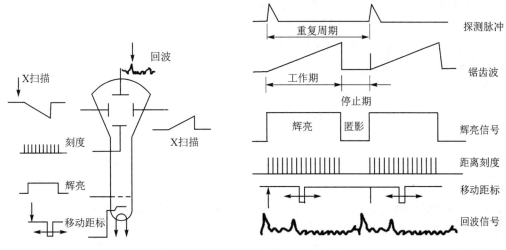

图4-7　静电式示波管结构示意图及各极波形　　图4-8　距离显示器的波形与时间对应关系

4.3.3　距离显示器扫描电路

A型显示器组成方框图如图4-9所示,它是由距离扫描电路、距标形成电路、视频放大电路、静电示波管及电源等组成。

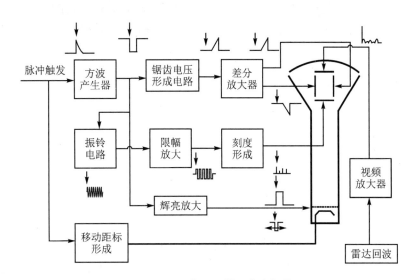

图4-9　距离显示器组成方框图

1．距离扫描电路

距离扫描电路的基本任务是产生锯齿波电压，并加在示波器水平偏转板上作为扫描电压，使电子束从左至右均匀扫描，从而形成水平扫描线。

距离扫描电路由方波产生器(外激多谐振荡器)、锯齿电压产生器、差分放大器以及钳位器等部分组成。

方波产生器在触发脉冲的触发下与发射机同时开始工作，它所产生的负方波一路送到锯齿电压形成电路作为扫描波门，另一路送到距离刻度形成电路形成距离刻度，第三路送到辉亮放大器，使其输出正方波并加到示波管的控制栅极，作为辉亮波门。

锯齿波电压形成电路在负方波的控制下产生线性良好的锯齿电压，锯齿电压由起始值上升到最大值的时间就是负方波(扫描波门)的宽度。

差分放大器的作用是把输入的锯齿电压变成幅度相等而极性相反的一对锯齿电压，作为推挽扫描电路。

为了保证时间基线的起点固定不变，扫描锯齿电压在加到示波管水平偏转板之前先经过钳位器，将扫描电压的起始值钳制在一个固定的基准电压上。

扫描线中有以下几个重要的参数需着重考虑：

(1) 扫描长度 L

为了使用上方便，通常使扫描长度为荧光屏直径的 80% 左右，例如直径为 13 cm 的示波器，一般取扫描线长度为 10 cm，即 $L = 0.8D$，D 为示波管荧光屏的直径。

(2) 距离量程

距离量程是指扫描线总长度 L 所表示的实际距离数值。最大量程对应雷达的最大作用距离。为了便于观察，一般距离显示器有几种量程，分别对应雷达探测范围内的某一段距离。用相同的扫描长度表示不同的距离量程，意味着电子束扫描速度不同或者锯齿电压的斜率不同。

(3) 扫描直线性

要求锯齿电压波在工作期内电压变化的速率接近一常数，若这时采用均匀的固定距离刻度来测读，可以得到较高的测距精度。

此外，还要求扫描电压有足够的锯齿电压幅度，扫描电压的起点要稳定，扫描锯齿波的恢复期(回程)要尽可能地短。

2．距离刻度标志形成电路

距离刻度标志形成电路包括固定距离刻度和移动距标产生电路。

固定距离刻度电路由振铃电路、限幅放大器和刻度形成电路组成，它的工作受方波产生器输出的负方波(刻度波门)控制。在扫描期间，距离刻度电路产生一系列等时间间隔的脉冲电压，此刻度脉冲电压加到示波管的垂直偏转板，因而在时间基线上就出现了距离刻度。

3. 移动距标产生电路

移动距标产生电路的作用是产生一个对主波延迟可变的脉冲作为距标。调节距标的延迟时间,使距标移动到回波的位置上,然后根据距标滞后主波的时间 t_R 算出目标的距离。用移动距标测量目标时,由于延迟时间可以连续精密调整,因此测量精度可不受刻度间隔时间的限制,从而得到较高的测量精度。

4. 视频放大电路

视频放大电路包括视频放大器和钳位器,它将接收机送来的视频回波信号进行放大,然后经钳位后送到示波管的垂直偏转板,钳位的目的是使垂直偏转板上的起始电位不随视频回波信号变化,以保持时间基线的上下位置不变。

5. 示波管电源电路

示波管电源电路是距离显示器的辅助电路,供给示波管及其余各部分电路所需的电源。

6. 各级波形及时间关系

A 型显示器各级波形及时间关系如图 4-8 所示。从图中可以看出:

① 扫描电压是和触发脉冲同步的,而触发脉冲又和发射脉冲同步,所以扫描电压跟发射脉冲同步,扫描频率等于发射脉冲的重复频率。

② 扫描的持续时间由扫描波门宽度决定,波门宽度改变时,显示器的显示范围(时间基线)随之改变。

③ 辉亮波门宽度和扫描波门宽度相同。在每次扫描期间,都有辉亮波门加在示波管的控制栅极上,使示波管导电,而在扫描终止时,辉亮波门消失,示波管立即截止。这样,扫描电压后沿就不会形成回扫线(回扫线被匿影),扫描期间(显示范围)以外的目标回波就不会出现在荧光屏上,避免了观测上的错觉。

④ 刻度电路和扫描电路是由同一个负方波触发的,所以距离刻度脉冲只在扫描期间产生。并且两者起始时间一致,因此每次扫描时,各个刻度脉冲都重复显示在原来的位置上,从而形成电子刻度。

4.3.4 A/R 型显示器结构

在 A 型显示器上,可以控制移动距标去对准目标回波,然后根据控制元件的参量(电压或轴角)算出目标的距离数据。由于人的固有惯性,在测量中不可能做到使移动距标完全和目标重合,它们之间总会有一定的误差。

在实际工作中常常既要能观察全程信息,又要能对所选择的目标进行较精确的测距。为了提高测距精度和距离分辨率,可以把 A 型显示器扫描线上的任意一段进行展开,把整个量程中任意一小段显示在整个荧光屏上,如图 4 - 10 所示。因此,这种显示器必须同时采用电子放大镜和可移刻度。A 型显示器显示全量程,而 R 型(电子放大镜)显示 A 型中的一小段。由于 R 型显示器扫描比例尺的扩大,因而回波信号和可移刻度信号不再是一条细线,而是把它同时展开成一个清晰前沿的脉冲波,这样测距精度就显然被提高了很多。

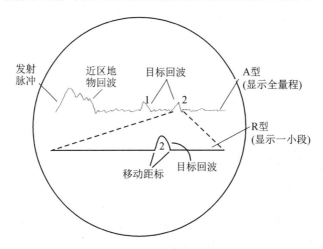

图 4 - 10 A/R 显示器画面

在 A/R 型显示器中,A 型作为粗测显示,用来掌握全面情况,例如在同一方向上有几个目标,在该方向上选择所要测量的目标后,可调节控制元件去选择这一目标,使 R 型所显示的那一段距离内包含所选的目标。固定目标的回波一般不起伏,而活动目标回波信号则因反射面积的变化是起伏的。R 型显示器作为精测显示,在这上面可以得到精读数。粗读数和精读数之和就是目标距离。

R 型显示器通常与 A 型显示器配合使用,因此得名 A/R 型显示器。常见的有双管显示、单管双枪显示、单管(单枪)双线显示和采用开关转换等几种方案。

4.4 平面位置显示器

在一些警戒、搜索和指挥雷达站中,常常需要能同时观察一定空域中的所有目标,即观察和掌握全面情况。这时就需要采用既能观测目标的距离又能观测目标的方位(或仰角)的二度空间显示器。

二度空间显示器按坐标来分有极坐标和直角坐标两种系统。平面位置显示器又称 P 型显示器或环视显示器,属于极坐标系统。距离-方位显示器(B 型)属于直角坐标系统,距离-仰角(E 型)显示器也属于直角坐标系统。

二度空间显示器要显示目标的两个坐标,示波管的水平和垂直偏转系统都被扫描占用,为此,二度空间显示器必须采用亮度调制,即目标以亮点(弧)形式出现在荧光屏上。同时,为了观测整个荧光屏上的图像,必须采用余辉时间长达几秒或几十秒的长余辉示波管。

二度空间显示器为了得到良好的分辨率和较高的测量准确度,要求电子束光点直径尽量小,以使画面图像清晰,因此,在大多数情况下常采用聚焦好、亮度大的磁式示波管。但是由于磁式示波管的功率消耗大,偏转系统较复杂且有一定的惯性,使电流扫描的起始部分失真较大,因而影响对近距离目标的观测,所以在一些轻便雷达(如机载雷达)和要求扫描速率比较快的情况下,也有采用静电示波管的。

由于采用亮度调制,目标的亮点没有清晰的边缘,所以测距精度较差。同时,因为天线波束有一定的宽度以及目标信号在荧光屏上是以一圆弧状出现的,因而目标的方位角也不易读得准确。另外,由于天线做圆周或扇形扫描,同一目标重复出现在荧光屏上需要几秒到几十秒时间,因而对快速运动目标就很难测得准确。因此,二度空间显示器通常不能作为精测用,但对警戒搜索和指挥雷达来说是可以满足要求的。

二度空间显示器由于采用了长余辉示波管,因此识别目标性质的能力降低了,例如目标回波振幅的跳动就不能反映出来。所以有些场合还需要同时配置采用短余辉的振幅调制的距离显示器来判断目标的性质和数量。

二度空间显示器中以平面位置显示器应用最广,本节主要讨论这一类型的显示器。这种显示器的扫描方式属于径向扫描,按产生径向扫描的方法不同,平面位置显示器分成两大类:一类是动圈式平面位置显示器,一类是定圈式平面位置显示器。

显示斜距时以圆心为雷达所在位置,目标所在方位辐射线距离圆心的长度为斜距坐标。显示方位时以正北方向为基准,目标所在方位辐射线的角度为方位角坐标。

4.4.1　平面位置显示器画面特点

平面位置显示器以极坐标的方式表示目标的斜距和方位,其原点表示雷达所在地,目标在荧光屏上以一亮点或亮弧出现,典型的 P 型显示器画面如图 4 - 11 所示。光点由中心沿半径向外扫描为距离扫描,目标的斜距是根据目标回波出现在时间基线上的位置来测定的,即目标回波与极坐标原点之间的径向长度代表目标至雷达站的距离。径向距离扫描线与天线同步旋转,因而目标回波的方位可根据距离扫描线在荧光屏上的方位来确定。为了便于观测目标,显示器画面一般有距

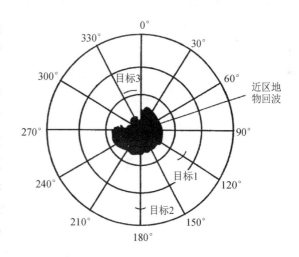

图 4 - 11　P 型显示器画面示意图

离和方位的刻度,当距离扫描线与天线同步旋转时,距离电刻度是一簇等间距的同心圆,而方位刻度是一簇等角度的辐射状直线。

由于常规 P 型显示器上靠近圆心处的目标角度不易分辨,而且测量其角坐标的精度也较低,因此,P 型显示器还有偏心式、空心式、延迟式几种画面,以此来改进对某些目标的观测,偏

心式 P 型显示器如图 4 - 2(b)所示。

常规 P 型显示器可以观察整个空间的全面情况。

偏心式 P 型显示器把扫描线中心移到荧光屏一边或荧光屏外面,这样使空间的一个扇形空域扩大后展示在荧光屏上。对所要观察的区域来说,相当于加大了荧光屏的尺寸,从而提高了距离和方位的分辨率,但不能对空域进行全面观察。在这种显示画面上的目标间相对位置没有发生畸变。

空心式 P 型显示器的扫描起点不是从荧光屏中心开始,而是从离中心等半径的一个小圆周上开始扫描,即把雷达站所对应的点(零距离点)扩展为一个圆,所以这种显示器对观测近距离目标有较高的分辨率。但在画面上的目标位置有较大的畸变,在常规画面上的正方格反映在空心式 P 型显示器画面上则呈菱形状。

延迟式 P 型显示器画面的扫描起点较发射机的触发脉冲延迟了一定的时间,即扫描起始点(荧光屏中心)代表了离雷达站一定距离的某一环形地带,这样便于观测远距离目标。其缺点是扫描线起点不是雷达本身的位置,不能进行全距离观测。此外,画面上目标的相对位置也有畸变。

对于典型的 P 型显示器,大多数都具备产生上述几种变形画面的能力,使用人员可以根据具体情况灵活应用。

4.4.2　动圈式平面位置显示器

形成坐标扫描的关键在于产生一条径向扫描线并使之随天线做同步旋转。对于磁式示波管,产生径向扫描线要有一个起始场强为零而后随时间增强的偏向磁场,这只要在偏向线圈中通以锯齿波电流就可得到;而要求扫描线能够随天线同步旋转,则必须有一个旋转的偏向磁场,获得旋转偏向磁场的简单方法是使偏向线圈转动,这就是动圈式平面位置显示器。

这种显示器的方位扫描是靠偏转线圈与天线同步旋转而形成的,优点是线路比较简单,在常规雷达中得到了广泛应用。

动圈式平面位置显示器的方框图如图 4 - 12 所示,它主要由距离扫描系统、方位扫描系统、距离和方位刻度系统、回波和辉亮系统及示波管等部分组成。这里主要讨论距离扫描、方位扫描和方位刻度的实现方法,其余部分与 A 型显示器相同。

1. 距离扫描系统

距离扫描的产生方法和 A 型显示器相似。由于这里采用磁偏转,所以在偏转线圈中应加入锯齿电流,以便形成随时间线性增强的磁场,使电子束在磁场中发生偏转(偏转方向始终与磁场方向垂直),从而在荧光屏上做径向直线扫描。如果锯齿电流波从零开始增加,则电子束轰击荧光屏产生的亮点自荧光屏的中心发出,沿半径方向进行距离扫描,这条距离扫描线随着线圈的转动而在荧光屏上做径向圆扫描。

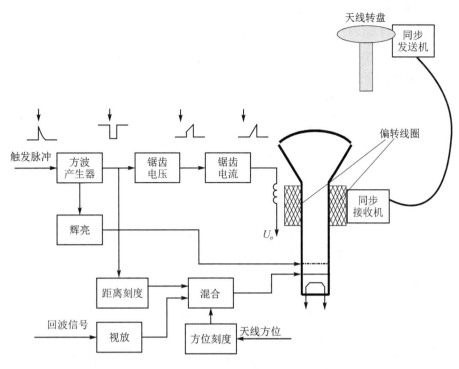

图 4-12　动圈式平面位置显示器的方框图

2. 方位扫描系统

方位扫描是指距离扫描线随天线同步转动。在动圈式平面位置显示器中,通过偏转线圈与天线同步转动的方法实现方位扫描。天线带动偏转线圈同步转动的方式有下列几种:

(1) 采用同步电机

在天线端由驱动电动机带动天线转动,天线与同步发送机由齿轮交链,而在显示器这一端由一个与偏转线圈机械交链的同步接收机完成同步。两个同步机的转子由同一个电源供电。当天线与同步发送机同步转动时,由于同步接收机的转角是与同步发送机的转角保持同步的,因而偏转线圈的转角也就与天线的转角同步。这种方法由于负载力矩和同步电机本身结构的不对称,将会引起较大的误差,通常要达到几度。

(2) 利用同步机和变速齿轮的组合系统

为了提高角转动的准确度,通常采用齿轮加速的方法。在这样的系统中,天线通过一个升速齿轮组(n:1)与同步发送机相连接,显示器一端的同步接收机通过一组降速齿轮组(1:n)与偏转线圈相连接,这样可保证偏转线圈和天线以同样的转速转动。若齿轮的比是 n 及 $1/n$,则由于同步机本身结构引起的误差将减小到 $1/n$,由于负载力矩引起的误差将减小到 $1/n^2$(这是由于同步接收机转轴上的负载力矩减小到 $1/n$,同时同步接收机转子位置的误差转变到输出轴时又减小到 $1/n$)。一般 n 取 $10\sim36$,因而误差可大大减小。

采用变速齿轮组后,出现的新问题是偏转线圈的位置有多值性。因为天线在 n 个不同位置时,同步发送机可以有同样的转角,从而使偏转线圈在同一个位置上。例如 $n=36$ 时,当天线在 $10°、20°、30°…$共 36 个位置上时,同步发送机的转子都处在同一位置,这样偏转线圈都可能在 $10°$ 位置与天线的 36 个位置中的一个相对应,这样便会造成错误。虽然可以采取一些办法进行改进,但这势必使系统变得复杂,即使这样,随动误差也只能减小到 $0.5°\sim0.8°$。进一步减小随动误差的方法是采用小功率的伺服随动系统。

(3) 采用小功率伺服随动系统

采用小功率伺服随动系统的平面位置显示器系统是在天线端通过加速系统带动一个同步发送机,偏转线圈端则通过减速齿轮系统和一个同步接收机相连,同时偏转线圈通过伺服电动机驱动。

利用小功率伺服随动系统提高传动准确度的实质在于减小力矩误差。天线和偏转线圈之间出现一个微小的角差就足以使伺服电动机工作,而使偏转线圈随之动作。显然,要使整个系统十分灵敏,减小传动误差,应增大齿数比来加大同步变压器输出的误差电压,同时这也会减小同步机的结构误差,因此在传动精度要求很高的场合常采用增大齿数比的办法。但是,齿数比的增大也会产生多值同步的现象,因为同步接收机和同步发送机转子位置相差 $180°$ 时感应的误差电压也为零,因而无法消除与 $180°$ 成整数倍的同步位置。为了消除这种多值同步的现象,常采用粗精两套随动系统,即采用两个同步发送机、两个同步接收机和两套放大器,当然伺服电动机只需要一个。通过转换电路的工作,使精系统用来保证精度(齿数比很大),而粗系统(齿数比为 1:1)用来保证同相的转动,从而消除了多值同步。

需要指出的是,由于天线转速很低,故线圈随天线旋转一周的时间要比扫描锯齿电流的重复周期长得多,所以在每次距离扫描持续期内,线圈的角度转动(方位数值)基本不变,即在每一次扫描中,磁场的旋转对电子束的径向移动没有多大影响,因此,显示器上距离扫描线仍可视为一条径向的亮线。

3. 方位刻度系统

方位刻度系统有机械刻度和电刻度两种。机械刻度通常刻在示波管荧光屏外的滤光板上,一个圆周上分为 $360°$ 或 $6\,000$ 密位。另外,还要有一条机械黑线环绕扫描中心移动,以此线对准目标的回波来测读目标的方位。

电方位刻度有固定的和可移的两种。固定的电方位刻度是在荧光屏上产生一系列等方位角的径向亮线,每条亮线都对应一特定的方位。为了产生这些方位刻度,应在天线每转一特定角度 $\Delta\theta$ 时就产生一个方波,并加到示波管的栅极或阴极上。方波宽度应等于一个或几个距离扫描重复周期。图 4-13 绘出了距离扫描和方位刻度的时间关系示意图,显然,在 $0°、\Delta\theta、2\Delta\theta…$及 $n\Delta\theta(n=1,2,3,…)$ 方位上出现方位刻度。

产生电方位刻度的方法很多,下面仅介绍一种用光电变换法产生方位刻度的原理。

用光电变换法产生刻度的原理如图 4-14 所示。这种方法是使每隔 $\Delta\theta$ 开有一个小孔的刻度盘与天线同步转动,刻度盘的一边安放光源,另一边放一个光电变换器(光电管、光点倍增管、光电二极管等)。当天线转到某些特定位置时,来自光源的光线自刻度盘上的小孔通过,照

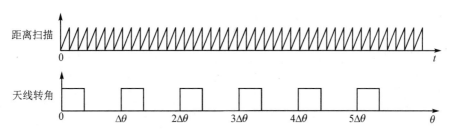

图4-13 距离扫描与方位扫描时间关系图

射到光敏元件上。光敏元件产生相应的脉冲,经放大器后加至示波管栅极去加亮扫描线。扫描线加亮的持续期长短取决于刻度盘上小孔的大小。加快刻度盘的转速(为天线转速的倍数),可使加亮的持续期变短。由于光电效应的惰性较小,因而角刻度较准确,所以可用在天线转速较快的场合。

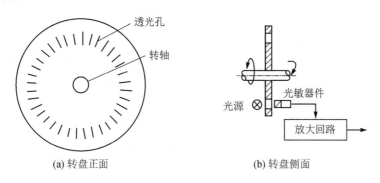

图4-14 光电变换法方位刻度产生原理

4.4.3 定圈式平面位置显示器

如前所述,形成极坐标扫描除了需要随时间增强的偏向磁场外,还应该使偏向磁场随天线同步旋转。采用转动线圈的方法可以获得旋转磁场,并且扫描电路非常简单,但是它的机械结构复杂,特别是为了提高方位精度而采用随动系统时,整个传动装置就更加复杂,而且体积重量也大为增加,这在许多场合是不利的。为此,要求不转动偏向线圈也能获得旋转的偏向磁场,实现固定线圈式的平面位置显示器。

定圈式平面位置显示器的画面和动圈式平面位置显示器一样,在组成上也要有距离扫描、方位扫描、距离和方位刻度、回波和辉亮信号等,如图4-15所示。

定圈式平面位置显示器和动圈式平面位置显示器相比,最大的区别是方位扫描的形成方法不同,下面主要讨论定圈式平面位置显示器方位扫描的形成。

1. 方位扫描的基本原理

在定圈式平面位置显示器中,相互垂直的水平偏转线圈和垂直偏转线圈固定在管颈上,不做机械转动,扫描线的转动是靠水平偏转线圈和垂直偏转线圈产生旋转式径向扫描磁场来实

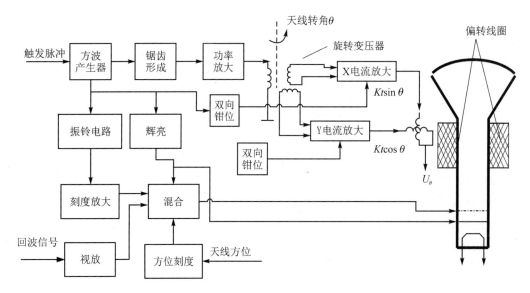

图 4-15　定圈式平面位置显示器的方框图

现的。可用图 4-16 来说明固定偏转线圈产生旋转式径向扫描磁场的基本原理。

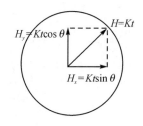

图 4-16　磁场的分解与合成

在任意方向线性变化的磁场 H 能使电子束在与该磁场垂直的方向进行扫描,从而形成扫描线。这个任意方向的磁场可以分解为水平和垂直两个分量:

$$H_x = Kt \sin \theta \qquad (4-1)$$

$$H_y = Kt \cos \theta \qquad (4-2)$$

当偏向磁场 H 的方向改变(θ 改变)时,两个磁场分量 H_x 和 H_y 的最大值也相应变化;反过来说,若使两个磁场分量的最大值按相位差为 $90°$ 的正弦规律变化,合成磁场 H 的最大值不变,而方向角(θ)做连续的变化,则是极坐标扫描所需的旋转偏向磁场,定圈式平面位置显示器就是以此原理来获得径向圆扫描的。

如上所述,在定圈式平面位置显示器中,应有互相垂直的两对偏向线圈,其中分别通以受正余弦调制的锯齿波电流,调制信号受天线旋转的控制,即扫描锯齿电流 i_x 和 i_y 的振幅受天线转角 θ 的正弦和余弦函数的调制,调制周期为天线的转动周期。应当指出,磁场(或扫描电流)的方向有正有负,但每次都应从零值开始,而且 H_x 和 H_y 每次扫描的时间必须完全同步。因为锯齿电流扫描的周期比天线扫描转动的周期小得多,所以在天线扫描一周之内,距离扫描的次数很多。例如,当天线转速为 6 r/min,雷达的发射脉冲重复频率为 400 Hz 时,则在天线的一个旋转周期里,距离扫描线达 4 000 次之多。因此,对于一次距离扫描而言,天线可视为固定在某一方向不动,荧光屏上看到的扫描线是一条径向直线,而且这条径向扫描直线随天线同步转动。

2. 距离扫描的基本原理

定圈式平面位置显示器和动圈式平面位置显示器之间的主要区别是在距离扫描电路,用固定线圈来产生旋转扫描线的主要问题是如何获得随天线同步旋转的正余弦调制的锯齿波电流。根据产生调幅锯齿波电流的方法不同,旋转扫描线的产生可分为先分解法和后分解法两种。所谓先分解法就是先产生与天线转角θ成正弦和余弦关系且幅度相等的电压,然后再用这两个电压去分别调制锯齿波产生器,使锯齿波振幅按天线转角θ的正弦和余弦函数变化。这种方法实现起来比较复杂,目前使用较少。而后分解法则是先产生一串锯齿波电流(或梯形波电压),然后分解成幅度与天线转角θ的正弦和余弦函数成正比的分量,最后形成相应的锯齿电流。此方法实现起来比较容易,目前应用较多。

3. 定圈式平面位置显示器的组成

图 4-15 所示的定圈式平面位置显示器组成方框图中,为了简化方框图,这里没有加入移动距标。图中包含有距离扫描和方位扫描部分、距离刻度、方位刻度、回波和辉亮等部分。下面简要说明它的工作原理。

触发脉冲加入时,通过方波产生器和锯齿波电路产生梯形电压波,梯形电压加至功放级,使旋转变压器的转子获得锯齿波电流,其转子随天线转角θ转动,从而在两个定子线圈中得到振幅受转角θ正余弦函数调制的锯齿波,再经双向钳位器后加到电流放大级,进而得到起点被钳位在一定电平的锯齿扫描电流。锯齿扫描电流分别加至示波管的水平和垂直偏转线圈上,在辉亮信号配合下就可以形成与天线转角相对应的径向扫描线。方波产生器输出的方波还控制振铃级产生正弦电压,经刻度形成级形成距离刻度,它和视频回波及方位刻度混合后加到示波管栅极上。辉亮信号可直接取用方波信号,经辉亮放大级后加在阴极上。

4.5 计算机显示器

4.5.1 显示器的种类

以可见光的形式传递和处理信息的设备叫显示设备。显示设备种类繁多,按显示设备所用的显示器件分类,有阴极射线管显示器(Cathode Raytube,CRT)、液晶显示器(Liquid Crystal Display,LCD)、等离子显示器(PDP)等,它们都以像素为基本单位进行显示。

CRT 显像管具有与前面所讲的距离显示器和平面位置显示器所用的显像管相似的结构,属于阴极射线管显示器,采用的是尾端配以电子枪的超厚玻璃显示管,在显像屏的背面涂以荧光粉,受电子的轰击而发光。

液晶显示器由上基板组件、下基板组件、液晶、驱动电路单元、背光灯模组和其他附件组成。其中,下基板组件主要包括下玻璃基板和 TFT 阵列,而上基板组件由上玻璃基板、偏振板及覆于上玻璃基板的膜结构组成,液晶填充于上、下基板形成的空隙内。在上玻璃基板的内侧面上,敷有一层透明的导电玻璃板,一般为氧化铟锡(Indium Tin Oxide,ITO)材料制成,它作为公共电极与下基板上的众多导电微板形成一系列电场。在下玻璃基板的内侧面上,布满了一系列与显示器像素点对应的导电玻璃微板、TFT 半导体开关器件以及连接半导体开关器件的纵横线,它们均由光刻、刻蚀等微电子制造工艺形成。液晶显示器必须先利用荧光灯管投射出光源,这些光源会先经过一个偏振板然后再经过液晶,这时液晶分子的排列方式会改变穿透液晶的光线角度,接下来这些光线还必须经过前方的彩色的滤光膜与另一块偏光板。只要改变加到液晶上的电压值就可以控制最后出现的光线强度与色彩,进而能在液晶面板上变化出有不同深浅的颜色组合了。

等离子显示器利用的是一种气体放电的显示技术,其工作原理与日光灯很相似。它采用了等离子管作为发光元件,屏幕上每一个等离子管对应一个像素,屏幕以玻璃作为基板,基板间隔一定距离,四周经气密性封接形成一个个放电空间,放电空间内充入氖、氙等混合惰性气体作为工作媒质。在两块玻璃基板的内侧面上涂有金属氧化物导电薄膜作激励电极,当向电极加入电压时,放电空间内的混合气体便发生等离子体放电现象。气体等离子体放电产生紫外线,紫外线激发荧光屏,荧光屏发射出可见光,从而显现出图像。从工作原理上来说,PDP技术类似普通日光灯和 CRT 电视彩色图像,由各个独立的荧光粉像素发光组合而成,而且是主动发光,不需要多余的背光照明系统,因此图像鲜艳、明亮、清晰。另外,等离子显示设备最突出的特点是可以做到很薄,可轻易做出 40 英寸[①],以上的大屏幕显示设备,而厚度一般不超过 10 cm。PDP 电视因为其特殊的结构和工作原理,先天就带有一定的缺点。首先,一块 PDP显示面板都是由几十万个独立的小气室组成的,每一个小气室即每个独立像素都需要发光,相比 LCD 和传统 CRT 电视其耗电量是比较大的。其次,PDP 的使用寿命也是有一定局限性的,其老化是难以避免的,一般使用几千个小时后,就会产生明显的亮度降低。

液晶和等离子显示器是平板式显示器件,它们的特点是体积小、功耗小,是很有发展前途的新型器件。

4.5.2 显示内容

计算机显示器按所显示的信息内容分类有字符显示器、图形显示器和图像显示器三大类。

光栅扫描显示器显示字符的方法是以点阵为基础的。这种方法将字符分解成 $m \times n$ 个点组成阵列,将点阵存入由 ROM 构成的字符发生器中,在 CRT 进行光栅扫描的过程中,从字符发生器中依次读出点阵,按照点阵的 0 和 1 控制扫描电子束的开关,就可以在屏幕上组成字符。点阵的多少取决于显示字符的质量和字符块的大小。字符块指的是每个字符在屏幕上所占的点数,也称作字符窗口,它包括字符显示点阵和字符间隔。

图形和图像是现代显示技术中常用的术语,图形(Graphics)最初是指没有亮暗层次变化的线条图,如建筑机械所用的工程设计图、电路图等。早期的图形显示和处理只是局限在二值化的范围,只能用线条的有无来表示简单的图形。图像(Image)则最初就是指具有亮暗层次的图,如自然景物、新闻照片等。经计算机处理后显示的图像称作数字图像,就是将图片上连

---

① 1 英寸=0.025 4 m。

续的亮暗变化变换为离散的数字量,并以点阵列的形式显示输出。

4.5.3　扫描方式

电子束在荧光屏上按某种轨迹运动称为扫描(Scan),控制电子束扫描轨迹的电路叫扫描偏转电路。扫描方式包括:随机扫描和光栅扫描。

随机扫描是控制电子束在 CRT 屏幕上随机地运动,从而产生图形和字符。电子束只在需要作图的地方扫描,而不必扫描全屏幕,所以这种扫描方式画图速度快,图像清晰。光栅扫描是电子束扫过整个屏幕,扫描是从左至右一个像素一个像素扫描形成一行,再从上至下顺序扫描,从屏幕顶部开始一行接一行地扫描,直到最后一行反复进行。

光栅扫描就是把对应于屏幕上每一个像素的信息都用存储器存起来,然后按地址顺序逐个地刷新显示在屏幕上。光栅扫描体制的特点如下:

① 电子束以恒定速度逐次扫过整个显示屏面的所有位置,具有固定扫描规律,故这种扫描又称固定扫描。

② 电子束每帧都要扫过显示屏面上的最小可分辨单元(像素)。每个像素应有一定的亮度和颜色,只要需要显示的图像进入屏面,由若干像素所组成的画面图像都可以显示出来,所以容易插入背影信息显示内容。

③ 该显示系统具有图像存储器(也称刷新存储器)。图像存储器的动作与 CRT 水平、垂直扫描动作严格同步。只要控制图像存储器的读写频率,易实现对 CRT 长余辉和高亮度的控制。

4.5.4　光栅扫描显示电路

根据雷达系统的任务不同,光栅扫描显示电路的组成也不同。但是一般都应该具有如下显示功能部件:数字式扫描变换器(包括轴角编码、坐标变换、图像存储等)、字符产生和标尺产生、视频处理电路、显示控制器(定时显示处理器和光栅扫描产生器)、数据输入装置、显像管偏转系统等。显示器除了显示雷达原始图像和二次显示信息外,还可以显示来自摄像机的电视背景图像。图 4-17 给出了光栅扫描显示电路的组成框图。

与雷达天线同步旋转的径向扫描线形成雷达图像,雷达图像坐标数据经过坐标变换器变换后,与经过视频处理后的雷达回波一起存储在图像存储器中,然后在光栅扫描产生电路的同步下读出图像数据,经 D/A 变换和辉亮形成电路后加至 CRT 的调辉电极上。二次显示信息和背景信息不必进行坐标变换。在光栅扫描同步下,画面标尺和字符直接形成相应的辉亮信号,这个变化过程对雷达图像不产生任何影响。其中,二次显示数据从计算机送来,电视背景信息来自摄像机。

显示控制器包括显示处理器和光栅扫描产生器,显示处理器把显示指令转换为显示控制信号,同时也可以对背景信息进行同步控制。光栅扫描产生器形成 X、Y 扫描信号,加到 CRT

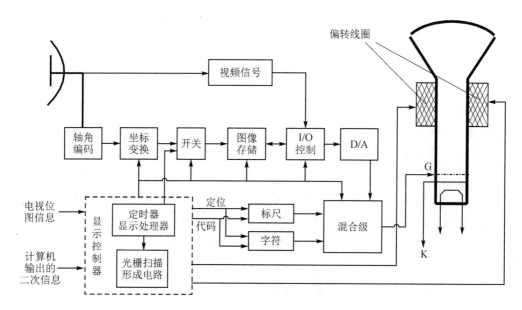

图 4 - 17　光栅扫描显示电路的组成框图

的偏转控制系统,形成电视光栅扫描。同时,扫描数据还作为图像存储器的读出地址,把图像信息同步读出。目前可以采用大规模集成块——图形显示定时控制电路(CRTC),它作为显示定时器既能产生显示控制信号,也能形成显示屏上光栅扫描的编址。

显示管头采用一般显像管组成的管头,光栅扫描产生后即形成 X、Y 扫描信号。如果显示管头采用电视监视器,光栅扫描产生水平和垂直的同步信号,则 CRTC 就可以直接输出 H 和 V 同步信号。显示管头包括辉亮形成(含混合)、聚焦部分和高压控制等。

4.6　雷达数据的录取

雷达系统对雷达信息处理的过程主要有以下三点:

① 从雷达接收机的输出中检测目标回波,判定目标的存在;

② 测量并录取目标的坐标;

③ 录取目标的其他参数,如批次、数量、国籍、发现时间等,并对目标进行编批。

上述第①项任务通常称为"信号检测"的内容。本节主要讨论目标坐标的录取方法和录取时使用的输入设备。

早期的雷达终端设备以 P 型显示器为主,全部录取工作由人工完成。操纵员通过观察显示器的画面来发现目标,并利用显示器上的距离和方位刻度测读目标的坐标,估算目标的速度和航向,熟练的操纵员还可以从画面上判别出目标的类型和数目。

4.6.1　录取方式

在现代战争中,雷达的目标经常是多方向、多批次和高速度的。指挥机关希望对所有目标坐标实现实时录取,并要求录取的数据数字化,以适用于数据处理系统。因此,在人工录取的基础上,录取方法不断改进,目前主要分为两类,即半自动录取和全自动录取。

1. 半自动录取

在半自动录取系统中,仍然由人工通过显示器来发现目标。然后由人工操纵一套录取设备,利用编码器把目标的坐标记录下来。半自动录取系统方框图如图 4-18 所示,图中的录取显示器是以 P 型显示器为基础加以适当改造的,它可以显示某种录取标志,例如一个光点,操纵员通过外部录取设备来控制这个光点,使它对准待录取的目标。通过录取标志从显示器上录取下来的坐标是对应于目标位置的扫掠电压,在录取显示器输出后,应加一个编码器,将电压变换成二进制数码。在编码器中还可以加上一些其他特征数据,这样就完成了录取任务。半自动录取设备目前使用较多,它的录取精度在方位上可达 1°,在距离上可达 1 km 左右。在天线环扫一周的时间(例如 6~10 s)内,可录取五六批目标。录取设备的延迟时间约为 3~5 s。

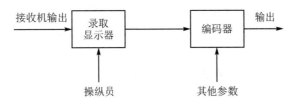

图 4-18　半自动录取电路方框图

2. 全自动录取

全自动录取与半自动录取不同之处是,在整个录取过程中,从发现目标到读出各个坐标,完全由录取设备自动完成,只是某些辅助参数需要人工进行录取。全自动录取设备的组成如图 4-19 所示,图中信号检测设备能在全程对信号积累,根据检测准则,从积累的数据中判断是否有目标。当判断有目标时,检测器自动送出发现目标的信号,利用这一信号,用计数编码部件来录取目标的坐标数据。由于录取设备是在多目标的条件下工作的,因此距离和方位编码设备能够提供雷达整个工作范围内的距离和方位数据,而由检测器来控制不同目标的坐标录取时刻。图中的排队控制部件是为了使录取的坐标能够有次序地送往计算机的缓冲存储器

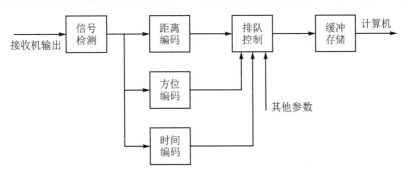

图 4-19　全自动录取电路方框图

中去，并在这里可以加入一些其他数据。

自动录取设备的优点是录取的容量大，速度快，精度也比较高，因此适合于自动化防空系统和航空管制系统的要求。在一般的两坐标雷达上，配上自动录取设备，可以在天线扫描一周时录取 30 批左右的目标，录取的精度和分辨力能做到不低于雷达本身的技术指标，例如距离精度可达到 100 m 左右，方位精度可达到 0.1°或更高。对于现代化的航空管制雷达中的自动录取设备，天线环扫一周内可录取高达 400 批目标的坐标数据。

在目前的雷达中，往往同时有半自动录取和自动录取设备。在人工能够正常工作的情况下，一般先由人工录取目标头两个点的坐标，当计算机对这个目标实现跟踪以后，给录取显示器画面一个跟踪标志，以便了解设备工作是否正常，给予必要的干预，计算机的主要注意力可以转向显示器画面的其他部分，去发现新的目标，录取新目标头两个点的坐标。这样既发挥了人工的作用，又利用机器弥补了人工录取的某些不足。如果许多目标同时出现，人工来不及录取的时候，设备可转入全自动工作状态，操纵员这时候的主要任务是监视显示器的画面，了解计算机的自动跟踪情况，并且在必要的时候实施人工干预。这样的录取设备一般还可以用人工辅助，对少批数的目标实施引导。

4.6.2　目标距离数据的录取

录取目标的距离数据是录取设备的主要任务之一。录取设备应读出距离数据（相应为目标迟延时间），并把所测量目标的时延变换成对应的数码，这就是距离编码器的任务。本节要讨论的问题包括单目标距离编码器、多目标距离编码器、影响距离录取精度的因素。

1.　单目标距离编码器

将时间的长短转换成二进制数码的基本方法是用计数器，由目标滞后于发射脉冲的迟延时间 t_R 来决定计数时间的长短，使计数器中所计的数码正比于 t_R，读出计数器中的数就可以得到目标的距离数据。图 4-20 就是根据这一方法组成的单目标距离编码器。

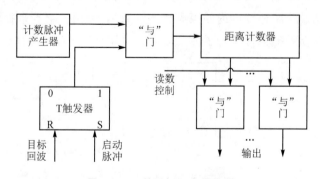

图 4-20　单目标距离编码器

雷达发射信号时，启动脉冲使触发器置"1"，来自计数脉冲产生器的计数脉冲经"与"门进入距离计数器，计数开始。经时延 t_R，目标回波脉冲到达时，触发器置"0"，"与"门封闭，计数器停止计数并保留所计数码。在需要读取目标距离数码时,将读数控制信号加到控制门而读出距离数据。

2. 多目标距离编码器

当同一方向有多个不同距离的目标时,就需要在一次距离扫描的时间内,读出多个目标的距离数据,这种多个目标的距离编码器如图 4 - 21 所示。

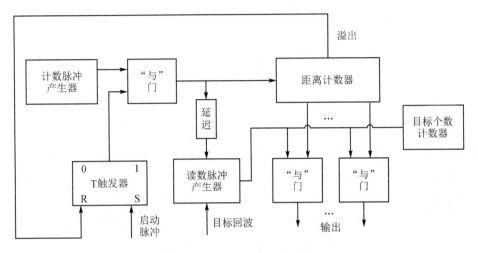

图 4 - 21　多目标距离编码器

多目标距离编码器的原理是:雷达发射信号时刻,启动脉冲使触发器置"1",计数脉冲就经"与"门使距离计数器不断计数,直到距离计数器产生溢出脉冲使触发器置"0",封闭"与"门。在计数过程中,每当目标回波到来时,通过读数脉冲产生器读出当时计数器的数码;读数是通过输出端的控制门进行的,不影响计数器的工作。因此,使用一个计数器便可得到不同距离的多个目标数据。图中把计数脉冲经过一段延迟线后加到读数脉冲产生器,是为了保证读数在计数器稳定以后进行,以避免输出的距离数据发生错乱。

3. 影响距离录取精度的因素

影响距离录取精度的因素有以下三项:

① 编码器启动脉冲与计数脉冲不重合的误差 Δt_1。将计数脉冲用同步分频的方法形成发射机触发脉冲和编码器启动脉冲,可以消除误差 Δt_1;

② 计数脉冲频率不稳定。晶体振荡器的频率稳定度高,采用它可以有效地减小计数脉冲不稳定误差;

③ 距离量化误差。提高计数器时钟频率 f 可以减小距离量化误差 Δt_2。

在实际应用中,通常取距离量化单元 τ_R 等于或略小于雷达的脉冲宽度 τ。此外,还可以采用电子游标法和内插法来提高距离测量和距离录取的精度。

4.6.3 目标角坐标数据录取

角坐标数据的录取是录取设备的另一个重要任务。对两坐标雷达来说,角坐标数据只考虑方位角的数据。对三坐标雷达来说,角坐标数据包括方位角和仰角的数据。目标角坐标数据录取有两种方法——方位中心的估计方法和角度编码盘法。

1. 方位中心的估计方法

准确地测定目标的方位中心是提高方位测量精度的关键。目前主要有两种方位中心估计方法——等信号法和加权法。

(1) 等信号法

图 4-22 给出了等信号法方位中心估计的示意图。在某些自动检测器中,检测器在检测过程中一般要发出三个信号,即回波串的"起始",回波串的"终止"和"发现目标"三个判决信号。前两个信号反映了目标方位的边际,可用来估计目标方位。设目标"起始"时的方位为 θ_1,目标"终止"时读出的方位为 θ_2,则目标的方位中心估计值 θ_0 为

$$\theta_0 = \frac{1}{2}(\theta_1 + \theta_2) \qquad (4-3)$$

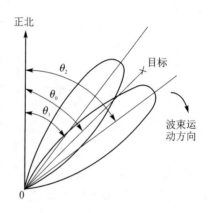

图 4-22 等信号法方位中心估计

在实际应用中,阶梯检测器、程序检测器都可以采用这种方法来估计方位中心。

(2) 加权法

加权法估计方位中心的原理如图 4-23 所示。量化信息经过距离选通后进入移位寄存器。移位寄存器的移位时钟周期等于雷达的重复周期,雷达发射一个脉冲,移位寄存器就移位一次。这样,移位寄存器中寄存的是同一距离量化间隔中不同重复周期的信息。对移位寄存器的输出进行加权求和,将左半部加权和加"正"号,右半部加权和加"负"号,然后由相加检零电路检测。当相加结果为零时,便输出一个方位读数脉冲送到录取装置,读出所录取的方位信息。

合理地选择加权网络是这种方法的核心问题,通常在波束中心权值为 0,而两侧权值逐渐增大,达到最大值后再逐渐下降为 0。因为在波束中心,目标稍微偏移天线电轴不会影响信号的平均强度,即信号幅度不因为目标方位的微小偏移而发生明显变化,这就难以根据信号幅度的变化判明方位中心,所以在波束中心点赋予零权值。但是在波束两侧,天线方向图具有较大的斜率,目标的微小偏移将影响信号的幅度和出现的概率,所以应赋予较大的权值。当目标再远离中心时,由于天线增益下降,过门限的信号概率已接近于过门限的噪声概率,用它估计方位已不可靠,所以应赋以较低的权值,直至零权值。

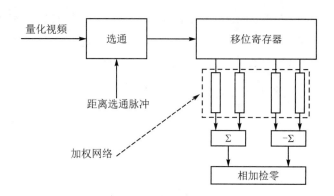

图 4-23　加权法方位中心估计

2. 角度编码盘法

下面讨论另一种常用的角坐标数据的录取方法——角度编码盘法,这种方法采用角度编码盘把天线的机械转角直接转换成相应的数码。

常用的编码盘有增量码盘、二进制码盘和循环码盘。

(1) 增量码盘

增量码盘是最简单的码盘。它在一个圆盘上开有一系列间隔为 $\Delta\theta$ 的径向缝隙,圆盘的转轴与天线转轴机械交链。圆盘的一侧设有光源,另一侧设置有光敏元件,它把径向缝隙透过来的光转换为电脉冲。图 4-24 所示为增量码盘及录取装置示意图。

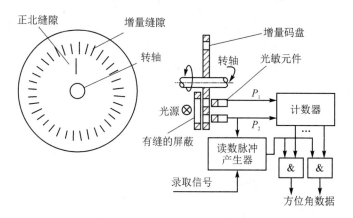

图 4-24　增量码盘及录取装置示意图

图 4-24 中光源的光经过有缝的屏蔽照向码盘,使得码盘上只有一个增量缝隙受到光照。透过增量缝隙的光由光敏元件接收,形成增量计数脉冲 P_2 送往计数器计数。码盘上还有一个置零缝隙,每当它对着光源时,光敏元件产生计数器清零脉冲 P_1,作为正北的标志,有时又把置零缝隙叫作正北缝隙。由于增量缝隙是均匀分布的,因此当天线转轴带动码盘时,将有正比于转角的计数脉冲 P_2 进入计数器,从而使数码代表了天线角度。

应当指出,简单的增量码盘只适用于天线做单方向转动,不允许天线反转或做扇扫运动。因为反转时所产生的计数脉冲与正转时的一样,并且计数器只做累计而不能减少,这就限制了这种码盘的适用性。为了克服这一点,可采用图4-25所示的带转向缝隙的增量码盘。码盘上每两个增量缝隙之间有一转向缝隙。两种缝隙由同一光源照射,分别由各自的光敏元件检出计数信号和转向信号,并送往转向鉴别器。图4-25中采用了可逆计数器,随着码盘转向的不同,转向鉴别器分别送出做加法计数或减法计数的计数脉冲给可逆计数器。

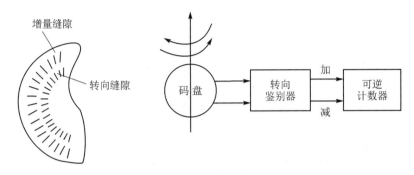

图4-25 带转向缝隙的码盘及其录取装置

由于转向缝隙穿插在增量缝隙之间,错开四分之一个间隔,所以随着码盘转向的不同,计数信号相对于转向信号或是超前或是滞后四分之一周期,以此判断转向的方向。

增量码盘的制作比较容易,附属电路也不复杂,但在工作过程中如果丢失几个计数脉冲或受到脉冲干扰时,计数器就会发生差错,直到转至清零脉冲出现的位置之前,这种差错将始终存在,而且多次误差还会积累起来,所以应加装良好的屏蔽,防止脉冲干扰进入。

(2) 二进制码盘和循环码盘

二进制码盘和循环码盘都可以直接取得与角度位置相应的数码,不必像增量码盘那样经计数积累才能取得各角度位置相应的数码。图4-26画出了这两种码盘的示意图,数码直接在码盘上表示出来,最外层是最低位,最里层是最高位,图中只画出了5位。目前这类码盘最好的可做到16位,即最外层可分为 $2^{16}=65\ 536$ 个等分,每个等分为 $0.005\ 5°$,可见这时录取角度数据的精度很高。

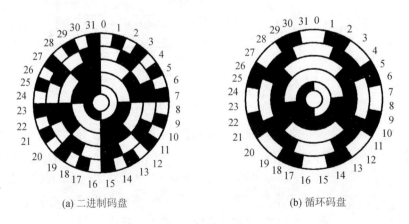

(a) 二进制码盘　　　　　　(b) 循环码盘

图4-26 五位码盘

图4-27是一个用循环码盘构成的角度录取设备。码盘所用的光源有连续发光和闪光两

种。若为闪光式,则发光的时刻受录取控制信号所控制,光敏元件的输出电流是 μA 量级,因此需要加读出放大器。用码盘录取角坐标的优点是精度高、体积小、重量轻,因此在雷达角度录取设备中得到了广泛应用。

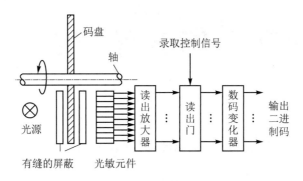

图 4 - 27　用循环码盘构成的角度录取装置

第 5 章

雷达天线和伺服系统

雷达天线是用来定向辐射和定向接收电磁波的装置,它把发射机输出的高频电磁能聚集成束向空间辐射出去,把目标反射回来的电磁波接收下来。

5.1 雷达天线

5.1.1 雷达天线的功用和分类

1. 天线在雷达系统中的作用

(1) 测 角

测角是天线的基本作用。为此,天线需要高定向(窄)波束,这不仅是为了获得精确的角度值,也为了能分辨彼此靠得很近的目标,即提高雷达的角度分辨力。

(2) 波束扫描和目标跟踪

典型的雷达天线具有窄定向波束,为覆盖宽的空域就需要波束做快速的扫描,以保证对空域内目标的检测,这是雷达的搜索功能。有些雷达还要具有跟踪已发现目标的功能,这就需要设计出与搜索天线不同的跟踪天线。还有一些雷达,如机载雷达,其天线两种功能都需要。

(3) 测 高

大多数雷达都是二维的,即仅能测量目标的距离和方位角。因此,假如要测量雷达目标的第三个坐标——高度,过去的方法是再增加一部单独的测高天线,采用扁平的波束俯仰扫描来测量目标的仰角再换算出高度。现代的三坐标雷达用一副天线即可以同时测出目标的所有坐标。例如天线在发射时使用一个宽仰角波束,接收时用堆积波束,依靠垂直堆积的两个重叠相邻波束接收同一目标回波时的幅度或相位差来确定目标的仰角,这些波束在方位面内都是窄波束。又如一维相控阵雷达天线,它在水平面内做机械转动扫描,同时天线波束在俯仰面上按一定规律做电控扫描,即可同时测得目标的三维坐标等。

2. 雷达天线的分类

天线的分类方法很多,按工作状态可以分为发射天线和接收天线;按波长可分为长波天线、中波天线、短波天线、超短波天线、微波天线等;按天线原理可以分为线天线和口径面天线;按天线结构形式可分为平面阵列天线、反射面天线;按波束扫描方式又可以分为机械扫描天线、电扫描天线(相控阵天线、频率扫描天线等);按辐射馈源可以分为线源(对称振子、微带振子)、喇叭、缝隙天线等。本章从工程实际出发,主要介绍雷达中常用的反射面天线、相控阵(有源、无源)天线。

5.1.2 雷达天线的基本参量

天线的基本特性参量有多个,对于雷达天线,必须考虑的三个参量是辐射方向图(包括波束宽度、副瓣电平等)、增益(和有效孔径)、阻抗(电压驻波比(VSWR))。

另外,还需要考虑的因素有极化、带宽、天线扫描方式和扫描周期等。

1. 辐射方向图

天线方向性(Antenna Directivity)是指天线向各个方向辐射或接收电磁波相对强度的特性。对发射天线来说,天线向某一方向辐射电磁波的强度是天线上各点电流元产生于该方向的电磁场强度相干合成的结果。

如果把天线向各个方向辐射电磁波的强度用从原点出发的矢量来表示,则将全部矢量终点连在一起所构成的封闭面称为天线的立体方向图,它表示天线向不同方向辐射的强弱。任何通过原点的平面与立体方向图相截的轮廓线称为天线在该平面内的平面方向图。工程上一般采用主平面上的方向图来表示天线的方向性,而主平面一般是指包含最大辐射方向和电场矢量或磁场矢量的平面。图 5-1 所示为电流均匀分布的元天线的方向图,该图采用直角坐标系。其中,图 5-1(a)是立体方向图,图 5-1(b)、图 5-1(c)分别是包含天线轴和垂直于天线轴的两个主平面上的方向图。

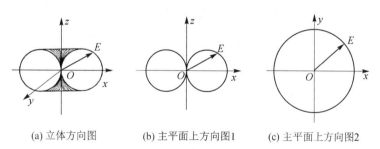

(a) 立体方向图   (b) 主平面上方向图1   (c) 主平面上方向图2

图 5-1 电流均匀分布的元天线方向图

不同天线有不同的方向图。有些天线的方向图呈现许多花瓣的形状,一般由一个主瓣和若干个旁瓣(或称副瓣)组成,如图 5-2 和图 5-3 所示。图 5-2 采用极坐标系,图 5-3 采用直角坐标系。用电场或磁场强度来表示辐射强度的方向图称为场强方向图,如图 5-2 所示。在方向图的主瓣中,功率降到主瓣最大值一半的两点所张的夹角称为主瓣的半功率点宽度(简称主瓣宽度),用它可以表示天线集中辐射的程度。主瓣宽度越小,表示天线的辐射能量越集中在天线的最大辐射方向。

(1) 主瓣宽度

天线方向图的主要特性之一是主瓣的波束宽度。工程上常用半功率波瓣宽度(HPBW)$\theta_{0.5}$ 或 $\theta_{-3\text{ dB}}$ 表示,它指的是电压方向图中峰值方向两侧幅度为峰值 0.707 倍的两个方向之间的夹角,如图 5-2 所示。半功率波瓣宽度也常用作天线的分辨力指标。因此,如果等距离处的两个目标能够通过半功率波瓣宽度被分开,就说明这两个目标在角度上是可以分辨的。

天线的波瓣宽度与天线的孔径大小有关,也与孔径上的振幅和相位分布有关。对给定的分布,波瓣宽度(对特定的主平面)与该平面内天线孔径的电尺寸成反比,即

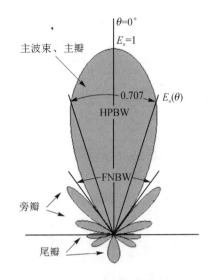

图 5-2 主瓣和副瓣极坐标系方向图

$$\theta_{-3\text{ dB}} = \frac{K}{(D/\lambda)} = \frac{K\lambda}{D} \frac{n!}{r!(n-r)!} \tag{5-1}$$

式中,D 为孔径的尺寸;λ 为自由空间的波长;K 是比例常数,称为波瓣宽度因子,单位为(°)或 rad。

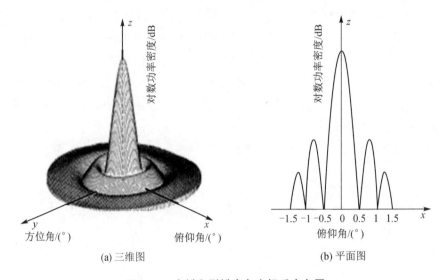

(a) 三维图   (b) 平面图

图 5-3 主瓣和副瓣直角坐标系方向图

(2) 副 瓣

在天线辐射方向图的主瓣以外的区域总有许多次要的波瓣,这些波瓣统称为副瓣。通常将与主瓣相邻的瓣叫作第一副瓣,偏离主瓣 180°左右的瓣叫作尾瓣。对雷达系统来说,副瓣往往是可能引起麻烦的原因。发射时,副瓣表示不能将能量向着所希望的方向辐射,这是一种能量浪费。接收时,探测低空飞行目标的雷达可能通过副瓣受到很强的地面回波(杂波)干扰,从而掩盖从主瓣接收到的低雷达散射截面积(RCS)的微弱回波。另外,来自外界的无意电磁干

扰或敌方的有意干扰也会通过副瓣进入雷达天线影响主瓣对正常目标的检测。因此,通常(但并非绝对)希望天线的副瓣尽可能低,以使上述种种弊端降低到最小程度。

天线的副瓣电平可由几种方式来描述。最通用的是相对副瓣电平,它定义为最高副瓣电平峰值相对于主波瓣峰值的电平。副瓣电平也可以用相对于各向同性天线的绝对电平(dBi)表示。例如−30 dB的副瓣电平,天线增益是35 dB,则副瓣的绝对电平是+5 dBi,即该副瓣增益比相同辐射功率的各向同性天线还高5 dB。

对于某些雷达系统,所有副瓣电平的平均值比单个副瓣电平更重要。平均副瓣电平是将主瓣除外所有副瓣中功率积分并求平均(有时称作 rms 电平),以相对于各向同性天线的分贝数(dBi)表示。例如,若90%辐射功率在主波束内,10%在所有副瓣中,由于主瓣在空间所占的立体角很小,所以平均副瓣电平是−10 dBi;若99%辐射功率在主波瓣中,则表示副瓣电平是0.01 dBi 或−20 dBi。平均副瓣电平低于−20 dBi 的称为超低副瓣电平。

2. 方向性系数、增益、有效孔径

(1) 方向性系数

方向性系数是表示天线集中辐射程度的一个参量。以向各方向均匀辐射的理想点源(均匀辐射器)作为比较基准,天线方向性系数定义可理解为:在总辐射功率相同时,天线在最大辐射方向的辐射功率密度与均匀辐射在该方向的辐射功率密度的比值,即

$$D = \frac{最大辐射密度}{平均辐射密度} = \frac{最大功率 / 立体角}{总辐射功率 /(4\pi)} \qquad (5-2a)$$

D 也能用在 R 距离处,用相对于平均功率密度的最大辐射功率密度(W/m^2)表示,即

$$D = \frac{最大功率密度}{总辐射功率 /(4\pi R^2)} = \frac{P_{max}}{P_t /(4\pi R^2)} \qquad (5-2b)$$

方向性系数的定义只说明了空间同一点处的最大功率密度比各向同性天线增强了多少倍,但是在这个定义中,不包括天线中的任何损耗,仅表示辐射功率被除数集中的程度。

天线的方向性系数与波束宽度之间有如下近似的但非常实用的关系:

$$G_D \approx \frac{40\,000}{B_{az} B_{el}} \qquad (5-3)$$

式中,B_{az} 和 B_{el} 分别是主平面内的方位和俯仰面半功率波瓣宽度(单位:°)。这一关系与方向性系数为46 dB的1°×1°笔形波束等价。根据这一基本组合,其他天线的近似方向性系数可以很快求出。例如,与1°×2°波束对应的天线的方向性系数是43 dB,因为波束宽度加倍对应的方向性系数下降3 dB。类似地,2°×2°波束对应40 dB,1°×10°波束对应36 dB的方向性系数。将每次波束宽度的变化都转换成分贝,方向性系数也要做相应的调整。但是,这种依此类推关系不适用于赋形(如余割平方)波束。

(2) 增　益

天线增益的定义为:在总输入功率相同时,天线在最大辐射方向的辐射功率密度与均匀辐射器在该方向的辐射功率密度的比值。天线增益的定义中计算平均功率密度时用的是天线输

入端口接收的功率而不是总辐射功率,即

$$G = \frac{最大功率密度}{输入到天线的功率 /(4\pi R^2)} = \frac{P_{\max}}{P_t/(4\pi R^2)} \tag{5-4}$$

对于非理想天线,辐射功率 P_t 等于天线输入功率 P_0 乘以天线的辐射效率因子,即

$$P_t = P_0 \eta \tag{5-5}$$

比较式(5-4)和式(5-5),得

$$G = \eta D \tag{5-6}$$

因此,除理想无耗天线($\eta = 1.0, G = D$)外,天线增益总是小于方向性系数。

(3) 天线孔径

天线的有效孔径是它在与主波束方向垂直平面上的投影面积。有效孔径的概念在分析天线工作于接收方式时是很有用的。对于面积为 A、工作波长为 λ 的理想(无耗)、均匀照射孔径,方向性系数为

$$G_D = 4\pi A/\lambda^2 \tag{5-7}$$

上式表示孔径 A 可提供的最大方向性系数(或增益),并意味着天线有理想的等振幅、同相位分布。

为了减小方向图的副瓣,天线通常并不是均匀照射,而是渐变照射(孔径中心照射最强,边缘较弱)的。这时,天线的方向性系数比式(5-7)给出的要小,即

$$G_D = 4\pi A_e/\lambda^2 \tag{5-8}$$

式中,A_e 是天线的有效孔径或截获面积,等于几何孔径与一个小于 1 的因子 ρ_a(称为孔径效率或口径面积利用系数)的乘积,即

$$A_e = \rho_a A \tag{5-9}$$

这个面积乘上入射功率 P_i 就得到天线接收到的功率,即

$$P_t = P_i A_e \tag{5-10}$$

3. 天线的阻抗

发射天线输入阻抗定义为天线输入端所呈现的阻抗。假设一部天线不受邻近物体和其他天线的影响,其输入阻抗由实部和虚部组成,即

$$Z_{in} = R_{in} + jX_{in} \tag{5-11}$$

天线的输入阻抗是一个以功率关系为基础的等效阻抗,其实部称为输入电阻,表示功率损耗;虚部称为输入电抗,表示天线在近场的储存功率。

所谓功率损耗有两种方式:天线结构及附件的热损耗、离开天线不再返回的辐射功率损耗。一般天线的热损耗与辐射损耗相比是很小的。

研究发射天线输入阻抗的意义在于发射时发射天线是发射机的负载,天线的输入阻抗与发射机的内阻共轭匹配时,可得到最大的功率输出。

天线接收时,天线是接收机的信号源,该信号源是有内阻的,根据互易性原理,这一内阻与该天线作发射用时的输入阻抗相等,当内阻与接收机的输入阻抗共轭匹配时,接收机得到最大

的输入功率,对雷达来说就是接收到的回波信号幅度最高。

通常情况下天线的输入阻抗在发射时与发射机的内阻不可能完全匹配,在接收时与接收机的内阻也不可能完全匹配,这种不匹配程度用电压驻波比(VSWR)来描述,VSWR 越小越好。

4. 极 化

天线的极化方向定义为电场矢量的方向,以大地作参考。许多现有雷达都是线极化的(水平极化或垂直极化),如地基雷达天线、机载雷达天线或卫星雷达天线。

有些雷达为了检测在雨中的飞机一类的目标,要采用圆极化天线。因为,雨滴形状具有旋转对称性,其散射波是极化旋向与入射波极化相反的圆极化波,以至于在天线和反射回波信号之间出现了完全的极化失配。在实际中,这种失配现象可以用来减小雨滴产生的散射干扰。在雨滴干扰严重的频段中,这是一种有效的抗干扰措施。

5. 频段选择

由于电磁波在空间传播的衰减,以及雷达目标回波的散射特性都与频率有关,因此雷达要根据不同用途来选择其工作频率。目前,大多数的雷达都工作在 2 MHz~20 GHz 的范围内。

例如,地波超视距雷达的频率为 2~40 MHz;天波超视距雷达的频率低至 2 MHz;100~500 MHz 多用于远程警戒雷达、目标识别等;1~2 GHz 多用于低空防御、终端防御的雷达;2~4 GHz 则用于火控、机场着陆雷达;4~8 GHz 用于制导、舰载、靶场精密测量和机场着陆雷达等;机载火控雷达多工作在 9~15 GHz;毫米波雷达工作频率可以高达 94 GHz;地下探测经常用的频率是 1 MHz~1 GHz,因为在此频段土壤对电磁波衰减很小。

6. 互易性

大多数雷达系统都采用一副天线,既用于发射又用于接收,而且大部分这样的天线都是互易性设备,即它们的性能参量(增益、方向图、阻抗等)在发/收两种工作方式下是一样的。这就允许在发/收任何一种方式下测试天线。

非互易雷达天线的例子是使用了铁氧体移相元件的相控阵天线、收发模块中含有放大器的有源阵列天线和三坐标雷达天线。

7. 扫描方式和扫描周期

天线的战术技术要求决定了扫描方式。雷达天线常用的扫描方式有环形扫描、扇形扫描、圆锥扫描、矩形扫描等。图 5-4 为扇形波束的扫描方式示意图,图 5-5 为针状波束的扫描方式示意图,图 5-6 为机械扫描方式示意图。

完成一次探测空间扫描所需要的时间称为扫描周期。雷达的信号处理能力决定了扫描周期。

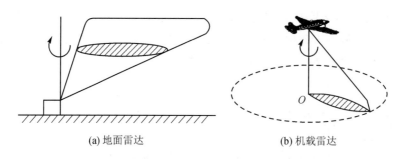

(a) 地面雷达　　　　　　　　(b) 机载雷达

图 5 - 4　扇形波束的扫描方式示意图

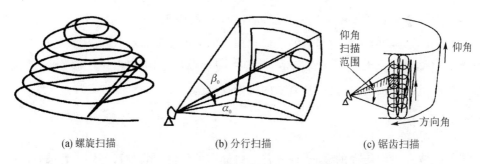

(a) 螺旋扫描　　　　　(b) 分行扫描　　　　　(c) 锯齿扫描

图 5 - 5　针状波束的扫描方式示意图

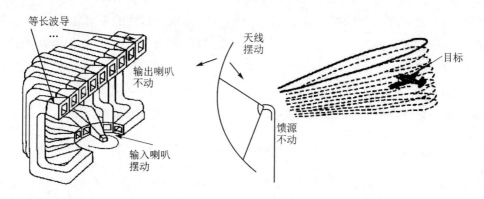

图 5 - 6　机械扫描方式示意图

5.1.3　面天线

　　远距离无线电通信和高分辨雷达要求天线具有高增益,反射面天线是采用最广泛的高增益天线。在微波段反射面天线可达到的增益通常远超过 30 dB,用其他的单个天线均难得到这样高的增益。反射面天线可分为单反射面系统和双反射面系统。本节主要讨论单反射面的前馈抛物面天线和雷达中日益广泛应用的赋形反射面天线。

1. 面天线的类型

　　反射面天线有各种各样的形状,相应地,照射表面的馈源也是各种各样的,每种都用于特定的场合。图5－7中的抛物面天线,将焦点处的馈源的辐射聚焦成笔形波束,从而获得高的增益和窄的波束宽度。

图5－8中的抛物柱面天线在一个平面实现平行校正,在另一个平面允许使用线性阵列,从而使该平面内的波束能够赋形和灵活控制。使波束在一个平面内赋形的另一种方法如图5－9所示,图中的表面不再是抛物面,但是由于孔径上只有波的相位变化,对波束形状的控制不如既可以调整线性阵列的振幅又可调整其相位的抛物柱面灵活。

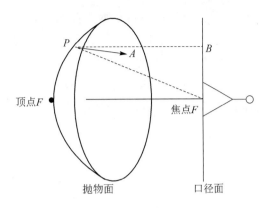

图5－7　抛物面天线

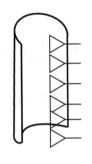

图5－8　抛物柱面天线

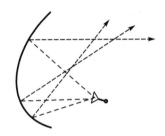

图5－9　仅有相位变化的面天线

雷达常常需要多个波束来实现空域覆盖和角度测量。如图5－10所示,多馈源多波束天线由多个不同位置馈源产生一组不同角度指向的波束。增加馈源是有限制的,它们离开焦点越远,散焦越严重,而且对孔径的遮挡也越大。更常见的多波束设计是图5－11所示的单脉冲天线,顾名思义,它是利用单个脉冲来确定角度的。在该例中,上下两个波束通常是差波束,它们的零点正好在中间和波束的峰值处。

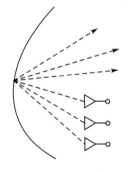

图5－10　多馈源多波束天线

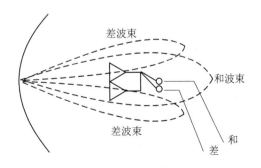

图5－11　单脉冲天线

典型的多反射体系统是图5－12中的卡塞格伦天线,它通过对一次波束的赋形,多提供一个自由度,使波束形状控制更加灵活,并使馈源系统方便地置于主反射体后面。图中的对称配置存在明显的遮挡,工程上一般要求副反射面的直径不大于5~10倍的工作波长。不难想象,使用偏置配置可能获得更好的性能。

图5-13所示是透镜天线,它的最大优点是没有馈源的遮挡。但是由于相控阵天线远比它的性能好,故现在已经很少使用这种天线了。

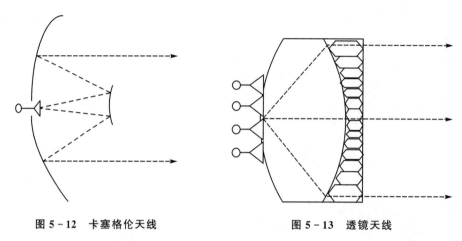

图5-12 卡塞格伦天线   图5-13 透镜天线

在现代天线中,这些基本天线形式的组合和变形被广泛应用,既是为了减小损耗和副瓣电平,又是为了提供特定的波束形状和位置。

2. 前馈抛物面天线

最简单的反射面天线由两部分组成,一个大的(相对于波长)反射面和一个小得多的馈源,如图5-7所示。反射面为旋转抛物面,包含反射面对称轴的任意平面与反射面相交形成的抛物线。

(1) 几何性质与工作原理

焦点对抛物面边缘的张角称为抛物面张角。抛物面在过焦点垂直轴的平面上的投影称为抛物面天线的口径面。

抛物形反射面具有两个重要的几何性质:

① 从焦点到抛物面任一点 P,再到口径面的点 B,所有路径长度均相等。点 B 为过点 P 做垂直于口径面的垂线与口径面的焦点。

② 抛物面上任意一点 P 的法线平分焦点到 P 点的边线与过 P 点平行于轴的直线间的夹角,即 $\angle BPA = \angle FPA$。

假设馈源置于焦点,这种形式称为前馈抛物面天线。对于大反射面(天线垂直面的宽度远大于 2λ),根据反射定律和抛物面的几何性质,任意一条射线到抛物面上的反射线必然平行于抛物面的轴线。又根据抛物面的几何性质,由于所有射线从馈源经反射面到口径面走了相同的实际距离,因此口径激励是等相位的。

（2）性能分析

如上所述,口径场的相位分布是相等的,口径场的幅度分布当然取决于馈源的辐射特性。假设馈源是位于焦点的各向同性点源,这样就可以单独分析反射面的作用。由于馈源辐射球面波功率密度按 $1/\rho^2$ 衰减,经抛物面反射后成为平面波,平面波无扩散衰减,因此,在口径面上功率密度随 $1/\rho^2$、场强随 $1/\rho$ 变化,反射面产生一个固有的幅度衰减,称为空间衰减。

整个抛物面天线系统的辐射方向图称为次级或二级方向图,可以由口径场计算。口径场辐射理论较复杂,此处从略。

（3）增益的计算

由口径场理论,一旦确定了口径效率 ε_{ap},可由下式得出前馈抛物面天线的增益,即

$$G = \frac{4\pi}{\lambda^2}\varepsilon_{ap}A_p = \varepsilon_{ap}\left(\frac{\pi d}{\lambda}\right)^2 \qquad (5-12)$$

口径效率 ε_{ap} 与诸多因素有关,其中较为重要的有反射面天线的辐射效率、口径渐削效率、口径截获效率、表面随机误差因子、口径阻挡效率、偏斜效率、像散效率等。口径阻挡效率是由于馈源放置在反射面的前方造成的;偏斜效率是由于馈源横向偏焦(在口径面内),口径场产生线性和立方律相位分布,引起主瓣偏移和方向图不对称畸变,导致增益下降;像散效率表示馈源轴向偏焦,口径场产生偶次相差,引起方向图对称畸变,导致增益下降。还可能存在其他效率因子,若反射面采用网状而非连续金属面,则会存在表面漏失效率、去极化引起的去极化效率等。

（4）馈源的阻挡效应和消除办法

一方面,馈源位于反射面正前方,阻挡部分反射波的辐射,造成阻挡效应,导致增益下降,副瓣升高,阻挡效应由口径阻挡效率表示。另一方面,这部分被阻挡的反射波能量要进入馈源,成为馈源的反射波,必然会影响馈源的阻抗匹配。当天线尺寸较小(增益较低)时,无论是馈源的阻挡效应,还是反射面对馈源的影响都比较严重。

为了消除这种影响,通常采用以下三种方法:

1）补偿法

如图 5-14 所示,在抛物面顶点附近放置一金属圆盘,适当选择圆盘的直径 d 和圆盘与抛物面顶点的距离 t,使抛物面和金属圆盘在馈源处的反射波等幅反相。可以求出

$$d = \sqrt{4f\lambda/\pi} \qquad (5-13)$$

$$t = (2n+1)\frac{\lambda}{4} - \frac{\lambda}{4\pi}, \quad n = 0,1,2,\cdots \qquad (5-14)$$

2）偏置馈源法

如图 5-15 所示,在抛物面轴线的一侧不对称地切割出一口径。馈源相位中心仍置于焦点。为使口径得到合适照射,并考虑到空间衰减的影响,应使馈源口径偏斜一个角度,使初级波瓣的最大值指向切割抛物面中心偏上的地方。此种天线一般用来产生扇形波束。

由于馈源位于抛物面反射波作用区域之外,这种方法既可消除馈源的阻挡效应,又可消除反射面对馈源匹配的影响。

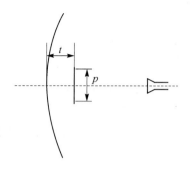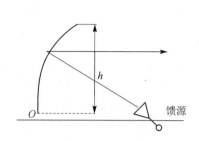

图 5 - 14　金属圆盘补偿法　　　　图 5 - 15　偏置馈源法

3）极化旋转法

这种方法是沿抛物面表面安装一些 $\lambda/4$ 宽的平行金属薄片,如图 5 - 16 所示,其取向与入射电场的极化方向成 45°,间距为 $\lambda/8\sim\lambda/10$。入射电场相对于金属薄片可以分解为水平分量 $E_{//}$ 与垂直分量 $E_{\perp}$。对于 $E_{//}$,金属薄片形成截止波导,$E_{//}$ 将由金属薄片窄边前缘反射。而 $E_{\perp}$ 可进入金属薄片间隙达到抛物面,并被抛物面反射。由于 $E_{\perp}$ 相对于 $E_{//}$ 多走了两倍金属片宽度($\lambda/4$)的路程,相位滞后 180°。两反射分量叠加的总反射电场相对于入射电场极化方向旋转 90°,从而不会被馈源所接收。

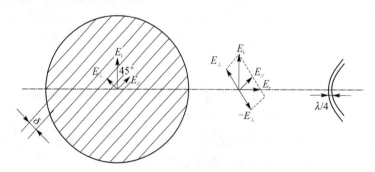

图 5 - 16　极化旋转法

3. 扇形波瓣

旋转对称抛物面天线能够形成接近于圆对称的针形波束。通常,它的波瓣很窄,用于跟踪目标时,能够比较精确地确定目标的角位置。但是,这种天线的波束只占据很窄的圆锥空间,需要较长的时间才能找到目标。因而,这种天线在航空信标和大地测绘以及雷达搜索目标应用中受到限制。为了缩短搜索目标的时间,要求天线能够产生这样一种方向图,即在一个平面内(通常是俯仰平面)具有很宽的波瓣,而在另一个平面(通常是方位平面)内保持为窄波瓣。产生这种方向图的天线称为扇形波瓣天线。

有时还对天线波瓣形状提出一些特殊要求。例如,地对空或空对地搜索雷达天线,希望它具有如图 5 - 17 所示的俯仰平面方向图。这样,对于等高度而距离不等的目标,雷达接收到的回波信号强度相等。由图可知,作用距离为

$$R = H \csc \Delta \qquad (5-15)$$

为了补偿能量随距离平方成反比减小，天线场强方向图应该与 $\csc\Delta$ 成正比，功率方向图应与 $\csc(\Delta^2)$ 成正比。有这种方向图的天线称为余割平方形波瓣天线。根据所要求的方向图形状设计出来的天线，称为赋形波瓣天线。

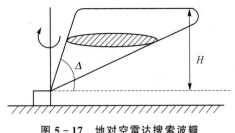

图 5-17　地对空雷达搜索波瓣
（余割平方形波瓣）

(1) 抛物柱面

抛物线沿它所在平面的法线方向平移，其轨迹即形成抛物柱面，其抛物线焦点的轨迹为一条直线，称为交线，如图 5-18 所示。

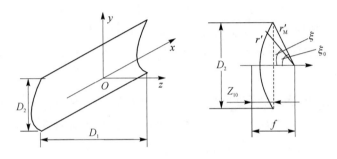

图 5-18　抛物柱面天线

在焦线上放置一直线馈源，即构成抛物柱面天线，它的口径为矩形。这种天线的馈源长度可以与焦距相比拟，甚至比焦距还长。在抛物柱面表面各点上，从馈源发出的电磁波具有柱面波特性，场强随距离的变化而变化。抛物面口径场是从馈源发出的柱面波经抛物柱面反射后形成的平面波场。直线馈源向抛物柱面辐射柱面波的条件是

$$L \gg \lambda, \quad r'_M < L^2/\lambda \qquad (5-16)$$

式中，L 为馈源长度；r'_M 为从馈源到抛物柱面的最大距离。

抛物柱面天线在垂直平面内，有一个最优化的口径张角，此时增益最大。

抛物柱面天线的主要问题是线源设计。抛物柱面口径场没有交叉极化分量，适用于要求交叉极化分量小的设备上。由于反射面与馈源间的耦合很强，常采用偏置馈源的方法减小反射面对馈源匹配的影响。

(2) 切割抛物面

如果沿两对互相平行，且对抛物面中心对称的平行线，将旋转抛物面上下左右四边切去，使其口径呈矩形，这种抛物面称为对称切割矩形抛物面。切割抛物面天线的馈源仍置于抛物面焦点，反射面口径仍为同相场。由于在两个互相垂直的平面内口径尺寸可以不同，故这两个平面内方向图波瓣宽度可以不同。天线方向图半功率波瓣宽度一般可写为

$$2\theta_{0.5} = (65 \sim 80) \frac{\lambda}{D_{1,2}} \qquad (5-17)$$

式中，$D_{1,2}$ 为矩形口径尺寸 D_1 或 D_2。$\lambda/D_{1,2}$ 前的系数随口径场分布状况不同而异。

将切割矩形抛物面的四角再切去,便称为切割椭圆形抛物面。切割椭圆形抛物面与切割矩形抛物面相比,有如下优点:口径利用效率增大,主平面内副瓣电平降低。由于对称切割,抛物面的馈源对被切去的四角照射很弱,这一部分面积对辐射场贡献很小,因而增益下降不大。由于在两个主平面内,靠近反射面边缘区域辐射更弱,故两个主平面内副瓣电平降低。切割椭圆形抛物面还能减小风阻,更有利于天线转动。

(3)余割平方波瓣

为了产生不对称的扇形波瓣,例如图 5-17 所示的余割平方方向图,可以采用两种方法:一是利用抛物面的聚焦特性和馈源横向偏焦后波瓣相应偏移的特性,在焦点附近放置一列馈源,根据需要将功率按一定比例分配给各馈源,以获得所需要的波瓣形状。这种方法称为分布馈源法,所形成的天线称为堆积波束天线。另一种方法是用线源照射单弯曲柱形反射面,或用馈源对双弯曲反射面(如卡塞格伦天线)照射,以获得所需的波瓣形状。单弯曲反射面或双弯曲反射面的形状依据所要求的次级方向图和所选用的馈源方向图进行设计。前一种方法设计制造简单,但馈源结构庞大,难以保证所需的电性能。后一种方法设计比较复杂,但电性能易于做到接近要求。

各种形状的抛物面天线,除了在电性能方面要满足所提出的要求外,在机械结构上应做到结构强度大,质量轻和对风的阻力小。大型抛物面天线的结构设计是一个很重要的课题。反射面可以制成栅格或网孔状,或在塑料表面敷设金属导线形成反射面。

4. 馈 源

因为大多数雷达都工作在微波频段(L 频段以上),反射面天线的馈源常常采用某种形式的张开喇叭。在较低的频率(L 频段以下),有时采用对称振子馈源,特别是采用对称振子线阵来实现抛物柱形反射面的馈电。某些情形还可以用其他类型的馈源,如波导缝隙、槽线和末端开口波导等,但用得最多的还是波导张开型喇叭。

抛物反射面(接收方式)将入射的平面波转换为中心在焦点的球面波前。因此,如果希望实现有方向性的天线方向图,馈源必须是点源辐射器,即它们必须辐射球面波前(发射方式)。馈源必须具有的另一特性是对反射面的适当照射,即以规定的振幅分布、最小能量泄漏和具有最小交叉极化的正确计划方式进行照射。馈源还必须能够提供要求的峰值和平均功率电平,而在任何工作环境下不被击穿。这些都是选择和设计反射面天线馈源的基本要素。其他因素还包括频带宽度和天线波束形式(单波束、多波束或单脉冲)。

传播主模 TE_{10} 模的矩形(锥形)波导喇叭被广泛应用,因为它们可满足高功率的要求,在某些情况下也可以使用传播 TE_{11} 模的圆波导(锥形张开)馈源。这些单模、简单张开的喇叭只能满足线极化笔形波束天线的需要。

当对天线性能提出更高要求时,如极化分集、多波束、高效波束或超低副瓣等,馈源相应地会更为复杂。对于这些天线,会用到分隔形、鳍形、多模和波纹喇叭。图 5-19 给出了一些典型的馈源,关于它们的详细介绍请参见天线方面的有关资料。

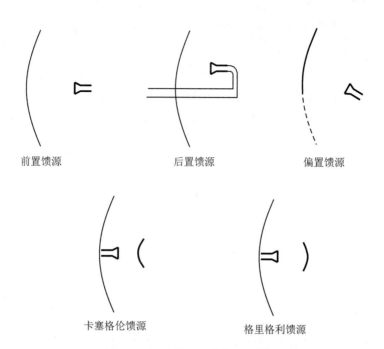

前置馈源　　　　　　后置馈源　　　　　　偏置馈源

卡塞格伦馈源　　　　　　格里格利馈源

图 5 - 19　反射面天线的各种馈源

5.1.4　相控阵天线

1. 概　述

一般雷达探测目标角坐标的方法是利用固定波束机械扫描方式进行的,即利用天线的机械转动来测定目标的方位角和仰角。由于这种机械扫描方式受到天线惯性的影响,波束的扫描速度较慢,因此在探测和跟踪高速目标,以及多个目标时受到限制。

相控阵雷达的天线是通过控制天线阵中各辐射单元的馈电相位来实现波束在空间扫描的,这种天线称为相控阵天线。它是一种无惯性的电扫描天线,波束扫描速度快,并且控制灵活。相控阵天线是天线领域中发展最快的一种天线技术。就雷达天线领域来讲,电扫描技术可以说是现代雷达天线应用中的重要技术。与其他天线相比,相控阵天线具有许多的优点:

① 高增益,大功率;

② 多波束,多功能;

③ 数据率高,测量精度高;

④ 可靠性高。

相控阵天线的缺点是造价高、维护费用高、扫描范围有限。为了能在更大范围内扫描,往往需要多部天线。

在相控阵天线中,各单元上电磁能量的相位受移相器控制。在绝大多数情况下,移相器改变相位由波束控制装置根据一定的程序来控制。移相器改变相位状态的时间为微秒量级。根据各单元上不同的相位配置,可以使阵列天线的波束在一定的范围内指向不同的方向或改变波束的形状。相控阵天线最大的优点是可以在计算机的控制下快速地按需要改变波束的指向和在空间某一位置上的停留时间,而且天线本身不需做机械上的运动。这就给雷达的各种功能,如边扫描边跟踪等提供了实现的可能性。相控阵天线的缺点是移相器成本高,控制线路较复杂,波束扫描的范围有限(一般小于120°),阻抗匹配困难等。在军用雷达中,相控阵天线有广泛的应用,先进的多功能雷达多数用相控阵体制。目前的主要问题是改善单元在频带内和扫描过程中的匹配,以及降低移相器的成本。

由于近年来在技术上取得的实质性进步,相控阵技术的应用已经越来越广泛。从20世纪60年代仅用于大型空间监视雷达已经发展到在战术防空雷达、战场火炮侦察定位雷达、靶场精密测量雷达、舰载监视雷达、制导雷达、机载雷达、火控雷达、地面警戒雷达,以及空基(卫星和飞船载)雷达等方面有了广泛的应用,甚至已经应用到电子战系统和卫星通信系统中。

2. 相位扫描直线阵

已知均匀直线阵主瓣最大值方向为

$$\theta_0 = \arccos\left(-\frac{\alpha}{kd}\right) \qquad (5-18)$$

可见,直线阵相邻阵元电流相位差变化将引起方向图最大辐射方向的相应变化。如果 α 随时间按一定规律重复变化,天线阵不转动,最大辐射方向连同整个方向图就能在一定空域内往复运动,即实现方向图(天线波束)扫描。这种利用馈电电流相位差变化使方向图扫描的方式称为相位扫描方式。通过改变相邻单元电流相位差实现方向图扫描的天线阵称为相位扫描天线阵或相控阵。图5-20是相位扫描直线阵的原理图,各阵元电流的相位变化由串接在各自馈线中的电控移相器控制。

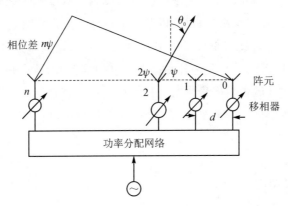

图5-20 相位扫描直线阵的原理图

实际上, θ_0 还与工作频率有关,改变工作频率亦可实现方向图扫描,这种方式称为频率扫描。图5-21为方向图频率扫描直线阵的原理图。各阵元串接在馈线上(称为串馈),馈线末端接匹配负载。当信号源频率改变时,随之改变的馈线电长度引起天线单元电流的相位变化,从而引起方向图在空间扫描。

3. 平面相控阵

平面相控阵如图 5-22 所示,图中 n 为天线阵的行数,m 为天线阵的列数,d_x 为行间距,d_y 为列间距,α_x 为相邻两行单元之间的相位差,α_y 为每行中相邻两单元之间的相位差,θ 为偏离阵面法线的俯仰面扫描角,ϕ 为以 x 轴算起的水平面扫描角。如果分别控制相位差 α_x 和 α_y,天线波束将在空间扫描。

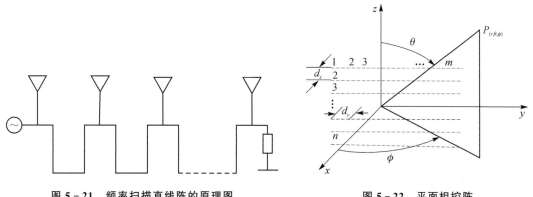

图 5-21　频率扫描直线阵的原理图　　　　图 5-22　平面相控阵

通常,单元天线的方向性较差,m、n 较大对阵的总方向图影响不大。下面分析波束扫描特性。

(1) 主瓣、增益和副瓣的变化

工程中常用下列关于平面阵特性的计算公式。

按间距 $\lambda/2$ 排列的笔形波束,其辐射单元数与波束宽度的关系为

$$N \approx \frac{10\,000}{\theta_B^2} \quad 或 \quad \theta_B = \frac{100}{\sqrt{N}} \tag{5-19}$$

式中,θ_B 是以度为单位的 3 dB 波束宽度。当波束指向孔径法线方向时,相应的天线增益为

$$G_0 \approx \pi N \eta \approx \pi N \eta_L \eta_a \tag{5-20}$$

式中,η 为由天线损耗 η_L 和由单元不等幅加权引起的增益下降 η_a 的因子。当扫描到 θ_0 方向时,平面阵增益下降到与投影孔径相应的值。

当波束扫描偏离法线方向时,天线阵的主瓣宽度将变大,增益下降,副瓣增大。这是因为波阵面总是垂直于波束方向,波阵面倾斜后,天线的有效面积将减小,其值为天线实际面积在波阵面上的投影。在扫描角 $\theta < 45°$ 范围内,主瓣宽度与阵列尺寸成反比。当 θ 趋近 $90°$ 时,主瓣宽度由端射阵列公式计算,在此不予讨论。

增益随扫描角的余弦变化为

$$G(\theta) = G_0 \cos \theta \tag{5-21}$$

式中,G_0 为法向时天线阵的增益。

波束主瓣方向上的场强相应下降,然而天线副瓣本身场强没有增加,但是最大方向上的场

强降低了,因此相对副瓣电平增大了。

（2）栅瓣的抑制

波束扫描时出现的栅瓣应该加以抑制。所谓栅瓣是指与主瓣同样大小的波瓣。由阵列天线理论可知,n 元均匀线性天线阵的波瓣是周期性的,除 $\varphi=0$ 时是主瓣最大值外,当 $\varphi=\pm m\pi(m=1,2,\cdots)$ 时也都有最大值,这些重复出现的波瓣通常称为栅瓣。栅瓣会影响雷达天线阵对目标回波方向的判定。为避免出现栅瓣,必须把 φ 限制在 $[-\pi,+\pi]$ 内。图 5-23 为十元均匀直线阵因子曲线。

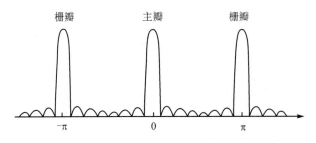

图 5-23 十元均匀直线阵因子曲线

在非扫描天线阵中,可以控制单元天线的方向图,使其零点正好与出现栅瓣的位置重合,从而有效地抑制栅瓣。但在扫描天线阵中,栅瓣将随扫描角 θ 的变化而变化,而单元方向图基本不变,所以,只能采用控制间距的方法加以抑制。据分析可知,不出现栅瓣时的最大间距为

$$\begin{cases} d_{x\,\max} < \dfrac{\lambda}{1+|\sin\theta_{\max}|} \\ d_{y\,\max} < \dfrac{\lambda}{1+|\sin\theta_{\max}|} \end{cases} \qquad (5-22)$$

（3）宽角阻抗匹配

对非扫描阵列来说,阵元数虽多,考虑互耦影响后的阻抗计算也很复杂,但是这毕竟是固定的影响,可以用一般阻抗匹配的方法加以解决。但是在扫描天线中,单元电流间的相位差是随扫描角而改变的,所以,阵中单元间感应阻抗也必然随扫描角的变化而变化。扫描角越大,变化越大,失配也越严重。因此,存在一个宽角扫描时阻抗匹配问题,简称宽角阻抗匹配问题。

宽角阻抗匹配的方法可以分为两大类:

一类是传输线区域宽角匹配法。可以在馈线中加入一些电纳器件,这些器件的电纳数值随扫描角的变化而变化;或者在波导内放入介质加载以抵消口径处的反射;也可用消极的方法,使机械馈电网络中加入环流器或隔离器,使反射波不返回馈电网络或被匹配负载吸收。

另一类是自由空间区域宽角匹配法。可以在振子 H 面内的单元间设置金属隔板以减小相互影响;或在天线阵列平面前平行放置介质板,既有匹配作用,又可起天线罩的作用。

（4）盲点效应

当单元数很大的相控阵天线扫描时,在某些特定的扫描角上,方向图的主瓣会变得很小甚至完全消失,而且在阵列单元的馈线中反射系数达到1。这就表示在这些扫描角上,天线阵既

不向外辐射功率,也不接收功率,沿馈线系统传送的全部功率实际上返回到馈源。这些特定的角度称为相控阵天线的盲点。盲点往往出现在栅瓣之前,即有时波束扫描刚偏离法线方向不大角度时便出现盲点。这大大缩小了扫描区域,影响相控阵天线的性能和正常工作。

盲点产生的主要原因简单说来是互耦影响,从实验中得知,不同形式排列的阵,盲点出现的位置也不同。

抑制和消除盲点的主要方法是改变阵列的环境参数,使阵列在所要求的扫描空域内不具备产生盲点的条件。可以合理选择单元口径尺寸和阵格尺寸;合理选择天线阵面前的介质层厚度;破坏排列的均匀性和对称性;单元间距作一定的随机分布。这些对抑制和消除盲点效应有一定的效果。

4. 辐射单元

相控阵天线最常用的辐射器是偶极子、缝隙、开口波导(或小喇叭)和印制电路片(最初以其发明者命名,称为"Collings"辐射器)。要求单元足够小以适应阵列的几何尺寸,因此,把单元限制在比 $\lambda^2/4$ 略大的面积中。此外,由于单元的需求量很大,所以,辐射单元应是廉价的、可靠的,并且所有单元性能是一致的。

由于阵列中辐射器的阻抗和方向图主要由阵列的几何形状决定,所以,应当选择辐射单元来满足馈电系统和天线的机械要求。例如,如果辐射器由带状线移相器馈电,那么选择带状偶极子单元是合理的;如果用波导移相器,那么选择开口波导或缝隙则是方便的。接地面通常放在偶极子阵列后面大约 $\lambda/4$ 处,以使天线只在半空间形成波束。

必须选择单元以获得所需极化,通常是水平极化或垂直极化。

5. 移相器

相控阵的关键器件之一是移相器,通常用它来实现电子波束控制。移相器可以分为两类,即可逆的和不可逆的。可逆移相器对方向不敏感,也就是说,在某一方向上(如发射)的移相和相反方向(如接收)上的移相量相同。如果使用可逆移相器,则在发射和接收之间不必切换相位状态。若采用不可逆移相器,则在发射和接收之间必须有移相器的切换(改变相位状态)。通常,切换不可逆铁氧体移相器要花几微秒的时间,在此期间,雷达无法检测目标。对于低脉冲重复频率(PRF)的雷达,例如,200~500 Hz,这不会有问题。如果 PRF 为 2 000 Hz,则脉冲重复周期(PRI)为 500 μs,如果移相器切换时间是 10 μs,那么,仅浪费 2% 的探测目标时间,影响也不大。如果 PRF 为 50 kHz,PRI 为 20 μs,则移相器有 10 μs 的切换时间是决不允许的。

目前,有三种基本移相器类型常用于相控阵中,它们是二极管移相器、不可逆铁氧体移相器和可逆(双模)铁氧体移相器。二极管移相器都是可逆的。每种移相器都有各自的长处,可以根据雷达的需要来选用。

6. 相控阵天线的馈电方式

相控阵雷达天线由许多小的天线单元组成。一般情况下,约 100 个天线单元的线阵天线,数千个天线单元的平面相控阵天线,在相控阵雷达中已是屡见不鲜。要实现这样的相控阵天线,一个十分重要的问题是如何将发射机输出的雷达信号按照一定的幅度分布和相位梯度馈送给阵面上的每一个天线单元。在接收时,同样必须将各个单元收到的信号按一定的幅度和相位要求进行加权,然后加起来馈送给接收机。相控阵天线的馈电网络就是使阵面上众多的天线单元与雷达发射机和接收机相连接的传输线系统,各个天线单元所需要的幅度和相位加权也是在馈线系统中实现的。对馈线系统的要求之一是降低系统的复杂性,以降低成本,包括减少移相器的使用数目。

(1) 平面相控阵天线的馈相方式

馈线系统要保证每个天线单元激励电流的相位符合天线波束扫描指向的要求。通常,将馈电网络向各个阵面单元提供所需要的信号相位称为馈相,馈相的方式与馈电网络的加权有关。如果把天线阵各单元的相位按其所在的阵元位置分布构成一个阵内相位矩阵,则可通过对相位矩阵按行或列分解成若干相同子阵来实现馈相。图5-24是平面相控阵天线的两种馈相方式,图5-24(a)是相位矩阵按列分解的方式,称为列馈方式,图5-24(b)是相位矩阵按行分解的方式,称为行馈方式。每行或每列的线阵相位还可以进一步分解成若干子阵,图5-25是常用的一种划分方法。当然,平面相控天线阵也可以通过将相位矩阵分解为若干个正方形或矩形子阵来馈相。

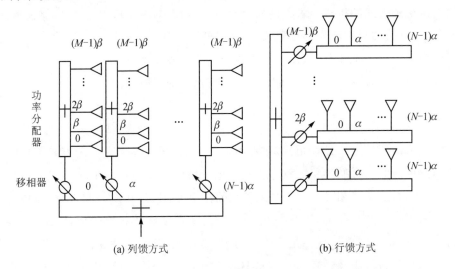

(a) 列馈方式　　　　　　　　　　(b) 行馈方式

图5-24　平面相控阵天线的馈相方式

(2) 相控阵天线的馈电方式

在发射天线阵中,从发射机至各天线单元之间应有一个馈线网络进行功率分配。在接收天线阵中,由各天线单元至接收机之间也应有一个馈线网络进行功率相加。馈线系统在相控阵中占有特别重要的地位。低副瓣天线对馈线系统幅度和相位的精度要求是很高的。此外,承受高功率的能力、馈线系统的损耗、测试和调整的方便性,以及体积、重量等要求,也是选择馈电方式时必须考虑的因素。

平面相控阵天线的馈电方式主要有强制馈电、空间馈电或光学馈电。

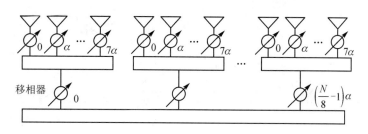

图 5 - 25　线阵的子阵划分

1) 强制馈电

强制馈电采用波导、同轴线、板线和微带线等进行功率分配。近年来,随着光电子技术及光纤技术的发展,也有采用光纤作为相控阵天线的馈线中的传输线,但是只能用在低功率的情况下。波导和同轴线用于高功率阵列,低功率部分常用板线、带线和微带线。功率分配器有隔离式与非隔离式、等功率分配器与不等功率分配器等多种形式。

图 5 - 26 为包含一分三十二功率分配器的组合馈电的馈线网络示意图。图中中间两层的一分二功率分配器是隔离式的,前后两层则为不隔离的功率分配器。隔离式功率分配器输出支臂之间约有 20 dB 的隔离度,可以减少由于各传输元件之间的反射波引起的串扰,有利于整个馈线系统获得低的驻波。当隔离式功率分配器的一个支臂由于开路或短路而出现全反射时,因为有一半反射功率被隔离臂的吸收负载所吸收,故有利于保证馈电网络的耐功率性能。

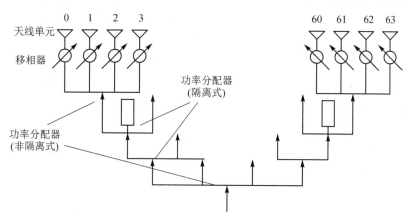

图 5 - 26　强制馈电的馈线网络示意图

2) 空间馈电

在相控阵雷达中,已有许多利用空间馈电的例子,如美国用于要地防御的 HAPDAR 雷达和在"爱国者"地空导弹制导系统中用的 SAM - D 雷达等,都是成功应用空间馈电方法的典型例子。空间馈电的形式如图 5 - 26 所示。图 5 - 27(a)是透镜式空间馈电示意图,图 5 - 27(b)是反射式空间馈电示意图。

透镜式空间馈电的天线阵包括收集阵面和辐射阵面两部分。收集阵面又称为内天线阵面,它有许多天线单元,这些天线单元也称收集单元,它们既可排列在一个平面上,也可排列在一个曲面上。在天线处于发射状态时,发射机输出信号由照射天线(例如波导喇叭天线)照射

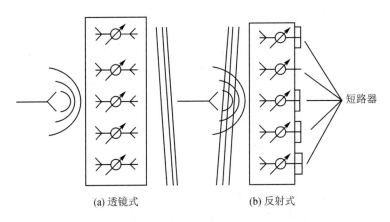

(a) 透镜式   (b) 反射式

图 5 - 27　两种空间馈电方式

到内天线阵上的收集天线单元,这些收集单元接收照射信号后经过移相器,再传输到辐射阵面上的天线单元(亦称辐射单元),最后向空间辐射。对于有源相控阵天线,经过移相器后的信号还要经过功率放大器放大,然后才送给辐射阵面上的天线单元。当天线阵处于接收状态时,辐射阵面接收从空间目标反射回来的回波信号,这些信号送移相器相移后,由收集阵面上的天线单元将其传送至阵内的接收天线。对于有源相控阵天线,每一辐射单元接收到的信号先要经过低噪声放大后再送给移相器,最后才传输给收集单元,经空间辐射到达阵内接收天线。

　　反射式空间馈电阵列与透镜式空间馈电阵列不同,反射式空间馈电阵列的收集阵面与辐射阵面是同一阵面。这一阵面上各天线单元收到的信号经过移相器移相后,被短路传输线或开路传输线全反射。对于这种阵列,作为初级源的照射喇叭天线处于阵列平面的外边,即采用前馈方式对天线阵面进行空间馈电,对阵面有一定的遮挡效应,对天线的口径增益和副瓣电平性能有一定的不利影响。

　　空间馈电系统中,初级馈源的照射方向图为整个阵面提供了幅度加权。

5.1.5　有源相控阵天线

　　由有源组件(又称收/发组件或 T/R 模块)与天线阵列中的每一个辐射单元(或子阵)直接连接而组成的相控阵天线,称为有源相控阵天线。这些有源组件与其相对应的辐射单元构成了阵列的一个模块,它具有只接收、只发射或收/发双功的功能。有源相控阵天线除具有无源相控天线的功能之外,还有一些其他重要的特点。由于有源组件直接与天线单元相连,收、发位置前置(降低了系统的损耗),且阵面有源模块间形成独立的系统,从而提高了有源相控阵雷达的信噪比和辐射功率,也提高了系统的可靠性(或称冗余度)。另外,通过控制每个有源模块的幅度和相位,可以在射频上形成自适应波束,提高有源相控阵雷达系统的抗干扰能力。有源相控阵天线在陆基、海基、空基甚至天基雷达上均已得到应用。随着单片微波集成电路(MMIC)技术的不断发展与成熟,它将逐步取代现有的无源相控阵天线。目前,由于有源组件的制造成本较高、系统较无源相控阵天线复杂,使得有源相控阵天线在实际应用中受到一定的限制。在有源相控阵天线所用的有源组件中,发射组件大多采用了固态功率器件,因此也称为固态有源相控阵天线。

固态有源相控阵雷达天线的组成原理如图5-28所示。图5-28(a)为有源相控阵天线的原理框图。发射时,激励源射频(RF)信号经过波束形成网络分配后,分别进入各收/发组件(T/R模块),经过移相、放大后送到与模块直接相连的天线单元上辐射出去。波束形状和指向由模块中发射支路放大器的放大倍数和移相器的移相量决定。接收时,天线单元将收到的RF回波信号送入T/R模块,经模块放大、移相后送入波束形成网络合成接收波束。接收波束的形状和指向由模块中接收支路放大器的放大倍数和移相器的移相量决定。图5-28(b)为T/R模块的典型结构,它由发射放大器(链)、接收前置放大器、带激励器的共用移相器,以及分隔发射和接收路径的环流器组成。用于单元级发射的功率放大器通常有30 dB或更高的增益,以补偿在波束形成网络上功率分配的损耗。晶体管放大器能产生高的平均功率,但是只能产生相对较低的峰值功率。因此,需要高占空比的波形(10%～20%)以有效地辐射足够的能量。峰值功率较低是相控阵雷达中固态模块的主要缺点,这一点可以通过采用脉冲压缩技术来补偿,不过要以增加信号处理量为代价。晶体管的优点在于,它们具有宽频带的潜力。接收机通常需要10～20 dB的增益以便给出低的噪声系数,以补偿移相和波束形成造成的损耗。由于模块在单元波瓣(不仅是天线波瓣)范围内也会接收带宽内来自各个方向的干扰信号,从而使接收信号起伏较大。因此,接收机增益比发射机增益低一些有利于保证动态范围。

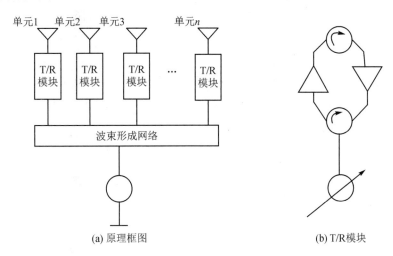

(a) 原理框图　　　　　　　　　(b) T/R模块

图5-28　有源相控阵天线原理框图

相控阵天线工作时,为了实现全频段内的低副瓣性能,模块之间的幅度和相位容差要求很严格。所以必须对天线阵面进行幅度和相位的校准,以保证每次阵面发射/接收时的信号幅度和相位分布的稳定性。可编程增益调整对于校正模块间的变化有帮助,可以放松对模块性能指标的要求。模块移相器在低信号电平上,因为它在发射放大之前,若在接收放大之后,则即使插入损耗很高也不要紧。因此,甚至在许多位数字移相器(例如为实现低副瓣采用5位、6位或7位)的情况下,也完全允许使用二极管移相器。插入损耗的变化可以用增益调整来动态补偿。高功率一侧的环流器可为功率放大器提供阻抗匹配,并足以保护接收机。

5.1.6　天线波束的扫描

1．波束形状及其相应扫描方式

（1）波束形状

如前所述，天线形成的波束形状主要有扇形波束和针状波束。扇形波束的水平面和垂直面内的波束宽度有较大差别，针状波束的水平面和垂直面波束宽度都很窄。

（2）扫描方式

天线波束的扫描方式可分为：① 扇扫；② 俯仰扫描；③ 圆周扫描；④ 螺旋扫描；⑤ 锯齿扫描；⑥ 圆锥扫描。波束形状和扫描方式如图 5 - 4 和图 5 - 5 所示。扇形波束的主要扫描方式是圆周扫描和扇扫。

圆周扫描时，波束在水平面内做 360°圆周运动，可观察雷达周围目标并测定其距离和方位角坐标。所用波束通常在水平面内很窄，故方位角有较高的测角精度和分辨力；在垂直面内很宽，以保证同时监视较大的仰角空域。地面搜索型雷达垂直面内的波束形状通常做成余割平方形，这样功率利用比较合理，使同一高度不同距离目标的回波强度基本相同，如图 5 - 17 所示。

当对某一区域需要特别仔细观察时，波束可在所需方位角范围内往返运动，即做扇形扫描。

专门用于测高的雷达采用波束宽度在垂直面内很窄而在水平面内很宽的扇形波束，故仰角有较高的测角精度和分辨力。雷达工作时，波束可在水平面内做缓慢圆周运动，同时在一定的仰角范围内做快速扇扫（点头式）。

采用针状波束可同时测量目标的距离、方位和仰角，且方位和仰角两者的分辨力和测角精度都较高。主要缺点是因波束窄，扫完一定空域所需的时间较长，即雷达的搜索能力较差。

根据雷达的不同用途，针状波束的扫描方式很多。如图 5 - 5 所示，图 5 - 5(a)为螺旋扫描，在方位上圆周快扫，同时仰角上缓慢上升，到顶点后迅速降到起点并重新开始扫描；图 5 - 5(b)为分行扫描，方位上快扫，仰角上慢扫；图 5 - 5(c)为锯齿扫描，仰角上快扫而方位上缓慢移动。

2．天线波束的扫描方法

天线波束的扫描方法包括机械性扫描和电扫描。机械性扫描是利用整个天线系统或其某一部分的机械运动来实现波束扫描；电扫描包括相位扫描法、频率扫描法、时间延迟法。

（1）机械性扫描

利用整个天线系统或其某一部分的机械运动来实现波束扫描的方法称为机械扫描。如环视雷达、跟踪雷达通常采用整个天线系统转动的方法，如图 5 - 6 所示。

机械性扫描的优点是简单。其主要缺点是机械运动惯性大，扫描速度不高。近年来快速目标、洲际导弹、人造卫星等的出现,要求雷达采用高增益极窄波束,因此天线口径面往往做得非常庞大,再加上常要求波束扫描的速度很高,用机械办法实现波束扫描无法满足要求,必须采用电扫描。

(2) 电扫描

电扫描时,天线反射体、馈源等不必做机械运动。因无机械惯性限制,扫描速度可大大提高,波束控制迅速灵便,故这种方法特别适用于要求波束快速扫描及巨型天线的雷达中。电扫描的主要缺点是扫描过程中波束宽度将展宽,因而天线增益也要减小,所以扫描的角度范围有一定限制。另外,天线系统一般比较复杂。

根据实现时所用基本技术的差别,电扫描又可分为相位扫描法、频率扫描法、时间延迟法等。

1) 相位扫描法

在阵列天线上采用控制移相器相移量的办法改变各阵元的激励相位,从而实现波束的电扫描,这种方法称作相位扫描法,简称相扫法。图 5 - 20 所示为由 n 个阵元组成的一维直线移相器天线阵。

2) 频率扫描

如图 5 - 29 所示,如果相邻阵元间的传输线长度为 l,传输线内波长为 λ_g,则相邻阵元间存在一激励相位差:

$$\varphi = \frac{2\pi l}{\lambda_g} \qquad (5 - 23)$$

改变输入信号频率 f,则 λ_g 改变,φ 也随之改变,故可实现波束扫描。这种方法称为频率扫描法。

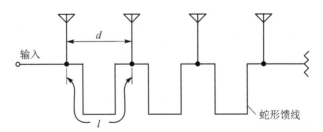

图 5 - 29　频扫直线阵列

这里用具有一定长度的传输线代替了相扫法串联馈电中插入主馈线内的移相器,因此插入损耗小,传输功率大,同时只要改变输入信号的频率就可以实现波束扫描,方法比较简便。

3) 几点要求

① 脉冲宽度不能太窄,否则引起波形失真。

② 雷达信号源的频率应具有很高的稳定度和准确度,以满足测角精度。

③ 消除温度误差,防止热胀冷缩引起传输线长度等参数发生变化。

频扫天线的形式有串联频扫阵列和并联频扫阵列,如图 5 - 30 所示。串联频扫阵列是一种行波天线阵,即由相等延迟线段和松耦合的辐射元组成重复式装置。在这种装置中,延迟即相移是累加的,结构紧凑。并联频扫阵列是由公共发射机经功率分配器将功率分别同时输入到各个分支传输线,而每个分支传输线依次相差一个长度 l,末端接辐射源,这种结构比较复杂。

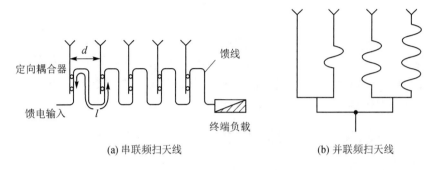

(a) 串联频扫天线   (b) 并联频扫天线

图 5 - 30　频扫天线直线阵

5.1.7　雷达天线的发展方向

现代雷达天线正在朝宽频带、有源相控阵、多功能低截获概率的方向发展。

1. 宽频带

在不增加复杂性和成本的基础上,雷达天线宽频带工作总是设计师们的努力方向。频带宽可以提高雷达的抗干扰性能。

2. 有源相控天线阵

正如前面所提到的那样,有源相控阵天线的波速扫描速度不受机械扫描速度的限制,可以快速提供目标信息更新,实现同时多目标搜索、跟踪,并为多目标攻击提供作战参数。

有源相控阵天线利用功率管理技术和波束控制技术同时完成雷达的多种功能,可以实现天线波束赋形和自适应零点控制,可以抗反辐射导弹和有源干扰。比如,可以控制一部分天线阵元完成搜索功能,同时用另一部分阵元完成跟踪功能,也可以用时间分割的办法交替用同一个阵面完成多种功能等。

有源相控阵雷达天线还具有可靠性高的特点。实验表明,即使有 10% 的收/发单元失效,对系统的性能也无明显影响,不用立即进行修理。若有 30% 的收/发单元失效,系统的增益仅降低 3 dB,系统仍可以维持工作。

3. 超低副瓣电平

为了在电子对抗环境下降低被敌方侦察和干扰,甚至被反辐射武器攻击,雷达天线对副瓣电平的要求越来越高。新型雷达天线的平均副瓣电平通常都在 -40 dB 以下。机载预警雷达为了抑制副瓣杂波,平均副瓣电平则至少应该在 -70 dB 以下。

此外,天线形状与载体共形、变极化也都在雷达天线的发展方向之列。

5.2 雷达天线伺服系统

雷达天线伺服系统用来控制雷达天线的转动,以实现雷达全方位探测,它是雷达搜索和跟踪目标所必须的部分。一般雷达转动控制系统是一个速度可调的闭环控制稳速系统,能使天线的转速在一定范围内连续可调,在一定的风速环境中仍能稳定工作,速度波动小。同时,伺服系统还产生方位扫描正北基准脉冲、方位扫描步进脉冲送给雷达信号处理、终端和监控分系统。

雷达天线伺服系统的种类很多,有机电式、液压式、电液式等。一般天线直径较大的雷达多用液压驱动系统,天线直径较小的雷达常用电机驱动系统。

5.2.1 雷达伺服元件

雷达天线伺服系统一般由电磁元件、电子元件和液压元件组成,根据元件在伺服系统中的作用可分为敏感和控制元件、变换元件、放大元件、功率放大元件、执行元件和校正元件等,其原理方框图如图5-31所示。

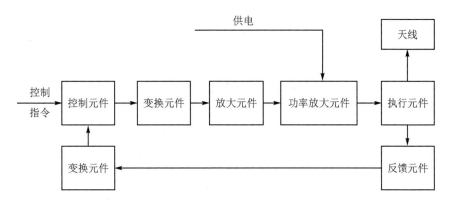

图5-31 雷达天线伺服系统组成原理方框图

1. 敏感和控制元件

凡用来产生有用的输入信号,使被调整量和这个输入信号保持所需要的函数关系的元件,均称为控制元件;用来测量被调整量,使它所产生的信号和被调整量之间具有一定的函数关系,并回馈到系统的输入端,这种元件称为反馈元件,也叫敏感元件。

在雷达伺服系统中,这两种元件常常被组成一体,称为误差敏感元件,它把对天线的转动输入控制信号和转速反馈信号进行比较,得到被调整量与给定值的偏差,并把此偏差变成控制信号作用于调整系统。这类元件包括同步机、旋转变压器、轴角编码器等。

2. 变换元件

变换元件是指将直流信号变换为交流信号,或做相反变换的元件,如调制解调器,即可将电压信号变换为频率信号、又能将频率信号反变换为电压信号的元件,再如 F－V 变换器、V－F 变换器、变频调速器等。

3. 放大元件

放大元件是将误差敏感元件所产生的信号加以放大的元件,包括各种电子管放大器、晶体管放大器等。

4. 功率放大器件

功率放大器件将放大元件输出的微小功率的信号放大成强功率信号,以满足执行机构的需要。包括液压伺服泵、电液伺服泵、可控硅整流器、电机放大器等。

5. 执行元件

执行元件是用来调整被调整对象(天线)的元件,如液压伺服马达、直流电动机、交流电动机等。

6. 校正元件

校正元件为改善系统的动力学特性所加入的元件。

下面简要介绍两例雷达天线伺服系统,旨在说明伺服系统的功用和一般工作要求,具体电路的原理可参考电机类文献资料。

5.2.2 可控硅-直流电动机构成的天线伺服系统

直流电动机驱动的天线转动控制系统主要由给定电源、直流放大器、同步脉冲发生器、可控硅整流器、转向控制器、直流电动机、减速器、测速发电机、速度反馈电路和延时控制器、转向速度控制器等部分组成,其组成原理方框图如图 5－32 所示。

这种天线伺服系统的工作过程是:给定电源输出正电压,速度反馈电路输出负电压,两者相加后送直流放大器进行放大,放大了的电压控制同步脉冲发生器产生正向触发脉冲,然后加到可控硅的控制极控制可控硅的导通,将交流电整流为直流电,并经转向控制器加到直流电动机,直流电动机快速转动,经减速器带动天线慢慢转动。

若改变给定电源输出电压的大小,则直流放大器输出的电压大小将同步地成比例改变,同步脉冲发生器产生的触发脉冲到来的时间也同步改变,可控硅整流器输出的直流电压大小也改变,从而直流电动机转速、天线转速也改变。若在一定范围内连续改变给定电源电压的大小,则天线转速可在一定范围内连续变化。这样,便实现了对天线转动的无级变速控制。

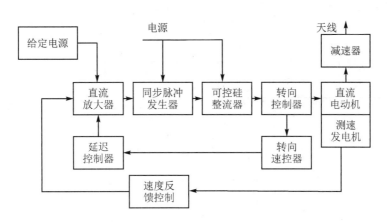

图 5 – 32　可控硅-直流电动机构成的天线伺服系统原理方框图

有时要求天线能够做方位扇形扫描,旋转方向必须能够改变。天线转动方向的控制由转向控制器完成,转向控制器可以将可控硅整流器输出的直流电压以相反的两种极性加至直流电动机,使直流电动机、天线的转动方向得以改变,从而实现天线转动方向的控制。

雷达的数据率会受到风速的影响,因此,天线的转速应当稳定在要求的速度上。测速发电机和速度反馈电路用来克服风力影响,以稳定天线转速。测速发电机与直流电动机同轴交连,电动机转动时,一方面经减速器带动天线转动,另一方面带动测速发电机旋转,测速发电机产生的电压送到速度反馈电路,由速度反馈电路转换成负电压(与给定电源电压极性相反)加到直流放大器输入端,实现负反馈,从而稳定天线转速。稳速过程如下:当顺风时,天线转速加快,测速发电机的转速随之加快,测速发电机的输出电压随之升高,此电压经速度反馈电路变成负电压与给定电压相加,使送给直流放大器的电压下降,最终导致可控硅整流器输出电压下降,直流电动机转速降低,使天线的转速回到原来的状态;当逆风时,天线转速变慢,测速发电机的转速也变慢,测速电压下降,负反馈电压降低,直流放大器的输出电压升高,最终导致可控硅整流器的输出电压升高,直流电动机转速升高,使天线的转速回到原来的状态。

延时控制器用来控制天线平稳地启动。转向控制器用来加快天线换向速度。

5.2.3　变频调速器-交流异步电动机构成的天线伺服系统

由变频调速器-交流异步电动机构成的天线伺服系统的原理方框图如图 5 – 33 所示,按功能可以分为两部分,即升降部分及转速控制部分,主要包括自动空气开关、抗干扰滤波器、变频调速器、三相异步电动机、减速器、速度采样电路、伺服控制器、升降控制电路、升降减速器等。

1．转速控制部分的结构与配置

这种天线伺服系统的转速控制部分由伺服控制器、变频调速装置、三相异步电动机、减速器和转盘构成。伺服控制器和变频调速装置在工作车内,驱动电机安装在天线座中。

同步机转数通过同步轮系的转换和大盘机构进行 1:1 速比转动。同步轮系各级齿轮均采用双片齿轮及圆锥齿轮相啮合,同步机与轴采用无间隙传动联轴器,保证整个同步轮系传动回

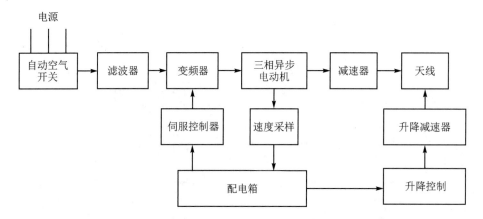

图 5-33　变频调速器－交流异步电动机构成的天线伺服系统原理方框图

差减小到接近零。同步轮系传动系统如图 5-34 所示。

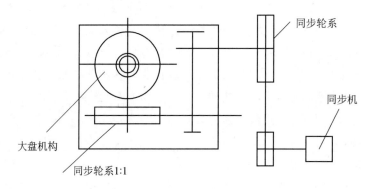

图 5-34　同步轮系传动系统图

2. 变频调速原理

天线伺服系统是通过控制异步电动机的转速来控制天线转速的,而电动机的转速通过变频调速原理来控制。变频调速器的功能是输出频率可变的交流电给异步电动机,从而实现异步电动机的变频调速。由于采用电压频率协调控制方案,该装置具有结构简单、坚固耐用、转动惯量小、造价低,适用于较恶劣环境等优点。

(1) 变频调速的基本概念

异步电动机主要由两大部分组成,即定子和转子。当定子与三相交流电连接,旋转磁场将在定子和转子之间的气隙内产生。旋转磁场的速度由定子电压供电频率决定:

$$n_0 = \frac{f \times 60}{p} \tag{5-24}$$

式中,n_0 为旋转磁场的速度;f 为定子电压供电频率;p 为电极对数。

通常情况下,转子旋转的速度略低于旋转磁场速度,否则将没有相对运动,转子中就不会产生电流和力矩。两个速度之差常用百分比表示(转差率),即

$$s = \frac{n_0 - n}{n_0} \% \qquad (5-25)$$

式中，n 为转子旋转速度；s 为转差率。于是有

$$n = \frac{60f \times (1-s)}{p} \qquad (5-26)$$

可见，当电极对数 P 不变时，转子转速 n 与定子电压供电频率 f 成正比，因此通过改变定子电压供电频率，就可以调节电动机的转速，这种调速方法称为变频调速。由于该方法具有较好的调速性能，目前已成为异步电动机最主要的调速方法。

(2) 电压频率比恒定控制

所谓电压频率比恒定控制，是指在改变电动机定子电压供电频率的同时改变电动机定子电压，并使两者之比保持恒定的控制方式。它是异步电动机变频调速的最基本控制方式。

由于改变电动机定子电压供电频率将会引起电动机参数的变化，参数的变化又会反过来影响电动机的运行性能，因此，仅仅改变频率难以获得最佳的调速特性。在调速时，通常还要考虑的一个重要因素就是希望保持电动机中每极磁通量为额定值，并保持不变。如果磁通太弱，没有充分利用电动机的铁芯是一种浪费；如果过分增大磁通，又会使铁芯饱和，从而导致过大的励磁电流，严重时会使绕组因过热而损坏电动机。

在交流异步电动机中，磁通是定子和转子磁动势合成产生的，如何才能保持磁通恒定呢？

电动机定子每相中感应电动势的有效值为

$$E_1 = 4.44 f n_1 K_{n1} \Phi_m \qquad (5-27)$$

式中，E_1 为感应电动势；n_1 为定子绕组匝数，K_{n1} 为定子绕组的绕组系数；Φ_m 为气隙磁通。于是有

$$\Phi_m = \frac{E_1}{4.44 f n_1 K_{n1}} = C' \frac{E_1}{f} \qquad (5-28)$$

显然，若在电动机变频控制时，能够保持感应电动势-频率比为恒定，就可以保持磁通恒定。

然而，绕组中的感应电动势是难以直接控制的，考虑到在电动机额定运行情况下，电动机定子电阻和漏电阻的压降较小，电动机定子的电压 V 和感应电动势近似相等，常通过控制电压-频率比恒定来保持磁通恒定。

(3) 正弦脉宽调制控制技术

实现电压-频率比恒定控制的方式很多，其中正弦脉宽调制(SPWM)控制技术是一种应用十分广泛的电压-频率控制方法，它利用半导体开关器件的导通和关断把直流电压变为电压脉冲序列，并通过控制电压脉冲宽度和脉冲序列的周期，实现变压变频的目的。该方法可以有效地抑制谐波，而且动态响应较好。

(4) 半导体开关器件

半导体开关器件是构成变频调速的关键器件之一。由于晶体管可以快速地导通和关断，目前，在开关功率变换场合使用的主流元件是绝缘栅双极晶体管。

3. 变频器的基本工作原理

(1) 基本组成

作为实现异步电动机变频调速的装置,变频器可以分为四个主要部分:一是整流器,与三相交流电相连接,产生脉动直流电压;二是中间电路;三是逆变器,和电动机相联,调节电动机电压的频率(如果中间电路只提供幅值恒定的电压,则还要调节电动机的电压);四是控制电路,逆变器中的半导体开关器件就是由控制电路产生的信号使其导通和关断的。控制电路可以使用不同的调制技术,使半导体开关器件导通或断开,最常用的技术是正弦脉宽调制技术,其原理框图如图 5-35 所示。

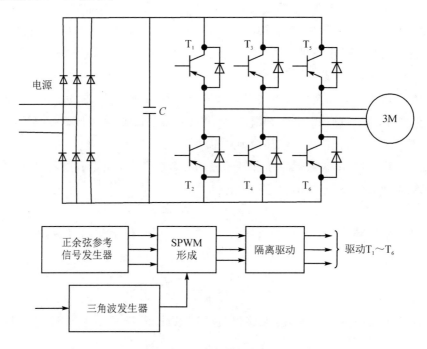

图 5-35 变频器原理框图

图 5-35 所示的变频器基本工作过程如下:

三相交流电压经全波整流后输出直流电压,经过三相桥式半导体开关管逆变为三相交流电压给三相异步电机供电。通过调整三角波发生器输出信号的频率和幅度,改变半导体开关管 T1～T6 触发脉冲的频率,也就改变了变频器的输出频率,从而达到调速的目的。

变频调速器输入控制信号为模拟量,改变模拟量的大小可使输出交流电压的频率变化,频率变化范围可以通过键盘设定。

变频器提供了电动机加速、减速时间的灵活选择,可通过键盘设定或改变,使天线在启动、制动时冲击减小,驱动平稳。

(2) 速度闭环控制部分的概略工作过程

变频调速器在输入模拟控制量后,就能输出频率可变的三相交流电压,由此来改变天线的转速,这是一个开环系统。为了提高负载能力,使在负载变化的情况下转速依然平稳,在转速控制部分采用以霍耳传感器为反馈元件的速度闭环控制系统,其组成框图如图5-36所示。

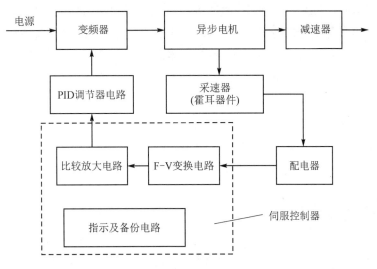

图5-36　转速控制部分组成框图

1)速度采样工作过程

速度采样由采样板上速度采样电路实现,其原理图如图5-37所示,它主要由霍耳集成电路和驱动器组成。

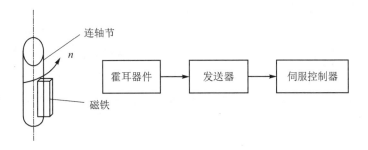

图5-37　速度采样电路原理图

速度采样电路的工作过程如下:永磁元件安装在连轴节上,霍耳集成电路固定在永磁元件附近,当三相电动机带动天线旋转时,永磁元件产生的磁场对霍耳集成电路产生作用,霍耳器件输出低电平,当永磁元件随连轴节的转动远离霍耳器件时,磁场消失,输出为高电平,随着电动机转速的变化,霍耳器件输出端的脉冲间隔也不相同,这个随转速而改变的脉冲信号经驱动器送到F-V变换器的输入端。

2)伺服控制器工作过程

从配电箱出来的速度采样信号,经伺服控制器实现速度闭环控制。伺服控制器包括F-V变换电路、比较放大电路和PID调节器电路。

F-V变换电路的工作过程如下:从采样电路送回来的频率信号经F-V变换集成电路处理,从输出端得到一个正比于输入频率的电压信号。

比较放大电路的工作过程如下：由于 F－V 变换器输出直流电压幅度较低，在电路中采用了运算放大器，通过调整放大系数来满足变频器对输入电压的要求。

PID 调节器电路的工作过程如下：由于天线较大，惯性较大，转速稳定度要求<5％，这就要求控制电路具有良好的控制特性，比例-积分-微分调节器（PID 调节器）对改善电路特性有一定的作用，是控制系统中广泛应用的一种调节器。

经 PID 调节器输出的反馈信号给变频器，控制变频器的输出频率，使天线转速稳定在 5％以下。

3）天线升降控制电路工作过程

升降控制电路由交流接触器、升降控制盒、自动空气开关组成，控制电路控制升降电动机按需要的方向旋转，通过减速机构与丝杠配合，将天线阵拉起或放下来，完成天线阵的升与降。

5.2.4　方位变换电路

方位变换电路把雷达天线的转动方位转换成数字量，供雷达信号处理、数据处理和监控系统使用。下面介绍几种常用的方位变换电路。

1. 轴角编码器

轴角编码器是雷达伺服系统中必不可少的一种数字式角位置测量元件。在雷达中使用最多的有按光电原理工作的光电编码器和按电磁感应原理工作的感应式编码器两大类。

光电编码器具有很高的精度，分辨力达 0.5 ″（相当于 21 位），但是，对于环境要求比较高，不适合海上和野外工作，因此受到限制。感应式编码器可靠性极好，能够适应比较恶劣的环境，装机后可以数十年不用维修，因此，在雷达中得到了广泛的应用。这类轴角编码器包括正、余弦变压器的轴角编码器，用同步机构成的编码器和感应同步器几种。前两者结构简单，成本低廉，但是精度较差，角分辨力一般 5′左右（相当于 12～14 位）；后者精度很高，分辨力达 1 ″～1.5 ″（相当于 20 位），但结构较复杂，成本也比较高。

(1) 用正、余弦变压器构成的轴角编码器

正、余弦变压器的定子和转子都有两个空间成 90°的绕组，如图 5－38 所示。若从转子绕组施加一个交流励磁电压

$$u = u_m \cos \omega t \qquad (5-29)$$

式中，ω 为励磁电压的角频率，若励磁电压的频率为 f，则 $\omega = 2\pi f$；u_m 为励磁电压的幅值。

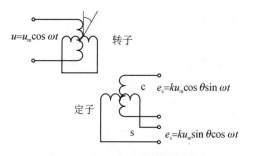

图 5－38　正、余弦变压器示意图

当转子从平衡位置相对于定子旋转一个角度 θ 时，就会在定子的两个绕组 c 和 s 上分别感应一个电压

$$e_c = ku_m \cos \theta \sin \omega t \qquad (5-30)$$

$$e_s = ku_m \sin\theta \sin\omega t \qquad\qquad (5-31)$$

该电压的频率和励磁电压的频率相同,幅度是转子与定子之间角位移 θ 的余弦(或正弦)函数,而且正弦绕组 s 和余弦绕组 c 之间的相位差为 $90°$。反之,若从定子励磁,在 s 和 c 绕组上分别施加励磁电压

$$u_s = u_m \sin\omega t \qquad\qquad (5-32)$$

$$u_c = u_m \cos\omega t \qquad\qquad (5-33)$$

则会带动转子转动,并在转子绕组上将产生感应电势

$$e = e_s + e_c = ku_m \sin(\omega t + \theta_m) \qquad\qquad (5-34)$$

该电势的相位就是转子和定子之间的相对角位移。

由式(5-30)、式(5-31)或式(5-34)可知,如果检测到感应电势的幅度和相位,便可得到所要测量的角位移。

(2) 用同步机构成的轴角编码器

用同步机和一个斯科特(Scott)变压器(一种特种变压器,可将三相供电电源变换为两相,并保持三相电源的平衡)同样可以构成一个轴角编码器,类似于正、余弦变压器构成的轴角编码器,如图 5-38 所示。同步机定子上的单项绕组接励磁电源,转子上的三相副绕组与斯科特变压器的原边相连。这种变压器是一种特殊的变压器,其原边的匝数比是一个给定的值。若转子绕组上施加励磁电压

$$u_s = u_m \sin\omega t \qquad\qquad (5-35)$$

则同步机的定子和转子之间就会从平衡位置产生一个角位移 θ,这时在斯科特变压器的副边将分别输出电压

$$e_c = ku_m \cos\theta \sin\omega t \qquad\qquad (5-36)$$

$$e_s = ku_m \sin\theta \sin\omega t \qquad\qquad (5-37)$$

这样,就同前面所说的正、余弦变压器构成的编码器在原理上完全一样了。

2. 感应同步器

感应同步器是由定子和转子以及信号处理装置组成的。这种信号处理装置称为竖线标。定子和转子的本体为一圆盘形绝缘体(如玻璃等),在该圆盘上粘贴着铜箔,就像印制电路板一样,腐蚀成曲折形状的平面形绕组。装配时,定子上的平面形绕组面对转子上的平面形绕组,两者之间相隔一定的气隙,且能同轴自由地相对转动。如果在定子(或转子)绕组上通过交流励磁电压,则由于电磁耦合作用,将在转子(或定子)绕组上产生感应电势。该电势与前面所述的正、余弦变压器和同步机一样,随转子相对于定子的角位移而呈正弦或余弦函数变化。通过对此信号的检测和处理,便可以精确地测出转子与定子之间的角位移。因此,从原理上讲,感应同步器同正、余弦变压器及同步机所组成的编码器并没有什么区别,只是感应同步器因平面绕组的极对数较多,因此周期比较短而已。

为了从感应同步器的感应电势中检测出角位移的大小,有两种基本的处理方式:一种是根据感应电势的幅值同角位移的函数关系来检测被测角位移,称为鉴幅型处理方式;另一种是根

据感应电势的相位同角位移的函数关系来检测被测角位移,称为鉴相型处理方式。除此两种基本处理方式以外,还有一种称为脉冲调宽型方式。它同鉴幅型相似,也是利用幅值同角位移的函数关系来检测的。从检测方法上来说,一般采用零值法,即利用一个已知的标准电压去抵消这个交变感应电势的幅值或相位。

5.2.5 数字式测速元件

测速元件是速度环路中的关键性元件。为了扩大系统的调速范围,改善系统的低速性能,要求测速元件低速输出稳定,纹波小,线性度好。常用的数字式测速元件有由脉冲发生器及检测装置组成的测速元件、由数字化霍耳器件组成的测速元件等。

脉冲发生器连接在被测轴上,随着被测轴的转动产生一系列的脉冲,然后通过检测装置对脉冲计数,从而获得被测轴的速度。通常用的脉冲发生器有电磁式和光电式两种。

图 5-39 示出了电磁式脉冲发生器的原理图,它由齿轮和永磁铁组成。齿轮是由导磁材料制成的,它和被测轴连接。永磁铁上绕有线圈,当导磁齿轮的凸齿对准磁极时,磁阻最小;当凹齿对准磁极时,磁阻最大。那么,齿轮随被测轴旋转时,线圈上便产生一个与磁阻变化频率相同的脉冲信号,经整形后,得到与转速成比例的输出脉冲。

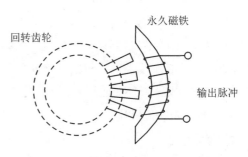

图 5-39 电磁式脉冲发生器的原理图

图 5-40 示出了光电式脉冲发生器的原理图,它的作用原理类似于光电式编码盘。转盘与被测轴连接,光源通过转盘的透光孔射到光敏元件上,转盘旋转时,光电管便发出与转速成正比的电脉冲信号。

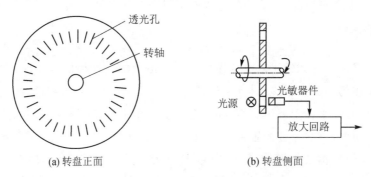

(a) 转盘正面   (b) 转盘侧面

图 5-40 光电式脉冲发生器的原理图

霍耳器件测速元件由永磁元件和霍耳器件构成,它的工作原理在前面已经介绍过,这里不再重复。

第 **6** 章

雷达作用距离

雷达的最基本任务是探测目标并测量其坐标,因此,作用距离是雷达的重要性能指标之一,它决定了雷达能在多远的距离上发现目标。作用距离的大小取决于雷达本身的性能,其中有发射机、接收系统、天线等分机的参数,同时又和目标的性质及环境因素有关。

通常噪声是检测并发现目标信号的一个基本限制因素。由于噪声的随机特性,使得作用距离的计算只能是一个统计平均意义上的量。再加上无法精确知道目标特性以及工作时的环境因素,而使作用距离的计算只能是一种估算和预测。然而,对雷达作用距离的研究工作仍是很有价值的,它能表示出当雷达参数或环境特性变化时相对距离变化的规律。

雷达方程集中地反映了与雷达探测距离有关的因素以及它们之间的相互关系;研究雷达方程可以用它来估算雷达的作用距离,同时可以深入理解雷达工作时各分机参数的影响,在雷达系统设计中正确地选择分机参数具有重要的指导作用。

6.1 雷达方程

下面以雷达的基本工作原理来推导自由空间的雷达方程。设雷达发射机功率为 P_t,雷达天线增益为 G_t,则在自由空间工作时,距雷达天线 R 处的目标处的功率密度 S_1 为

$$S_1 = \frac{P_t G_t}{4\pi R^2} \tag{6-1}$$

目标受到电磁波照射后,因其散射特性而产生散射回波。散射功率的大小显然和目标所在点的功率密度 S_1 以及目标的特性有关。用目标的散射截面积(RCS)σ 来表征其散射特性,若假定目标可将接收到的功率无损耗地辐射出来,则可得到由目标散射的功率 P_2(二次辐射功率):

$$P_2 = \sigma S_1 = \frac{P_t G_t \sigma}{4\pi R^2} \tag{6-2}$$

又假设 P_2 均匀地辐射,则在接收天线处收到的回波功率密度 S_2 为

$$S_2 = \frac{P_2}{4\pi R^2} = \frac{P_t G_t \sigma}{(4\pi R^2)^2} \tag{6-3}$$

如果雷达接收天线的有效接收面积为 A_r,则在雷达接收处接收回波功率 P_r 为

$$P_r = A_r S_2 = \frac{P_t G_t \sigma A_r}{(4\pi R^2)^2} \tag{6-4}$$

而由天线理论知道,天线增益和有效面积有以下关系:

$$G = \frac{4\pi A}{\lambda^2}$$

式中,λ 为所用波长,对接收天线来讲就是

$$G_r = \frac{4\pi A_r}{\lambda^2}$$

则接收回波功率可写成如下形式:

$$P_r = \frac{P_t G_t G_r \lambda^2 \sigma}{(4\pi)^3 R^4} \tag{6-5}$$

$$P_r = \frac{P_t A_t A_r \sigma}{4\pi \lambda^2 R^4} \tag{6-6}$$

由于单基地脉冲雷达通常收发共用天线,即 $G_t = G_r = G$,$A_t = A_r$,此关系式代入式(6-5)、式(6-6)即可得常用结果。

由式(6-4)~式(6-6)可看出,接收的回波功率 P_r 反比于目标的斜距 R 的 4 次方,这是因为一次雷达中,反射功率经过往返双倍的距离路程,能量衰减很大。

接收到的功率 P_r 必须超过最小可检测信号功率 $S_{i\,min}$,雷达才能可靠地发现目标,当 P_r 正好等于 $S_{i\,min}$ 时,就可得到雷达检测该目标的最大作用距离 R_{max}。因为超过这个距离,接收的信号功率 P_r 进一步减小,就不能可靠地检测到该目标,它们的关系式可以表达为

$$P_r = S_{i\,min} = \frac{P_t \sigma A_r^2}{4\pi \lambda^2 R_{max}^4} = \frac{P_t G^2 \lambda^2 \sigma}{(4\pi)^3 R_{max}^4} \tag{6-7}$$

$$R_{max} = \left[\frac{P_t \sigma A_r^2}{4\pi \lambda^2 S_{i\,min}} \right]^{\frac{1}{4}} \tag{6-8}$$

$$R_{max} = \left[\frac{P_t G^2 \lambda^2 \sigma}{(4\pi)^3 S_{i\,min}} \right]^{\frac{1}{4}} \tag{6-9}$$

式(6-8)、(6-9)是雷达距离方程的两种基本形式,它表明了作用距离 R_{max} 和雷达参数以及目标特性间的关系。

在式(6-8)中 R_{max} 与 $\lambda^{1/2}$ 成反比,而在式(6-9)中,R_{max} 却和 $\lambda^{1/2}$ 成正比。这是由于当天线面积不变、波长增加时,天线增益下降,导致作用距离减小;而当天线增益不变、波长增大时,要求的天线面积亦相应加大,有效面积增加,其结果是作用距离加大。

雷达的工作波长是整机的主要参数,它的选择将影响到诸如发射功率、接收灵敏度、天线尺寸、测量精度等众多因素。

雷达方程虽然给出了作用距离和各参数间的定量关系,但因未考虑设备的实际损耗和环境因素,而且方程中还有两个不可能准确预定的量:目标有效反射面积 σ 和最小可检测信号 $S_{i\,min}$,因此它常用来作为一个估算的公式,考察雷达各参数对作用距离影响的程度。

雷达总是在噪声和其他干扰背景下检测目标,再加上复杂目标的回波信号本身也是起伏的,故接收机输出的是随机量。雷达作用距离也不是一个确定值而是统计值。

6.2　最小可检测信号

雷达的作用距离 R_{max} 是最小可检测信号 S_{min} 的函数，如式（6-8）、式（6-9）所示。在雷达接收机的输出端，微弱的回波信号总是和噪声及其他干扰混杂在一起的，这里先集中讨论噪声的影响。在一般情况下，噪声是限制微弱信号检测的基本因素。假如只有信号而没有噪声，任何微弱的信号在理论上都是可以经过任意放大后被检测到的，因此雷达检测能力实质上取决于信号噪声比。为了计算最小检测信号 S_{min}，首先必须决定雷达可靠检测时所必需的信号噪声比值。

1. 最小可检测信噪比

根据雷达检测目标质量的要求，可确定所需要的最小输出信噪比，这时就得到最小可检测信号，即接收机灵敏度为

$$S_{i\,min} = kT_0 B_n F_n \left(\frac{S}{N}\right)_{0\,min} \tag{6-10}$$

式中，k 为玻尔兹曼常数，$k=1.38\times10^{-23}$ J/K；T_0 为绝对室温，$T_0=290$ K；B_n 为中放带宽；F_n 为接收机噪声系数。从一个简单的矩形脉冲波形来看，若其宽度为 τ，信号功率为 S，则接收信号能量 $E_r = S\tau$；噪声功率 N 和噪声功率谱密度 N_0 之间的关系为 $N=N_0 B_n$，一般情况下可认为 $B_n\approx1/\tau$，这样可得到信号噪声功率比的表达式如下：

$$\frac{S}{N} = \frac{S}{N_0 B_n} = \frac{S\tau}{N_0} = \frac{E_r}{N_0} \tag{6-11}$$

因此检测信号所需要的最小输出信噪比为

$$\left(\frac{S}{N}\right)_{0\,min} = \left(\frac{E_r}{N_0}\right)_{0\,min}$$

在早期雷达中，通常都用各类显示器来观察和检测目标信号，所以称所需的最小输出信噪比 $(S/N)_{0\,min}$ 为识别系数或可见度因子 M。多数现代雷达则采用建立在统计检测理论基础上的统计判决方法来实现信号检测，在这种情况下，检测目标信号所需的最小输出信噪比即检测因子 D_0（Detectability Factor）较合适，即

$$D_0 = \left(\frac{S}{N}\right)_{0\,min} = \left(\frac{E_r}{N_0}\right)_{0\,min} \tag{6-12}$$

D_0 是在接收机匹配滤波器输出端（检波器输入端）测量的信号噪声功率比值，检测因子 D_0 就是满足所需检测性能（以检测概率和虚警概率表征）时，在检波器输入端单个脉冲所需要达到的最小信号噪声功率比值。

用信号能量代替信号功率 $E_t = P_t\tau$，检测因子 D_0 代替最小输出信噪比 $(S/N)_{0\,min}$，代入式（6-8）和式（6-9）得到雷达方程：

$$R_{max} = \left[\frac{E_t G_t A_r \sigma}{(4\pi)^2 kT_0 F_n D_0 C_B L}\right]^{\frac{1}{4}} = \left[\frac{P_t\tau G_t G_r \sigma\lambda^2}{(4\pi)^3 kT_0 F_n D_0 C_B L}\right]^{\frac{1}{4}} \tag{6-13}$$

式中增加了带宽校正因子 $C_B\geq1$，它表示接收机带宽失配所带来的信噪比损失，匹配时 $C_B=1$。

L 表示雷达各部分损耗引入的损失系数。

用检测因子 D_0 和能量 E_t 表示的雷达方程,式(6-13)在使用时有以下优点:

① 当雷达在检测目标之前有多个脉冲可以积累时,由于积累可改善信噪比,故此时检波器输入端的 $D_0(n)$ 值将下降。因此可表明雷达作用距离和脉冲积累数之间的简明关系,可计算和绘制出标准曲线供查用。

② 用能量表示的雷达方程适用于雷达使用各种复杂脉压信号的情况。只要知道脉冲功率及发射脉宽,就可以估算作用距离而不必考虑具体的波形参数。

2. 门限检测

接收机噪声通常是宽频带的高斯噪声,雷达检测微弱信号的能力将受到与信号能量谱占有相同频带的噪声能量所限制。由于噪声的起伏特性,判断信号是否出现也成为一个统计问题,必须按照某种统计检测标准进行判断。

奈曼-皮尔逊准则在雷达信号检测中应用较广,这个准则要求在给定信噪比条件下,满足一定虚警概率 P_{fa} 时的发现概率 P_d 最大。接收检测系统首先在中频部分对单个脉冲信号进行匹配滤波,接着进行检波,通常是在 n 个脉冲积累后再检测,故先对检波后的 n 个脉冲进行加权积累,然后将积累输出与某一门限电压进行比较,若输出包络超过门限,则认为目标存在,否则认为没有目标,这就是门限检测。

图 6-1 画出了信号加噪声的包络特性,它与 A 型显示器扫描的图形相似。由于噪声的随机特性,接收机输出的包络出现起伏。A、B、C 表示信号加噪声的波形,检测时设置一个门限电平,如果包络电压超过门限值,就认为检测到一个目标。在 A 点信号比较强,要检测目标是不困难的,但在 B 点和 C 点,虽然目标回波的幅度是相同的,但叠加了噪声之后,在 B 点的总幅度刚刚达到门限值,也可以检测到目标,而在 C 点时,由于噪声的影响,其合成振幅较小而不能超过门限,这时就会丢失目标。当然也可以用降低门限电平的办法来检测 C 点的信号或其他的弱回波信号,但降低门限后,只有噪声存在时,其尖峰超过门限电平的概率也增大了。噪声超过门限电平而误认为信号的事件称为虚警(虚假的警报)P_{fa}。

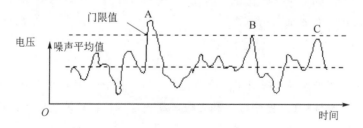

图 6-1　接收机输出包络

检测时门限电压的高低影响以下两种错误判断的概率大小:

① 当门限电压过高时,有信号而误判为没有信号(漏警)P_{la};

② 当门限电压过低时,只有噪声时误判为有信号(虚警)P_{fa}。

应根据事先确定的检测概率的大小来选择合适的门限。

门限检测是一种统计检测,由于信号叠加有噪声,所以总输出是一个随机量。在输出端根据输出振幅是否超过门限来判断有无目标存在,可能出现以下四种情况:

① 存在目标时,判为有目标,这是一种正确判断,称为发现,它的概率称为发现概率 P_d;

② 存在目标时,判为无目标,这是错误判断,称为漏报,它的概率称为漏报概率 P_{la};

③ 不存在目标时,判为无目标,称为正确不发现,它的概率称为正确不发现概率 P_{an};

④ 不存在目标时,判为有目标,称为虚警,这也是一种错误判断,它的概率称为虚警概率 P_{fa}。

显然四种概率存在以下关系:

$$p_d + p_{la} = 1, \quad p_{an} + p_{fa} = 1$$

每对概率只要知道其中一个就可以知道另一个了。我们时常关注的是发现概率和虚警概率。

门限检测的过程可以用电子线路自动完成(通过一定的逻辑判断),也可以由观察员观察显示器来完成(取决于观察员的检测能力)。当用观察员观察时,观察员自觉不自觉地在调整门限,人在雷达检测过程中的作用与观察人员的责任心、熟悉程度以及当时的情况有关。例如,如果害怕漏报目标,就会有意地降低门限,这就意味着虚警概率的提高。在另一种情况下,如果观察人员担心虚报,自然就倾向于提高门限,这样只能把比噪声大得多的信号指示为目标,从而丢失一些弱信号。操纵人员在雷达检测过程中的能力可以用试验的方法来决定,但这种试验只是概略的。

电子门限则不同,它避免了操纵人员人为的影响,可以根据不同类型的噪声和杂波特性,自动地调整门限电平以做到恒虚警。目标是否存在是通过一定的逻辑判断来完成的。

3. 检测性能与信噪比

雷达信号的检测性能由其发现概率 P_d 和虚警概率 P_{fa} 来描述,P_d 越大,说明发现目标的可能性越大,与此同时希望 P_{fa} 的值不能超过允许值。接收机中频放大器输出端的信噪比 $(S/N)_0 = D_0$ 与检测性能直接有关,如果求出了在确定 P_d 和 P_{fa} 条件下所需的 $(S/N)_0 = D_0$ 值,可求得最小可检测信号 $S_{i\min}$,再代入雷达方程后就可估算其作用距离。

虚警是指没有信号而仅有噪声时,噪声电平超过门限值被误认为信号的事件。噪声超过门限的概率称为虚警概率。显然,它和噪声统计特性、噪声功率以及门限电压的大小密切相关。实际雷达所要求的虚警概率应该是很小的,因为虚警概率是噪声脉冲在脉冲宽度间隔时间(差不多为带宽的倒数)内超过门限的概率。例如,当接收机带宽为 1 MHz 时,每秒钟差不多有 10^6 数量级的噪声脉冲,如果要保证虚警时间大于 1 s,则任一脉冲间隔的虚警概率必须低于 10^{-6}。

当虚警概率一定时,信噪比越大,发现概率越大,也就是说门限电平一定时,发现概率随信噪比的增大而增大。换句话说,如果信噪比一定,则虚警概率越小(门限电平越高),发现概率越小;虚警概率越大,发现概率越大。

6.3　目标有效反射面积

由式(6-2)可知,雷达截面积为 σ 的"点"目标散射的总功率为 $P_2=S_1\sigma$,P_2 为目标散射的总功率,S_1 为照射的功率密度,σ 又可以写成 $\sigma=P_2/S_1$。

由于二次辐射,因此在雷达接收点处单位立体角内的散射功率 P_Δ 为

$$P_\Delta=\frac{P_2}{4\pi}=S_1\frac{\sigma}{4\pi} \tag{6-14}$$

据此,又可定义雷达截面积 σ 为

$$\sigma=4\pi\cdot\frac{返回接收机每单位立体角内的回波功率}{入射功率密度} \tag{6-15}$$

σ 的物理意义:在远场条件(平面波照射的条件)下,目标处每单位入射功率密度在接收机处每单位立体角内产生的反射功率乘以 4π。

目标的 RCS 依赖于目标的尺寸、形状、组成以及它相对于入射波的到达方向和极化的取向。RCS 本身可用合理设计的测试设备测量,或者用任何一种分析技术估算。

简单散射特征的 RCS 例子包括边沿和平板、单曲结构和双曲结构。实际目标的外形复杂,它的后向散射特性是各部分散射的矢量合成,因而不同的照射方向有不同的雷达截面积 σ 值。飞机、舰艇、地物等复杂目标的雷达截面积是视角和工作波长的复杂函数。尺寸大的复杂反射体常常可以近似分解成许多独立的散射体,每一个独立散射体的尺寸仍处于光学区,各部分没有相互作用,在这样的条件下,雷达总的截面积就是各部分截面积的矢量和。

通常雷达工作时,精确的目标姿态及视角是不知道的,因为目标运动时,视角随时间变化。因此,最好是用统计的概念来描述雷达截面积。所用统计模型应尽量和实际目标雷达截面积的分布规律相同,例如:

① 大型飞机截面积的概率分布接近瑞利分布,当然也有例外,小型飞机和各种飞机侧面截面积的分布与瑞利分布差别较大;

② 导弹和卫星的表面结构比飞机简单,它们的截面积处于简单几何形状与复杂目标之间,这类目标截面积的分布比较接近对数正态分布;

③ 船舶是复杂目标,它与空中目标不同之处在于海浪对电磁波反射产生多径效应,雷达所能收到的功率与天线高度有关,因此目标截面积也和天线高度有一定的关系。在多数场合,船舶截面积的概率分布比较接近对数正态分布。

6.4　系统损耗

实际工作的雷达系统总是有各种损耗的,这些损耗将降低雷达的实际作用距离,因此在雷达方程中应该引入损耗这一修正量。

损耗包括许多比较容易确定的值,诸如波导传输损耗、接收机失配损耗、天线波束形状损耗、积累不完善引起的损耗以及目标起伏引起的损耗等。

损耗中还包括一些不易估计的值,例如操纵员损耗、设备工作不完善损耗等,这些因素要

根据经验和试验测定来估计。

1. 射频传输损耗

当传输线采用波导时,波导损耗指的是连接在发射机输出端到天线之间波导引起的损失,它包括单位长度波导的损耗、每一波导拐弯处的损耗、旋转关节的损耗、天线收发开关上的损耗以及连接不良造成的损耗等。例如:当工作频率为 3 000 MHz 时,有如下典型的数据:① 天线开关的损耗为 1.5 dB;② 旋转关节的损耗为 0.4 dB;③ 每 30.5 m 长的波导的损耗(双程)为 1.0 dB;④ 波导拐弯损耗为 0.1 dB;⑤ 连接不良的损耗为 0.5 dB。总的波导损耗为 3.5 dB。

2. 天线波束形状的损失

在雷达方程中,天线增益采用最大增益,即认为最大辐射方向对准目标。但在实际工作中,天线是扫描的,当天线波束扫过目标时,收到的回波信号振幅按天线波束形状调制。

通常采用的办法是利用等幅脉冲串得到检测性能计算结果,再加上波束形状损失因子来修正振幅调制的影响。这个办法虽然不够精确,但却简单实用。

3. 叠加损失

脉冲积累是 m 个信号脉冲的积累,确切地说,应是"信号加噪声"脉冲的积累。实际工作中,常会碰到这样的情况:参加积累的脉冲除了"信号加噪声"之外,还有单纯的"噪声"脉冲。这种额外噪声参加积累的结果会使积累后的信噪比变坏,这个损失称为叠加损失 L_c。以下几种场合可能产生叠加损失:

① 在失掉距离信息的显示器(如方位-仰角显示器)上,如果不采用距离门选通,则在同一方位仰角上所有距离单元的噪声脉冲必然要参加有信号单元上的"信号加噪声"脉冲一起积累;

② 某些三坐标雷达采用单个平面位置显示器显示同方位所有仰角上的目标,往往只有一路有信号,其余各路是单纯的噪声;

③ 如果接收机视频带宽较窄,则通过视频放大器后的脉冲将展宽,结果在有信号距离单元上的"信号加噪声"就要和邻近距离单元上展宽后的噪声脉冲相叠加。

4. 设备不完善的损失

发射机中所用发射管的参数不尽相同,发射管在波段范围内也有不同的输出功率,管子使用时间的长短也会影响其输出功率,这些因素随着应用情况变化,一般缺乏足够的根据来估计其损失因素,通常用 2 dB 来近似其损失。

接收系统中,工作频带范围内噪声系数值也会发生变化。如果将某频率代入雷达方程得到最佳值,则在其他频率工作时应引入适当的损失。此外接收机的频率响应若和发射信号不匹配,也会引起失配损失。

5．其他损失

① 对于 MTI 雷达，盲速附近的目标将引入附加检测损失；

② 信号处理中采用恒虚警(CFAR)产生的损失；

③ 当波门选择过宽或目标不处于波门中心时，都会引入附加的信噪比损失；

④ 如果由操纵员进行观测，则操作人员技术的熟练程度和不同的精神状态都会产生较大影响。

虽然以上所列各种损失每一项影响可能都不大，但综合起来也会使雷达的性能明显衰退。重要的问题是找出引起损失的各种因素，并在雷达设计和使用过程中尽量使损失减至最小。

6.5 传播过程中各种因素的影响

雷达很少工作在近似自由空间的条件，绝大多数实际工作的雷达都受到地面(海面)及其传播介质的影响。地面(海面)和传播介质对雷达性能的影响有以下三个方面。

1．电波在大气层传播时的衰减

大气中的氧气和水蒸气是产生雷达电波衰减的主要原因。当工作波长短于 10 cm(工作频率高于 3 GHz)时必须考虑大气衰减。大气衰减的曲线如图 6 - 2 所示。

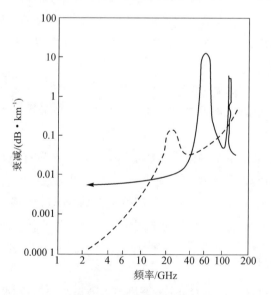

图 6 - 2　大气衰减曲线

图 6 - 2 中，实线表示大气中含氧量为 20%时，在 1 个大气压下，氧气对电磁波的衰减情况；虚线表示大气中含 1%的水蒸气微粒时，水蒸气对电磁波的吸收情况。水蒸气的衰减谐振峰发生在 22.24 GHz($\lambda = 1.35$ cm)和大约 184 GHz($\lambda = 0.163$ cm)，而氧的衰减谐振峰发生在 60 GHz($\lambda = 0.5$ cm)和 118 GHz($\lambda = 0.254$ cm)。当工作频率低于 1 GHz(L 波段)时，大气

衰减可忽略。而当工作频率高于 10 GHz 后,频率越高,大气衰减越严重。在毫米波段工作时,大气传播衰减十分严重,因此很少有远距离的地面雷达工作在频率高于 35 GHz(Ka 波段)的。

随着高度的增加,大气衰减减小,因此,实际雷达工作时的传播衰减与雷达作用的距离以及目标高度有关,又与工作频率有关。工作频率升高,衰减增大;而探测时仰角增大,衰减减小。

除了正常大气外,在恶劣气候条件下大气中的雨雾对电磁波也会有衰减作用,其表征规律为:雨量越大,衰减越大;雾的浓度越大,衰减越大;对于厘米波雷达,波长越短,衰减越大。

2. 由大气层引起的电波折射

大气折射对雷达的影响有两个方面:一是改变雷达的测量距离,产生测距误差;另一方面将引起仰角测量误差。但同时,增大了雷达的直视距离,如图 6-3 所示。

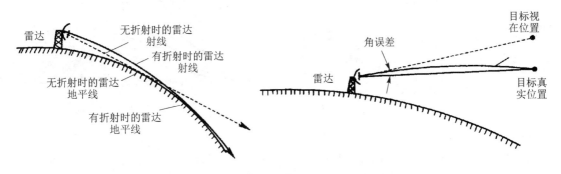

图 6-3　大气折射影响雷达距离示意图

电波在大气中传播时的折射情况与气候、季节、地区等因素有关。在特殊情况下,如果折射线的曲率和地球曲率相同,就称为超折射现象,这时等效地球半径为无限,雷达的观测距离不受视距限制,对低空目标的覆盖距离将有明显增加。

3. 地面(海面)反射波和直射波的干涉效应

地面或水面的反射是雷达电波在非自由空间传播时的一个最主要的影响。在许多情况下地面或水面可近似认为是镜反射的平面,架设在地面或水面的雷达,当它们的波束较宽时,除直射波以外,还有地面(或水面)的反射波存在,这样在目标处的电场就是直射波与反射波的干涉结果。

由于直射波和反射波是由天线不同方向所产生的辐射,以及它们的路程不同,如图 6-4所示,因此两者之间存在振幅差和相位差。

由于地面反射影响,雷达作用距离随目标的仰角呈周期性变化,其结果使天线方向图产生花瓣状,如图 6-5 所示,由于地面反射影响而导致的花瓣状天线方向图中,在某些仰角方向,雷达作用距离增加一倍,而在另一些仰角方向,作用距离为零,即出现盲区。

出现盲区使我们不能连续观察目标。减少盲区影响的方法有以下三种:

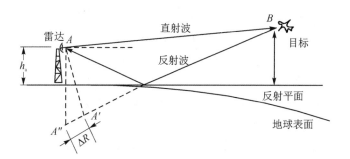

图 6 - 4　镜面反射影响示意图

① 采用垂直极化,使天线在垂直平面内的波瓣的盲区宽度变窄一些。

② 采用短的工作波长,λ 减小时波瓣数增多,当波长减小到厘米波时,地面反射接近于漫反射而不是镜反射,可忽略其反射波干涉的影响。

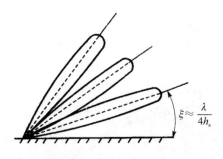

③ 采用架高不同的分层天线使盲区互相弥补,这种方法的缺点是使天线复杂了。

通过图 6 - 5 可以看出:在低仰角地区,作用距离显著下降,观察目标困难。所以架设在地面上观测低空或海面的雷达很少采用垂直极化波,

图 6 - 5　天线花瓣状方向图

而架设在飞机上观测低空和海面的搜索雷达有时采用垂直极化波。

6.6　雷达直视距离

雷达直视距离的问题是由于地球的曲率半径引起的。对海探测的雷达以及舰载雷达由于地球的曲率半径的原因,其实际探测距离往往比雷达方程估算的距离小得多,如图 6 - 6 所示。

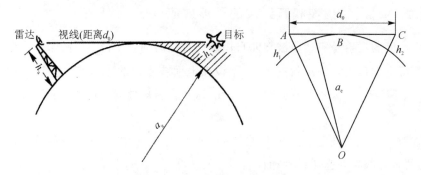

图 6 - 6　雷达直视距离示意图

如果希望提高直视距离,则只有加大雷达天线的高度,但加大雷达天线的高度往往受到限制,特别当雷达装在舰艇上时。当然,目标的高度越高,直视距离也越大,但目标高度往往不受我们控制,敌方目标如果利用雷达的弱点,由超低空进入,处于视线以下的目标,地面雷达是不

能发现的。

处理折射对直视距离影响的常用方法是用等效地球曲率半径 $a_e = ka$ 来代替实际地球曲率半径 $a = 6\ 370\ km$。在温度为 $15\ ℃$ 的海面(温度随高度变化梯度为 $0.006\ 5°/m$,大气折射率梯度为 $0.039 \times 10^{-6}/m$),k 为 $4/3$,$a_e = ka = 8\ 490\ km$。

由图 6 - 6 可以计算出雷达的直视距离 d_0 为

$$d_0 = \sqrt{(a_e + h_1)^2 - a_e^2} + \sqrt{(a_e + h_2)^2 - a_e^2} \approx \sqrt{2a_e}(\sqrt{h_1} + \sqrt{h_2}) \qquad (6-15)$$

将 $a_e = 8\ 490\ km$ 代入式(6 - 15)中,得

$$d_0 = 130(\sqrt{h_1(km)} + \sqrt{h_2(km)}) = 4.1(\sqrt{h_1(m)} + \sqrt{h_2(m)}) \quad (km) \qquad (6-16)$$

雷达直视距离是由于地球表面弯曲所引起的,它由雷达天线架设高度 h_1 和目标高度 h_2 决定,而和雷达本身的性能无关。它和雷达最大作用距离 R_{max} 是两个不同的概念,如果计算结果为 $R_{max} > d_0$,则说明是由于天线高度 h_1 或目标高度 h_2 限制了检测目标的距离;相反,如果 $R_{max} < d_0$,则说明虽然目标处于视线以内是可以"看到"的,但由于雷达性能达不到 d_0 这个距离而发现不了距离大于 R_{max} 的目标。

第 **7** 章
距离和方位的测量

7.1　雷达测距的方法及其影响因素

7.1.1　最大探测距离及其影响因素

我们把地球可近似看成一个圆球体,在考虑地球曲率、天线高度、物标高度及雷达电波传播空间大气折射影响时的雷达可能观测的最大距离,称为船用雷达的最大探测距离,又称极限探测距离,以符号 R_{max} 表示。

由于雷达波比光受大气折射影响大而沿地表弯曲大,所以雷达波能观测的地平距离比几何地平和视地平距离远,如图 7-1 所示,在标准大气折射条件下的雷达地平距离 D_R 可用下式表示:

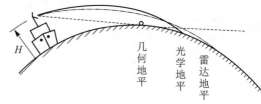

图 7-1　雷达地平

$$D_R = 2.23\sqrt{H}\,(\text{n mile}^{①}) \tag{7-1}$$

式中, H ——雷达天线的高度(m)。

标准大气折射条件是指:

① 在海平面上大气压力为 1 013 hPa,高度每升高 305 m,即降低 36 hPa。

② 在海平面上的温度为 15 ℃,高度每升高 305 m,即降低 2 ℃。

③ 相对湿度为 60%(不随高度变化)。

在标准大气情况下,大气折射指数在海平面上的值为 1.000 325,并随高度做均匀变化,高度每升高 305 m,则减小 0.000 013。

如果考虑到物标高度,则在标准大气条件下,船用雷达的最大探测距离 R_{max}(见图 7-2)应为

$$R_{max} = 2.23(\sqrt{H_1} + \sqrt{H_2})\,(\text{n mile}) \tag{7-2}$$

式中: H_1 ——雷达天线(高出水面)的高度(m);

　　 H_2 ——物标(高出水面)的高度(m)。

---

① 1 n mile ≈ 1 852 m。

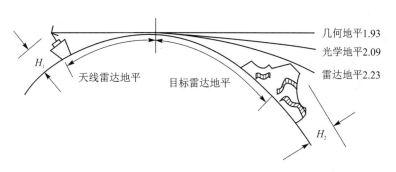

图 7 - 2　雷达的最大探测距离

式(7-2)计算出来的距离是理论值,实际上能否在雷达上看到物标,还和雷达技术参数、物标反射能力及传播条件等多种因素有关。

此外,在实际使用中,遇到的环境条件不可能都符合标准大气条件,从而使得雷达波在传播过程中发生异常折射情况。异常折射的情况主要有以下 3 种。

1. 次折射(又称欠折射或负折射)

当气温随高度升高而降低的速率比正常大气情况下变快,或相对湿度随高度升高而增大时(大气折射指数随高度升高而减小的速度变慢,甚至折射指数反而随高度升高而增大),次折射现象会发生,如图 7-3 所示。此时,大气的异常折射会使雷达波束向上弯曲。这样随着距离的增加,波束离地面越高,使得本来在正常折射时应探测到的物标此时探测不到了。这种情况可使小船等物标的探测距离减小 30%～40%,有时也会丢失近距离的低物标(如小船、冰块等)。

次折射一般发生在极区及非常寒冷的大陆附近,当大陆上空的冷空气移向温暖的海面上空时,即出现"上冷下热"和"上湿下干"的情况。发生这种现象的另一个条件是当时的天气必须是平静的。

2. 超折射(又称过折射)

与上述发生次折射的情况相反,即当气温随高度升高而降低的速度比正常情况下变慢,或相对湿度随高度升高而减小时,此时大气折射指数随高度升高而减小的速度变得更快,则会发生超折射现象。此时,雷达波束向下弯曲而会传播到更远的地方,如图 7-3 所示。这样,雷达的探测距离较之正常折射时要远。

图 7 - 3　雷达折射

超折射经常发生在热带及非常炎热的大陆附近,如红海、亚丁湾等海域。在平静的天气里,炎热的大陆上空温暖而干燥的空气团压向冷而潮湿的海面,即出现"上热下冷"和"上干下湿"的情况,经常会发生这种超折射现象。

3. 大气波导现象

当超折射现象特别严重时,大气波导状传播会形成,即雷达波被大气折射向海面,再由海面反射至大气,再由大气折射向海面,如此往复,犹如在波导中传播一样,故又被称为表面波导现象,如图7-4所示。在这种情况下,雷达的探测距离将大大增加,甚至超过100 n mile,从而在雷达屏上产生二次扫描假回波。

当在平静的天气里,海面以上一定高度(如300 m)上空出现一层温暖的反射层时(存在逆温层),那么另一种大气波导——高悬波导将会发生,如图7-5所示。这种现象同样会大大增大雷达探测距离。但高悬波导并非会在所有方向发生,且与雷达工作波长有关,有时S波段雷达上可探测到极远距离目标,而在X波段雷达上却探测不到,反之亦然。这种异常传播现象经常发生在红海、亚丁湾等海域。

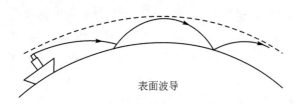

图7-4 大气波导状传播(表面波导)

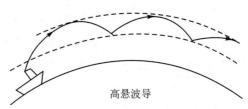

图7-5 大气波导状传播(高悬波导)

7.1.2 最大作用距离及其影响因素

式(7-2)计算出的雷达最大探测距离是一个界限值,一般界外物标雷达是探测不到的。但是,界内物标雷达是否能观测得到,还得根据具体雷达的技术参数、物标的反射性能、电波传播条件及外界干扰等多种因素而定。

对于某一特定的物标,在一定的电波传播条件下,雷达能满足一定发现概率时所能观测的物标最大距离即为该雷达的最大作用距离,用符号r_{max}表示,它表示雷达探测远距离目标的能力。因为它既与雷达的许多技术参数(技术指标)有关,又与目标的反射性能、电波传播条件及外界干扰等因素有关,所以它并不是一个固定数值。下面具体介绍影响r_{max}大小的诸因素。

1. 雷达技术参数(技术指标)及物标反射性能对r_{max}的影响

如果不考虑雷达波在大气中的折射和吸收,也不考虑海面或地面反射及各种干扰,即假定雷达波是在所谓的"自由空间"中传播,则雷达的最大作用距离r_{max}可用下面的雷达方程式确定：

$$r_{\max} = \left(\frac{P_\text{t} G_\text{A} \lambda^2 \sigma_0}{64\pi^3 P_{\text{r}\min}} \right)^{1/4} \tag{7-3}$$

式中：P_t——天线发射的脉冲功率；

　　　G_A——天线增益；

　　　λ——工作波长；

　　　$P_{\text{r}\min}$——接收机门限功率；

　　　σ_0——物标有效散射面积（又称目标的雷达截面积）。

(1) 雷达技术参数的影响

① 由雷达方程式(7-3)可知，$r_{\max}$ 与 P_t 的四次方根成正比。因此，增加发射功率，最大作用距离增加并不显著，况且增加发射功率付出代价大，不可取。

② $r_{\max}$ 与 $P_{\text{r}\min}$ 的四次方成反比，减小 $P_{\text{r}\min}$（提高接收机灵敏度）可增加 $r_{\max}$，但影响也不显著。尽管如此，由于减小 $P_{\text{r}\min}$ 是在低压小功率的器件电路中进行，付出代价较小，故人们还是不断在这方面作努力。

③ 从雷达方程中还可看出，$r_{\max}$ 与 G_A 的 4 次方根和 λ 的平方根成正比。显然，天线增益和工作波长对最大作用距离影响较大。但从前面的介绍已知，天线增益与工作波长和天线口径长度尺寸互有影响。在谈及某一种因素对最大作用距离的影响时，应假定其他各种因素为常量。例如，增大波长会使天线增益降低（假如天线口径尺寸不变）；而要想提高天线增益 G_A 来增加 $r_{\max}$，又要保持工作波长 λ 不变，那么就必须增大天线口径尺寸。

除了上述雷达技术参数外，显然雷达作用距离还与天线高度有关，天线过低会使雷达作用距离受到雷达极限探测距离的限制（参见式(7-2)）。

(2) 物标反射性能的影响

因为雷达是依靠接收物标反射回波来探测目标的，所以物标反射雷达波性能的强弱显然会影响雷达的最大作用距离。通常物标反射雷达波性能的强弱可用目标有效散射面积来表示。目标有效散射面积 σ_0 的定义是：将物标看成各向同性的等效散射体，它以相对于雷达波方向的截面积 σ_0 吸收发射波能量并无损耗地向四周均匀散射，使得在天线处的反射功率通量密度与由该物标实际反射时等同，则 σ_0 称为该物标有效散射面积。它表示物标对雷达波的散射能力。实际物标的反射性能（有效散射面积）与物标的几何尺寸大小、形状、表面结构、入射波方向、材料及雷达波工作波长等因素有关。下面分别介绍这些因素对物标反射性能的影响。

1) 物标几何尺寸对反射性能的影响

一般情况下，物标的几何尺寸越大，被雷达波束照射到的面积越大，则回波越强。但对具体物标来讲，其宽度、高度和深度各自对反射性能的影响并非简单的尺寸越大回波越强的关系，还要视具体情况而论。

就宽度而言，若物标宽度比雷达水平波束窄，则回波强度与其宽度成正比；反之，则回波强度与目标总宽度无关。

就物标高度而言，一般物标高度与回波强度成正比。但对高山物标来讲，还要视其坡度、坡面结构及覆盖状况等诸因素而定,并非简单认为山越高回波越强。

就物标深度而言,由于遮蔽效应的影响,雷达只能探测到物标前缘,对被前缘遮挡的外缘,雷达则无法显示,即物标的深度往往雷达不能加以显示。如图 7-6 所示,该船右侧两个深度不同的物标,由于目标面对该船雷达一侧的宽度和高度差不多,以致雷达屏上的回波形状看起来差不多。这就是遮蔽效应造成物标深度无法全部显示出来的缘故,故物标深度对回波的强度影响也并非是越深越强。

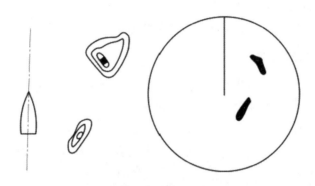

图 7-6 不同的小岛得到相似的回波影像

2) 物标形状、表面结构及入射波方向对反射性能的影响

物标对雷达波的反射强弱与物标表面形状、表面结构及雷达波的入射角有关,并服从光学反射定律。下面分几种形状的物标来说明。

① 平板形物体。反射表面呈平板状的物标,其回波强度与其表面状况(如光滑程度)和雷达波入射角的大小有关。

对光滑表面的物标(如大型建筑物的墙壁、礁石、冰山、沙滩及泥滩的斜面、没有植物覆盖的山坡等可视为光滑平面物标)而言,雷达波的入射角为 90°时将全部返回雷达(见图 7-7 中 a物标),回波强度很强。若入射余角不是 90°,则反射波将偏离雷达而去(见图 7-7 中 b 物标),雷达将收不到该目标的回波。

对表面粗糙的物标(如断裂成很多面的断崖峭壁及冰山的垂直面,覆盖有树林、灌木或鹅卵石的斜丘等可视为粗糙的平面)而言,则不管雷达波入射角如何,仍会有小部分散射波返回雷达(见图 7-7 中 c 物标)。

对由三个相互垂直的平面构成的"角反射器",只要雷达波在某一定角度范围内入射进角内,反射波就以完全相反的方向反射出来,故其反射性能特别强(见图 7-7 中 d 物标)。

② 球形物体。球体反射性能很差,表面光滑者尤其如此。如图 7-8 所示,只有球面上正对着雷达的一点才能将回波反射回雷达,所以回波较弱。只有当球面粗糙时,其散射效果才会使反射波稍强些。这类物标有球形浮标及球形油罐等。

③ 圆柱形物体。像烟囱、煤气罐、系船浮筒这类圆柱形物标,其水平方向的影响与球体相似,垂直方向的影响则和平板一样,如图 7-9 所示。当然,具体的回波强度要视其尺寸大小和入射角而定。

④ 锥体。像灯塔、教堂尖顶及锥形浮标这类锥形物标的反射性能很差,只有当雷达波束与

其母线垂直时，其反射性能才和圆柱形物标相同，如图7-10所示。

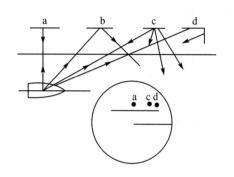

图7-7　平板形物体对雷达波的反射

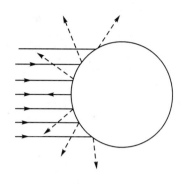

图7-8　球形物体的反射特性

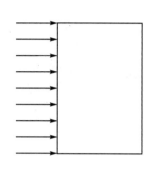

图7-9　圆柱形物体的反射特性

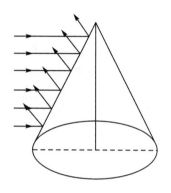

图7-10　锥形物体的反射特性

3）物标材料对反射性能的影响

物标的材料不同，其回波强度也不同。物标反射强弱可用反射系数表示。反射系数是指反射能量与入射能量的比值，反射系数取决于物标材料的基本电特性，导电性能好的材料其雷达波的反射系数也高。金属比非金属（如石头、木头和冰）的反射强。若钢的反射系数为1，则海水的反射系数为0.8，冰的反射系数为0.32。石头和泥土的反射性能也较差，其反射系数大小取决于它的成分及上面植物生长的情况。金属矿物将会增加回波强度。木质和玻璃钢是很差的反射材料，应特别注意用这些材料制造的小型渔船和游艇。但是，物标材料引起的回波强弱差异比起入射角、物标几何尺寸及其形状的影响来说要小得多。

4）雷达工作波长对反射性能的影响

由物理学波动理论可知，目标的有效散射面积与雷达波长有关。对于尺寸比雷达波长小很多的目标（如雨、雪）来说，其有效散射面积与波长的4次方（λ^4）成反比，故3 cm雷达的雨雪干扰要比10 cm雷达强得多。对尺寸比雷达波长大很多的目标来说，其有效散射面积基本不随波长而变。一般海上目标的尺寸均大于雷达波长很多，因此其有效散射面积与波长的关系变化不大。

综上所述，目标的有效散射面积受诸多因素影响，对各种目标的有效散射面积的理论计算公式也较复杂，理论计算的结果和实际情况也不尽相符，故在此不作介绍了，仅在表7-1中列出几种海上常见的船舶的有效散射面积供参考。

表 7 - 1　各种船舶的有效散射面积

目　标	有效散射面积/m^2	目　标	有效散射面积/m^2
小型货船	1.4×10^2	潜艇(在水面)	$37 \sim 140$
中型货船	7.4×10^3	小型运输舰	150
大型货船	1.5×10^4	中型运输舰	7 500
拖网渔船	750	大型运输舰	15 000
快艇	100	巡洋舰	14 000

2. 海面镜面反射对 r_{max} 的影响

当海面平静时,到达海上物标的雷达波由直射波和经海面镜面反射的反射波组成,如图 7 - 11 所示。由于直射波与反射波传播路径不同,因此在物标处的雷达波的电场强度取决于两者的相位和强度(等于两者的矢量和)。

假设海面反射系数为 1,反射相移角为 180°,则存在海面镜面反射时的雷达最大作用距离 r'_{max} 可表示为

$$r'_{max} = 2r_{max} \sin\left(\frac{2\pi H_1 H_2}{r_{max}\lambda}\right) \tag{7-4}$$

式中:r_{max}——无海面反射时的最大作用距离;

H_1——天线高度;

H_2——物标高度;

λ——工作波长。

设 $n = \dfrac{2\pi H_1 H_2}{r_{max}\lambda}$,则式(7 - 4)可简写为

$$r'_{max} = 2r_{max} \sin\left(\frac{\pi}{2}n\right) \tag{7-5}$$

其中,$\sin\left(\dfrac{\pi}{2}n\right)$ 的值在 0～1 的范围内变化,故有

$$0 \leqslant r'_{max} \leqslant 2r_{max} \tag{7-6}$$

说明有海面镜面反射时的作用距离有时为 0,有时等于无海面镜面反射时的 2 倍。随着 n 值的变化,雷达波束在垂直方向上会形成分裂现象,如图 7 - 11 所示。

这种分裂的波瓣使得有些低空物标有时处在最大值范围里,有时处在最小值范围里,因此在屏上的回波将时隐时现。如果物标高度低于最低波瓣,则不能被探测到。

此外,由于最低波瓣仰角与波长成正比,故 3 cm 波长的雷达要比 10 cm 波长的雷达对海面低物标的探测能力要好。

3. 海浪干扰杂波对 r_{max} 的影响

当风浪大、海面有浪涌时,海面反射的影响情况就跟上述情况不同了,海浪将反射雷达波,

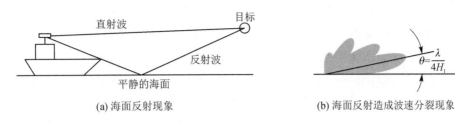

(a) 海面反射现象　　　　　　　　　(b) 海面反射造成波速分裂现象

图 7 - 11　海面反射及所造成的波束分裂现象

产生很强的干扰杂波,其特点如下:

① 离本船越近,海浪反射越强;随着距离增加,海浪反射强度呈指数规律迅速减弱。一般风浪时,海浪回波显示范围可达 6～8 n mile,大风浪时甚至可达 10 n mile。海浪回波在雷达荧光屏上显示为扫描中心周围一片不稳定的鱼鳞状亮斑。

② 海浪回波强度与风向有关,风向和海浪反射强弱的关系如图 7 - 12 所示。海浪反射上风侧强,显示距离远;反射下风侧弱,显示距离近。

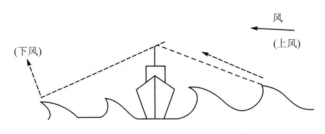

图 7 - 12　风向和海浪反射强弱的关系示意图

③ 大风浪时,海浪回波密集而变成分布在扫描中心周围的辉亮实体。如果是幅度较大的长涌,可在屏上见到一条条浪涌回波。

④ 海浪回波的强弱还和雷达的下述技术参数有关:

a. 工作波长:3 cm 雷达波受海浪影响比 10 cm 雷达波要大近 10 倍。

b. 波束的入射角:天线垂直波束越宽或天线高度越高,则雷达波束对海浪的入射角越大,因此海浪回波越强。

c. 雷达波的极化类型:若采用水平极化天线发射水平极化波,则要比用垂直极化波时减少海浪反射 1/4～1/10。

d. 脉冲宽度和水平波束宽度:这两者的宽度较宽时,海浪同时反射面积大,因此海浪回波也强。

在实际使用中,海浪干扰杂波对近距离物标的观测影响很大,若不加抑制,往往会使近距离小物标的回波被淹没在海浪回波的闪亮斑点之中无法观测;过强的海浪回波甚至会造成接收机饱和或过载,使接收机失去正常的放大能力而失去所有物标。因此,为减弱海浪回波干扰的影响,在雷达接收机电路中必须设有海浪干扰抑制电路。

4. 大气衰减对 $r_{\max}$ 的影响

大气衰减是指雷达波在大气层传播过程中被大气吸收或散射导致雷达波能量的衰减。这

在大气中含水量增大的情况下(有雾、云、雨和雪等)更为严重,其特点如下:

① 水蒸气对 3 cm 雷达波的衰减比对 10 cm 雷达波的衰减大 10 倍多。

② 雨对雷达波的衰减随雨滴及密度的增大而增加,使最大作用距离 r_{max} 明显减小。雨对 3 cm 雷达波的衰减比对 10 cm 雷达波的衰减大 10 倍左右,故雨天宜选用 10 cm 雷达。

③ 一般的雾对雷达波的衰减较小,但能见度为 30 m 的大雾对雷达波的衰减要比中雨引起的衰减还要大。

④ 大气中的云和雨、雪,除了引起雷达波衰减外,还将产生反射回波,扰乱屏幕图像。其反射回波的强度除和雨、雪的密度、雨滴大小及云层的含水量大小等有关外,还和雷达天线波束宽度及脉冲宽度等雷达技术参数有关。当雷达天线波束宽度和脉冲宽度较宽时,雨、雪和云的反射回波强度将增大。

综上所述,雷达最大作用距离并非是一个常数,通常都是采用列表形式来表示其性能的。IMO(International Maritime Organization)关于船用雷达性能标准中对雷达最大作用距离性能的要求规定如下:在正常电波传播条件下,雷达天线高出水面 15 m,且无杂波干扰,应能清楚显示各种物标的距离如表 7-2 所列。

表 7-2　最大作用距离表

物标回波	距离/n mile
海拔 60 cm 的岸线	20
海拔 6 m 的岸线	7
5 000 总吨船舶	7
10 m 长小船	3
导航浮筒($\sigma = 10\ m^2$)	2

7.1.3　最小作用距离及其影响因素

最小作用距离是指雷达能在显示器屏幕上显示并测定物标的最近距离,它表示雷达探测近物标的能力,在此距离以内的区域称为雷达盲区。盲区中的物标,雷达观测不到。盲区太大,不利于船舶雾天和夜间进出港及狭水道航行。

当雷达天线较低或物标较高,即物标始终处在天线波束照射内时,雷达最小作用距离 r_{min1} 由下式决定:

$$r_{min1} = \frac{C(\tau + t)}{2} \tag{7-7}$$

式中:$C = 3 \times 10^8\ m/s$(电波传播速度);

　　τ——发射脉冲宽度(μs);

　　t——收发开关实际恢复时间(约 $0.1 \sim 0.3\ \mu s$)。

可见,τ 越窄,t 越短(为此,旧收发开关管应及时更新),则雷达最小作用距离越小,雷达探测近距离物标的能力越好。

当雷达天线较高或物标较低时,物标可能进入天线垂波束照射不到的区域,如图 7-13 所示。图中的零发射线是天线主瓣垂直波束下边缘的切线,因为在半功率点以外的一定角度内,仍有可能探测到物标,所以用零发射线来计算 r_{min} 要比用波束半功率点射线(图中虚线所示)更符合实际。

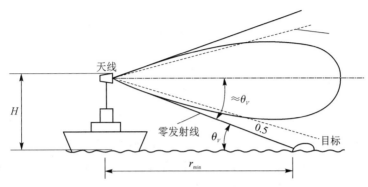

图 7-13 最小作用距离示意图

零发射线与海平面的夹角约等于天线垂直半功率点波束宽度 θ_v,因此可用下式近似计算最小作用距离 r_{min2}:

$$r_{min2} = H \cdot \cot \theta_v \tag{7-8}$$

式中:H —— 雷达天线高度(m);

$\quad \theta_v$ —— 天线垂直波束宽度。

可见,雷达天线越低,垂直波束越宽,则 r_{min} 越小,雷达探测近距离物标的性能越好。

一般情况下,r_{min1} 和 r_{min2} 是不相等的,应以较大者作为雷达最小作用距离 r_{min}。顺便指出,在近似计算中,也可以半功率点射线来代替零发射线,则式(7-8)中的 θ_v 改用 $\theta_v/2$。用这种方法计算出来的雷达盲区值往往与实际有出入,通常实际工作中是采用实测法来测定本船雷达的最小作用距离。实测的方法是:用雷达观测近距离内逐渐靠近(或远离)本船的小艇或浮筒,测出它们的回波亮点消失(或出现)时的距离,即雷达的盲区值。由于船舶吃水不同,式(7-8)中的天线高度 H 也不同,因此应分别在船舶空载、半载和满载下分别测定数次,分别取平均值,作为船舶空载、半载和满载时的雷达盲区值,并记录在雷达日志中。当雷达盲区值的实测值与式(7-7)和式(7-8)计算值不一致时,应取实测值记入雷达日志中。

IMO 关于雷达的性能标准规定如下:当雷达天线出水面 15 m 时,对于 5 000 总吨的船舶、10 m 长的小船及有效散射面积约 10 m² 的导航浮筒,除了量程转换开关以外,不动其他任何控钮和开关,应在 50 m~1 n mile 范围内都能清楚显示。

7.1.4 距离分辨力及其影响因素

雷达的距离分辨力表示雷达分辨同方位的两个相邻点物标的能力,以可分辨的两物标的最小间距 Δr_{min} 表示,Δr_{min} 越小,表示雷达距离分辨率越高。当同方位的两个物标逐渐靠拢时,雷达屏上两个物标的回波亮点也将逐渐接近,当两个回波亮点相切时,两物标间的实际距离即为雷达的距离分辨力 $\Delta r_{\min}$。

雷达的距离分辨力主要取决于发射脉冲宽度、接收机通频带及屏幕光点尺寸、屏幕大小等因素,具体可由下式决定:

$$\Delta r_{\min} = \frac{C}{2}\left(\tau + \frac{1}{\Delta f}\right) + 2R_{\mathrm{D}}\frac{d}{D} \qquad (7-9)$$

式中:C——电波传播速度;

τ——发射脉冲宽度;

Δf——接收机通频带;

d——屏幕光点直径;

D——屏幕直径;

R_{D}——所用量程距离。

在式(7-9)中等号右边的第一项是脉冲宽度 r 造成物标回波径向延伸 $C \cdot \tau/2$ 距离。若两物标的间距小于 $C \cdot \tau/2$,则两物标的回波将会发生重叠。第二项是回波脉冲通过有限通频带为 Δf 的接收机放大后,脉冲波形后沿拖长(失真)时间相应的距离,因为后沿拖长也会造成前后两目标回波的重叠。第三项是光点直径在所用量程 R_{D} 档上所代表的实际距离。因为光点尺寸造成目标回波外沿的扩展影响,所以两物标实际间距 Δr 必须大于上述三者之和 $\Delta r_{\min}$,方能使两物标回波在屏上分开可辨。

图 7-14 给出了两个点物标的回波,由于上述脉冲宽度、通频带引起的失真、光点尺寸三项因素造成其径向的图像扩大效应,所以其对雷达距离分辨力产生了影响。

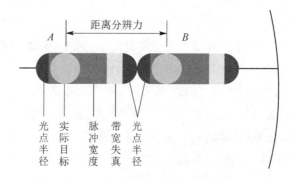

图 7-14　雷达图像的径向扩大效应与距离分辨力

由式(7-9)可见,要提高雷达的距离分辨能力,使 $\Delta r_{\min}$ 小,则应做到:

① 使用窄脉冲(τ 小)工作;

② 使用宽频带接收机(Δf 大);

③ 用较大屏幕的显像管(D 大);

④ 聚焦要良好(d 小);

⑤ 用近量程观测(R_{D} 小)。

IMO 的性能标准规定:用 2 n mile 或更小量程档,在量程 50%～100% 的距离范围内,观测两个同方位的相邻小物标，它们能分开显示的最小间距应不大于 50 m。

7.1.5　测距精度及其影响因素

造成雷达测距误差的因素很多，主要有以下几项。

1. 同步误差

雷达目标的距离是由荧光屏上扫描起始点和回波之间的间隔表示。若扫描起始时刻和发射机发射时刻均直接由触发脉冲来触发，则由于发射机电路及波导系统对发射脉冲的延时作用，造成扫描起始时刻超前于天线口辐射的时刻，势必造成显示屏上显示的目标距离比天线口到目标的实际距离大，形成一固定的测距误差，此即同步误差。这项误差一般可通过调整延时线抽头位置，使扫描起始时刻等于发射机发射时刻，从而消除这项固定误差。但由于电源电压变动，温度、湿度变化等随机因素，同步误差不能通过延时线的调整完全予以消除。雷达在使用中应定期检查，若发现存在固定测距误差，则应及时重新调整延时抽头予以消除。

2. 因固定距标和活动距标的不精确引起的测距误差

固定距标和活动距标本身均有误差，用它们测量目标的距离必然也会有误差。固定距标通常在雷达厂内已校准至误差为所用量程的 0.25% 以内。若物标回波处在两距标圈之间，则人眼内插误差约为所用量程距离的 5%。

活动距标的误差约为所用量程距离的 1%～1.5%，使用中，应定期将它与固定距标进行对比。通常应用固定距标来校准活动距标。使用固定距标或活动距标时，应将其亮度调到最小限度上，以免距标圈过亮妨碍图像观测及影响测距精度。

3. 扫描锯齿波的非线性

理想的扫描锯齿波应是直线上升的，但实际上往往是非线性的，如图 7 - 15 所示。这样，即使固定距标在时间上是等间隔的，但在荧光屏上出现的固定距标圈之间的间隔是不等的。此时，利用固定距标测量目标距离，在内插时将会产生较大误差。

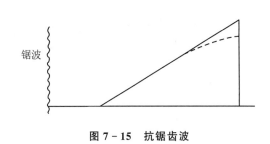

图 7 - 15　抗锯齿波

4. 因光点重合不准导致的误差

因为雷达荧光屏上的光点是有一定尺寸的，若光点直径为 d，则它会使回波尺寸在各个方向均增大 $d/2$，所以回波的边缘并不恰好代表物标的边缘。测距时用距标圈与回波前缘重合会由于重合不准而导致测距误差。由于距标圈也同样存在边缘增大 $d/2$ 的现象，因此，为了消除光点扩大的影响，应使活动距标内缘与回波影像内缘相切进行正确重合，才能得到准确的距离读数。

5. 脉冲宽度造成回波图像外侧扩大引起的测距误差

由于脉冲宽度会造成雷达回波图像外侧扩大 $C \cdot \tau/2$，这是雷达回波图像的固有失真，倘若选择回波外侧边缘测距，必然会引起 $C \cdot \tau/2$ 的测距误差。为此，应尽可能不选用回波外侧边缘测距，并尽可能选用短脉冲工作状态。

6. 物标回波闪烁引起的误差

由于本船和物标摇摆及它们之间的相对运动造成雷达波束照射物标的部位发生变化，引起物标回波的反射中心不稳而存在物标回波的闪烁现象，从而导致测距误差。

7. 雷达天线高度引起的误差

雷达测定的物标距离是天线至物标的距离，不是船舷至物标的水平距离。天线高度越高，影响越大；物标距离越远，影响越小。

IMO 的性能标准规定：利用固定距标圈和活动距标圈测量物标距离，误差不能超过所用量程最大距离的 1.5% 和 70 m 中较大的一个值。实际的测距误差还与干扰杂波的强度、海况及使用者的操作技术有关。

作为船舶驾驶员，使用雷达测距时，为了减小测距误差，应当注意以下事项：

① 正确调节显示器控制面板上各控钮，使回波饱满清晰；

② 选择包含所测物标的合适量程，使物标回波显示于 1/2～2/3 量程处；

③ 应定期将活动距标与固定距标进行比对，进行校准；

④ 活动距标应和回波正确重合，即距标圈内缘与回波前沿（内缘）相切；

⑤ 尽可能选用短脉冲发射工作状态，以减少回波外侧扩大效应。

7.2 雷达测方位的方法及其影响因素

7.2.1 方位分辨力及其影响因素

雷达方位分辨力表示雷达分辨距离相同而方位相邻的两个点物标的能力，以能分辨的两物标间的最小方位夹角 $\Delta \alpha_{min}$ 来表示。$\Delta \alpha_{min}$ 越小，表示雷达方位分辨力越高。

影响方位分辨力的主要因素是天线水平波束宽度 θ_H、光点角尺寸 d（光点直径对屏中心的张角）及回波在屏幕扫描线上所处的位置。当天线水平波束扫过海面上点物标时，首先是波束右边缘触及物标，此时屏上即开始显示回波，此后，在整个水平波束（宽度为 θ_H）照射点物标期间，回波一直持续显示，从而造成物标回波产生"角向肥大"，每边约扩大 $\theta_H/2$，如图 7 - 16 所示。此时，因为光点角尺寸 d 也会造成物标回波边缘扩大约 $d/2$，所以雷达的方位分辨力

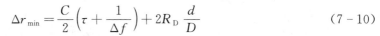

应为二者之和,即由下式决定:

$$\Delta r_{\min} = \frac{C}{2}\left(\tau + \frac{1}{\Delta f}\right) + 2R_D \frac{d}{D} \qquad (7-10)$$

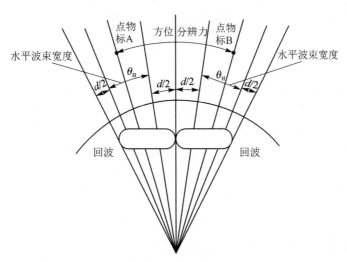

图 7 - 16　方位分辨力示意图

由于光点角尺寸 d 并非常数,而与其在扫描线上所处位置有关:光点离扫描中心越近,其角尺寸 d 越大;反之,离扫描中心越远,其角尺寸 d 越小。若屏半径长度为 L_s,光点离扫描中心距离为 L,则分析表明:

① 当 $L \approx L_s/3$ 时,若 $d \approx \theta_H$,则 $\Delta\alpha_{\min} \approx \theta_H$。

② 当 $L \approx L_s/3$ 时,若 $d \gg \theta_H$,则 $\Delta\alpha_{\min} \approx d_0 > \theta_H$。

③ 当 $L \approx 2L_s/3$ 时,若 $d \ll \theta_H$,则 $\Delta\alpha_{\min} \approx \theta_H$。

综上所述,为提高雷达方位分辨力(即要使 $\Delta\alpha_{\min}$ 小),应做到:

① 减小天线水平波束宽度 θ_H;

② 良好聚焦,减小光点直径 d 尺寸;

③ 正确选择量程,尽可能使欲分辨的回波显示在约 $2L_s/3$ 区域(太靠近屏边缘不好,因为那里聚焦不良);

④ 还应适当降低亮度、增益,以减小回波亮点尺寸,此时可得

$$\Delta\alpha_{\min} \approx (0.6 \sim 0.7)\theta_H \qquad (7-11)$$

IMO 的性能标准规定:雷达用 1.5 n mile 或 2 n mile 量程时,在量程 50%～100% 的距离范围内($L_s/2 \sim L_s$)观测两个等距离的相邻点物标,它们能分开显示的最小方位间隔应不大于 2.5°。

7.2.2　测方位精度及其影响因素

造成雷达测方位误差的因素很多,主要有以下几项。

1. 方位同步系统误差

天线角位置信号通过方位扫描系统传递给显示器,使扫描线与天线同步旋转。由于角数据传递有误差,使扫描线与天线不能完全同步旋转,因此导致方位误差。

2. 船首标志线(船首线)的误差

船首线出现的时间应与天线波束轴向扫过船首的时间一致,否则以船首线为参考测物标舷角就会出现误差。此外,船首线的指向还需与方位刻度圈的读数校准,在"首向上"显示方式时,船首线应指方位刻度圈0°,而且如果船首线太宽,则会使校准不精确而产生误差。

顺便指出,在"北向上"显示方式时,还存在陀螺罗经引入的误差,该误差使船首线指示的航向角不准,也会导致雷达测定物标回波方位的误差。

3. 中心偏差

在正常非偏心显示时,如果扫描中 O_2 未调到与荧光屏几何中心(圆心)O_1 相一致,则用机械方位标尺从固定方位刻度圈上测读的舷角 θ_1 不等于物标实际舷角 θ_2,从而出现方位误差,如图 7-17 所示。

4. 水平波束宽度及光点角尺寸造成的"角向肥大"误差

如前所述,水平波束宽度 θ_H 及光点角尺寸 d 分别产生回波图像的"角向肥大"(或称方位扩大效应)$\theta_H/2$ 与 $d/2$,引起回波图像左右侧边缘共"肥大"了 $\theta_H/2+d/2$,如图 7-18 所示。若用机械方位标尺去测回波边缘方位,则应注意修正"角向肥大"值($\theta_H/2+d/2$)。若用电子方位线去测回波边缘方位时,则应注意"同侧外沿"相切的正确重合方法,以消除光点角尺寸 $d/2$ 的影响,并仍需注意修正水平波束宽度造成的"角向肥大"值 $\theta_H/2$。

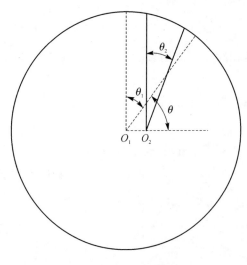

图 7-17　中心偏差

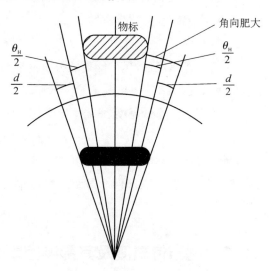

图 7-18　回波图像的"角向肥大"

此外,由于光点角尺寸的大小与回波离荧光屏中心远近位置有关,故应尽可能选择合适的量程,使回波尽可能显示于 1/2～2/3 量程区域为宜。

5. 天线波束主瓣轴向偏移角不稳定引起的误差

如前所述,缝隙波导天线波束主瓣轴偏离天线窗口法线方向约 3°～5°。此偏离角可在安装雷达时进行校准,但在工作中还会随着雷达工作频率的漂移而改变,因此该误差不能完全消除。

6. 天线波束宽度及波束形状不对称引起的误差

雷达在测量点状物标方位时,通常是以回波中心方位作为物标方位。如果波束形状不对称,则回波的中心位置就可能发生畸变,并随回波的强度而变化。如果回波强度很强,波束形状又不对称,则对测方位精度的影响会很明显。

7. 方位测量设备的误差

方位刻度圈及机械方位标尺或电子方位线及其数据读出装置均可能存在误差,从而导致测方位误差。通常,电子方位线读数应当经常与机械方位刻度圈的读数进行对比,若有误差应及时对电子方位线的读数进行校准,以减小测方位的误差。

8. 本船倾斜或摇摆导致的误差

当本船倾斜或摇摆时,雷达天线旋转面跟着倾斜,从而使得天线扫过的物标方位角与实际物标水平面上的方位角有误差。这项误差在船首尾和正横方向较小,在 45°、135°、225° 及 315° 方向上误差最大。实际工作中,驾驶员应尽可能抓住时机,即在船体处于水平位置的瞬间测定雷达物标的方位,而且应尽可能避免在四个隅点方向上(从船首方位算起的 45°、135°、225° 及 315°)测定物标方位;横摇时尽可能测正横方向物标;纵摇时测首尾方向物标。

9. 人为测读误差

除上述几项误差外,驾驶员在使用雷达测物标方位时,由于操作技术的原因,会人为引进一些测读误差,例如机械方位刻度圈最小刻度以下的内插误差、因视线未垂直屏面而引起机械方位标尺的视差误差、量程选择不当及回波未调清晰等引起的误差。

IMO 性能标准规定:测量位于显示器边缘的物标回波方位,精度应为 ±1° 或优于 ±1°,即误差不超过 1°。船首标志线最大误差不能大于 ±1°,其宽度不大于 0.5°。

驾驶员为提高雷达测方位的精度,减小误差,应注意以下事项:

① 正确调节各控钮,使回波饱满清晰。

② 选择合适量程,使物标回波显示于 1/2～2/3 量程区域,并注意选择图像稳定显示方式(如"北向上")。

③ 调准中心,减少中心差;视线应垂直屏面观测,以减少视差。

④ 检查船首线是否在正确的位置上,应校核罗经复示器、主罗经及船首线所指航向值三者是否一致。

⑤ 使用机械方位标尺线测点物标时,应使方位标尺线穿过回波中心;测横向岬角、凸堤等物标时,应将方位标尺线切于回波边缘进行测读,再减去或加上"角向肥大"值($\theta_H/2 + d/2$)。

⑥ 使用电子方位线测物标时,应使其和物标回波边缘进行"同侧外缘"重合,以消除光点扩大效应,并进行水平波束宽度扩大效应的修正($\theta_H/2$);此外,应经常将电子方位线的方位读数和机械方位标尺读数进行校准。

⑦ 船倾斜或摇摆时,应伺机测定,即待船身回正瞬间时快测。当实在不可避免船摇时,横摇时应尽可能选测正横方向物标,纵摇时应尽可能选测首尾方向物标,避免测四个隅点方向的物标。

第 8 章

目标参数测量和跟踪

8.1 距离的测量

测量目标的距离是雷达的基本任务之一。如图 8-1 所示,雷达位于 A 点,而在 B 点有一目标,A 点至 B 点的距离即目标至雷达站的距离(斜距)R 可以通过测量电波往返一次所需的时间 t_R 得到,即

$$\begin{cases} t_R = \dfrac{2R}{c} \\ R = \dfrac{1}{2}ct_R \end{cases} \qquad (8-1)$$

式中,c 为无线电波在均匀介质中以光速 $c = 3 \times 10^8$ m/s 直线传播的速度值;时间 t_R 是回波相对于发射信号的延迟。因此,目标距离测量就是要精确测定延迟时间 t_R。根据雷达发射信号的不同,测定延迟时间通常可以采用脉冲法、频率法和相位法。

调频法测距可以用在连续波雷达中,也可用在脉冲雷达中。对应地,调频法测距分为调频连续波测距和脉冲调频测距。

本节讨论脉冲法测距、调频连续波测距和脉冲调频测距。

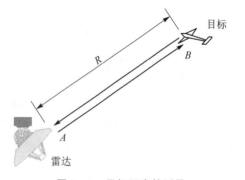

图 8-1　目标距离的测量

8.1.1 脉冲法测距

1. 基本原理

在常用的脉冲雷达中,回波信号是滞后于发射脉冲 t_R 的回波脉冲,如图 8-2 所示。在雷达显示器上,由收发开关泄漏过来的发射能量,通过接收机并在显示器荧光屏上显示出来(称为主波)。绝大部分发射能量经过天线辐射到空间。辐射的电磁波遇到目标后将产生反射,由目标反射回来的能量被天线接收后送到接收机,最后在显示器上显示出来。在荧光屏上目标回波出现的时刻滞后于主波,滞后的时间就是 t_R,测量距离就是要测出时间 t_R。

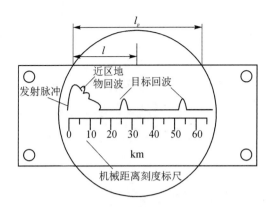

图 8 – 2　雷达 A 型显示器画面示意图

回波信号的延迟时间 t_R 通常是很短促的,将光速 $c = 3 \times 10^5$ km/s 的值代入式(8 – 1)后得到

$$R = 0.15t_R \tag{8 – 2}$$

t_R 的单位为 μs,测得的距离的单位为 km,即测距的计时单位是微秒。测量这样量级的时间需要采用快速计时的方法。早期雷达均用显示器作为终端,在显示器画面上根据扫描量程和回波位置直接测读延迟时间 t_R。现代雷达常常采用电子设备自动地测读回波到达的迟延时间 t_R。

有两种定义回波到达时间 t_R 的方法,一种是以目标回波脉冲的前沿作为它的到达时刻,另一种是以回波脉冲的中心(或最大值)作为它的到达时刻。

对于通常碰到的点目标来讲,两种定义所得的距离数据只相差一个固定值(约为 $t/2$),可以通过距离校零予以消除。如果要测定目标回波的前沿,由于实际的回波信号不是矩形脉冲而近似为钟形,此时可将回波信号与一比较电平相比较,把回波信号穿越比较电平的时刻作为其前沿。用电压比较器是不难实现上述要求的。用脉冲前沿作为到达时刻的缺点是容易受回波大小及噪声的影响,比较电平不稳也会引起误差。

所以在距离自动跟踪系统中,通常采用回波脉冲中心作为到达时刻。它所测得的距离数据只差一个固定值(半个回波脉冲宽度),可以通过距离消零予以清除。

2. 影响测距精度的因素

雷达在测量目标距离时,不可避免地会产生误差,它从数量上说明了测距精度,是雷达站的主要参数之一。

误差按其性质可分为系统误差和随机误差两类。

系统误差:系统各部分对信号的固定时延所造成的误差,系统误差以多次测量的平均值与被测距离真实值之差来表示。从理论上讲,系统误差在校准雷达时可以补偿掉,实际工作中很难完善地补偿,因此在雷达的技术参数中,常给出允许的系统误差范围。

随机误差:随机误差系指因某种偶然因素引起的测距误差,所以又称偶然误差。随机误差可分为设备误差(设备内)和外界误差(设备外)。凡属设备本身工作不稳定性造成的随机误差称为设备误差,如接收时间滞后的不稳定性、各部分回路参数偶然变化、晶体振荡器频率不稳定以及读数误差等。凡属系统以外的各种偶然因素引起的误差称为外界误差,如电波传播速度的偶然变化、电波在大气中传播时产生折射以及目标反射中心的随机变化等,具体包括三种:电波传播速度变化产生的误差、大气折射引起的误差、测读方法误差。随机误差一般不能补偿掉,因为它在多次测量中所得的距离值不是固定的而是随机的。因此,随机误差是衡量测距精度的主要指标。下面对几种主要的随机误差作简单的说明。

(1) 电波传播速度变化产生的误差

如果大气是均匀的,则电磁波在大气中的传播是等速直线,此时测距公式中的 c 值可认为是常数。但实际上大气层的分布是不均匀的且其参数随时间、地点而变化。大气密度、湿度、温度等参数的随机变比,导致大气传播介质的导磁系数和介电常数也发生相应的改变,因此电波传播速度 c 不是常量而是一个随机变量。

电波在大气中的平均传播速度和光速亦稍有差别,且随工作波长而异,因此在测距公式中的 c 值亦应根据实际情况校准,否则会引起系统误差。

由电波传播速度的随机误差而引起的相对测距误差 $\Delta R = R\Delta C/C$,对于常规雷达来讲,该误差可以忽略不计。

(2) 大气折射引起的误差

当电波在大气中传播时,由于大气介质分布不均匀将造成电波折射,因此电波传播的路径不是直线而是走过一个弯曲的轨迹。在正折射时电波传播途径为一向下弯曲的弧线。

由图 8-3 可看出,虽然目标的真实距离是 R_0,但因电波传播不是直线而是弯曲弧线,故所测得的回波延迟时间 $t_R = 2R/c$,这就产生了一个测距误差 ΔR(同时还有测仰角的误差 Δb),$\Delta R = R - R_0$。

ΔR 的大小和大气层对电波的折射率有直接关系。如果知道了折射率和高度的关系,就可以计算出不同高度和距离的目标由于大气折射所产生的距离误差,从而给测量值必要的修正。目标距离越远、高度越高,由折射所引起的测距误差 ΔR 也越大。

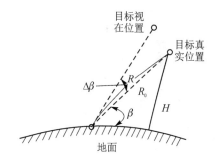

图 8-3 大气折射引起的误差

例如在一般大气条件下,当目标距离为 100 km、仰角为 0.1 rad 时,距离误差为 16 m 的量级。上述两种误差都是由雷达外部因素造成的,故称为外界误差。无论采用什么测距方法都无法避免这些误差,只能根据具体情况做一些可能的校准。

(3) 测读方法误差

测距所用具体方法不同,其测距误差亦有差别。早期的脉冲雷达直接从显示器上测量目标距离,这时显示器荧光屏亮点的直径大小、所用机械或电刻度的精度、人工测读时的惯性等都将引起测距误差。当采用电子自动测距的方法时,如果测读回波脉冲中心,则回波中心的估计误差(正比于脉宽 τ 而反比于信噪比)以及计数器的量化误差等均将造成测距误差。

自动测距时的测量误差与测距系统的结构、系统传递函数、目标特性（包括其动态特性和回波起伏特性）、干扰（噪声）的强度等因素均有关系。

3. 距离分辨力

距离分辨力是指同一方向上两个大小相等点目标之间最小可区分距离。在显示器上测距时，分辨力主要取决于回波的脉冲宽度 τ，同时也和光点直径 d 所代表的距离有关。如图 8-4 所示，两个点目标回波的矩形脉冲之间间隔为 $\tau+d/v_n$，其中 v_n 为扫描速度，这是距离可分的临界情况，这时定义距离分辨力 Δr_c 为

$$\Delta r_c = \frac{c}{2}\left(\tau + \frac{d}{v_n}\right) \tag{8-3}$$

用电子方法测距或自动测距时，距离分辨力由脉冲宽度 τ 或波门宽度 τ_e 决定，脉冲越窄，距离分辨力越好。对于复杂的脉冲压缩信号，决定距离分辨力的是雷达信号的有效带宽 B，有效带宽越宽，距离分辨力越好。距离分辨力 Δr_c 可表示为

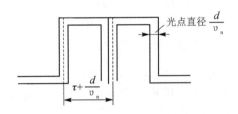

图 8-4　距离分辨力

$$\Delta r_c = \frac{c}{2} \cdot \frac{1}{B} \tag{8-4}$$

4. 测距范围

测距范围包括最小可测距离和最大单值测距范围。所谓最小可测距离，是指雷达能测量的最近目标的距离。脉冲雷达收发共用天线在发射脉冲宽度 τ 时间内，接收机和天线馈线系统间是"断开"的，不能正常接收目标回波，发射脉冲过去后天线收发开关恢复到接收状态也需要一段时间 t_0，在这段时间内，由于不能正常接收回波信号，雷达是很难进行测距的。因此，雷达的最小可测距离为

$$R_{min} = \frac{c}{2}(\tau + t_0) \tag{8-5}$$

最大单值测距范围由脉冲重复周期 T_r 决定，为保证单值测距，应选

$$T_r \geqslant \frac{2}{c}R_{max} \tag{8-6}$$

在实际应用中，有时雷达重复频率的选择不能满足单值测距的要求。例如脉冲多普勒雷达或远程雷达，目标回波对应的距离 R 为

$$R = \frac{c}{2}(mT_r + t_R) \tag{8-7}$$

式中，t_R 为测得的回波信号与发射脉冲间的时延。这时将产生测距模糊，为了得到目标的真实距离 R，必须判明式（8-7）中的模糊值 m。判定 m 的方法有多种重复频率法和舍脉冲法，

在此不做深入讨论。

8.1.2 调频连续波测距

1. 原理框图

调频连续波雷达的组成方框图如图 8-5 所示,发射机产生连续高频等幅波,其频率在时间上按三角形规律或按正弦规律变化,目标回波和发射机直接耦合过来的信号加到接收机混频器内。在无线电波传播到目标并返回天线的这段时间内,发射机频率较之回波频率已有了变化,因此在混频器输出端便出现了差频电压,后者经放大、限幅后加到频率计上。由于差频电压的频率与目标距离有关,因此频率计上的刻度可以直接采用距离长度作为单位。

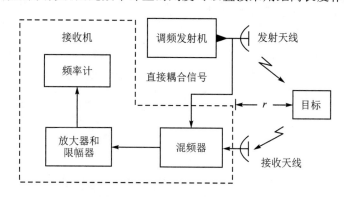

图 8-5 调频连续波雷达方框图

连续工作时,不能像脉冲工作那样采用时间分割的办法共用天线,但可以用混合接头、环形器等办法使发射机和接收机隔离。为了得到发射和接收间高的隔离度,通常采用分开的发射天线和接收天线。

当调频连续波雷达工作于多目标情况时,接收机输入端有多个目标的回波信号,要区分这些信号并分别决定这些目标的距离是比较复杂的,因此,目前调频连续波雷达多用于测定只有单一目标的情况,例如在飞机的高度表中,大地就是单一的目标。

下面具体讨论两种不同调频规律的测距原理以及调频连续波雷达的特点。

2. 三角形波调制

如图 8-6 所示,发射频率按周期性三角形波的规律变化,图中 f_t 是发射机的高频发射频率,它的平均频率是 f_{t0},f_{t0} 变化的周期为 T_m。通常 f_{t0} 为数百到数千兆赫,而 T_m 为数百分之一秒。f_r 为从目标反射回来的回波频率,它和发射频率的变化规律相同,但在时间上滞后 $t_R = 2R/c$。发射频率调制的最大频偏为 $\pm \Delta f$,f_b 为发射和接收信号间的差拍频率,差频的平均值用 f_{bav} 表示。

如图 8-6 所示,发射频率 f_t 和回波的频率 f_r 可写成如下表达式:

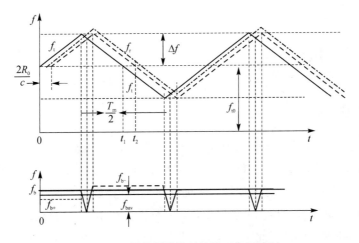

图 8-6　调频雷达发射波按三角波调制

$$f_t = f_{t0} + \frac{\mathrm{d}f}{\mathrm{d}t}t = f_{t0} + \frac{\Delta f}{T_m/4}t \tag{8-8}$$

$$f_r = f_{t0} + \frac{4\Delta f}{T_m}\left(t - \frac{2R}{c}\right) \tag{8-9}$$

则式(8-8)与式(8-9)相减得差频 f_b：

$$f_b = f_t - f_r = \frac{8\Delta fR}{T_m c} \tag{8-10}$$

对于一定距离 R 的目标回波,除去在 t 轴上很小一部分 $2R/c$ 以外(这里差拍频率急剧地下降至零),其他时间差频是不变的。若用频率计测量一个周期内的平均差频值,可得到差频的平均值：

$$f_{bav} = \frac{8\Delta fR}{T_m c}\left(\frac{T_m - \frac{2R}{c}}{T_m}\right) \tag{8-11}$$

实际工作中,应保证单值测距且满足：

$$T_m \gg \frac{2R}{c} \tag{8-12}$$

因此

$$f_{bav} \approx \frac{8\Delta fR}{T_m c} = f_b \tag{8-13}$$

由此可得出目标距离 R：

$$R = \frac{c}{8\Delta f}\frac{f_{bav}}{f_m} \tag{8-14}$$

式中, $f_m = 1/T_m$,为调制频率。

三角波调制要求严格的线性调频,工程实现时产生这种调频波和进行严格调整都不容易,因此可采用正弦波调频以解决上述困难。

3．正弦波调制

如图 8-7 所示，用正弦波对连续载频进行调频时，发射频率为 f_t，由目标反射回来的回波电压滞后一段时间 $T(T=2R/c)$，f_m 为调制频率，Δf 为频率偏移量。一般情况下均满足 $T\ll1/f_m$，于是差频 f_b 值和目标距离 R 成比例且随时间作余弦变化。在周期 T_m 内差频的平均值 f_{bav} 与距离 R 之间的关系和三角波调频时相同，用 f_{bav} 测距的原理和方法也一样。

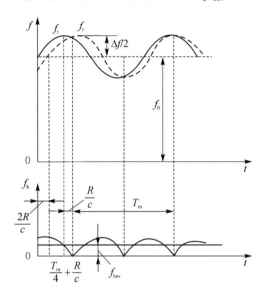

图 8-7 调频雷达发射波按正弦波调制

4．调频连续波雷达的优缺点

① 优点：一是能测量很近的距离，一般可测到数米，而且具有较高的测距精度；二是雷达线路简单，而且可做到体积小、重量轻，普遍应用于飞机高度表和微波引信等场合。

② 缺点：一是难于同时测量多个目标；二是收发间完全隔离是连续波雷达的难题。

8.1.3 脉冲调频测距

脉冲法测距时由于重复频率高会产生测距模糊，为了判别模糊，必须对周期发射的脉冲信号加上某些可识别的"标志"，调频脉冲串也是可用的一种方法。图 8-8 所示就是脉冲调频测距的原理框图。

脉冲调频时的发射信号频率如图 8-9 中细实线所示，共分为 A、B、C 三段，分别采用正斜率调频、负斜率调频和发射恒定频率。由于调频周期 T 远大于雷达重复周期 T_r，故在每一个调频段中均包含多个脉冲，如图 8-10 所示。回波信号频率变化的规律也在同一图上标出以作比较。图 8-9 中虚线所示为回波信号无多普勒频移时的频率变化，它相对于发射信号有一个固定延迟 t_d，即将发射信号的调频曲线向右平移 t_d 即可。当回波信号还有多普勒频移时，

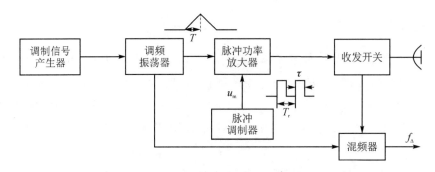

图 8-8　脉冲调频测距的原理框图

其回波频率如图 8-9 中粗实线所示（图中多普勒频移 f_d 为正值），即将虚线向上平移 f_d 得到。

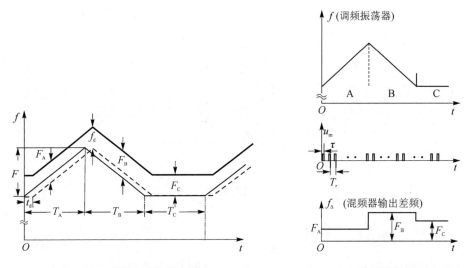

图 8-9　信号频率调制规律　　　　图 8-10　主要点的波形和频率

接收机混频器中加上连续振荡的发射信号和回波脉冲串，故在混频器输出端可得到收发信号的差频信号。设发射信号的调频斜率为 μ，如图 8-11 所示。

图 8-11　锯齿电压波法产生移动电刻度的原理图

而 A、B、C 各段收发信号间的差频分别为

$$F_A = f_d - \mu t_d = \frac{2\upsilon_r}{\lambda} - \mu \frac{2R}{C} \tag{8-15}$$

$$F_B = f_d + \mu t_d = \frac{2\upsilon_r}{\lambda} + \mu \frac{2R}{C} \tag{8-16}$$

$$F_c = f_d = \frac{2\upsilon_r}{\lambda} \tag{8-17}$$

由式(8-15)、式(8-16)、式(8-17)可得

$$F_B - F_A = 4\mu\frac{R}{C} \tag{8-18}$$

即

$$R = \frac{F_B - F_A}{4\mu} \tag{8-19}$$

$$\upsilon_r = \frac{\lambda F_C}{2} \tag{8-20}$$

当发射信号的频率经过 A、B、C 三段的全过程后,每一个目标的回波亦将是三串不同中心频率的脉冲。经过接收机混频后可分别得到差频 F_A、F_B 和 F_C,然后按式(8-19)和式(8-20)即可求得目标的距离 R 和径向速度 υ_r。关于从脉冲串中取出差频 F 的方法,可参考"动目标显示"的有关原理。

在用脉冲调频法时,可以选取较大的调频周期 T,以保证测距的单值性。这种测距方法的缺点是测量精度较差,因为发射信号的调频线性不易做得好,而频率测量亦不易做到准确。

脉冲调频法测距和连续波调频测距的方法在本质上是相同的。

8.1.4　距离跟踪原理

测距时需要对目标距离做连续的测量,称为距离跟踪。实现距离跟踪的方法可以是人工的、半自动的、自动的。无论哪种方法都必须产生一个时间位置可调的时标,即波门。调整移动时标的位置使之在时间上与回波信号重合,然后精确地读出时标的时间位置作为目标距离数据送出。

1. 人工距离跟踪

人工距离跟踪是操作员按照显示器上的画面将电刻度对准目标回波。从控制器度盘或计数器上读出移动电刻度的准确时延,就可以代表目标距离。

因此,关键是要产生可移动的电刻度且其延迟时间可精确读出。产生电刻度的方法有锯齿电压波法和相位调制法。

(1) 锯齿电压波法

锯齿电压波法产生移动电刻度的原理如图 8-11 所示。来自定时器的触发脉冲使锯齿电压产生器产生的锯齿电压 E_t 与比较电压 E_p 一同加到比较电路上,当锯齿波上升到 $E_t = E_p$ 时,比较电路就有输出送到脉冲产生器,使之产生一窄脉冲。这个窄脉冲即可控制一级移动距标形成电路形成一个所需形式的电移动距标。在最简单的情况下,脉冲产生器产生的窄脉冲本身也可以成为移动距标(例如光点式移动距标)。当锯齿电压波的上升斜率确定后,移动距标产生时间就由比较电压 E_p 决定。要精确地读出移动距指标产生的时间 t_r,可以从线性电

位器上取出比较电压 E_p，即 E_p 与线性电位器旋臂的角度位置 θ 成线性关系：$E_p = K\theta$，常数 K 与线性电位器的结构及所加电压有关。

(2) 相位调制法

相位调制法是利用正弦波来产生移动距标的，图 8-12 就是这种方法的原理方框图和波形图。

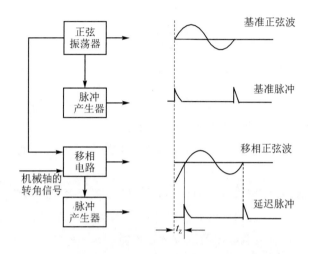

图 8-12　相位调制法产生移动电刻度的原理方框图和波形图

在图 8-12 中，正弦波经过放大、限幅、微分后在其相位为 0 和 π 的位置上分别得到正、负脉冲，若再经单项削波就可以得到一串正弦波，相应于基准正弦的零相位，常称为基准脉冲，由脉冲产生器输出。将正弦电压加到一级移相电路，移相电路使正弦波的相位在 0～2π 范围内连续变化，因此，经过移相的正弦波产生的脉冲也将在正弦波周期内连续移动，就是所需要的移动距标。正弦波的相移可以通过外界机械手柄进行控制，使机械轴的转角 θ 与正弦波的相移角之间具有良好的线性关系，这样就可以通过改变机械转角 θ 而延迟脉冲在 0～T 范围内任意移动。

常用的移相电路由专门制作的移相电容或移相电感来实现。这些元件能使正弦波在 0～2π 范围内连续移相且移相角与转轴转角成线性关系，其输出的相移正弦波振幅为常数。

利用相位调制法产生移动距标时，因为转角 θ 与输出电压的相角有良好的线性关系而提高了延迟脉冲的准确性；其缺点是输出幅度受正弦波频率限制，正弦波角频率 ω 愈低，移相器的输出幅度愈小，延迟时间的准确性愈差。这时候因为 $t_z = \Phi/\omega$，$\Delta t_z = \Delta\Phi/\omega$，其中 $\Delta\Phi$ 是移相器的结构误差，Δt_z 是延迟时间误差，所以，一般来说正弦波的频率不应低于 15 kHz，也就是说，相位调制法产生的移动距标的运动范围在 10 km 以内，这显然不能满足雷达工作的需要。为了既保证延迟时间的准确性又有足够大的延迟范围，可以采用复合法产生移动距标。

所谓复合法产生移动距标，是指利用锯齿电压波法产生一组粗测移动波门，而用相位调制法产生精测移动距标。粗测移动波门可以在雷达所需的整个距离量程内移动，而精测移动距标则只能在粗测移动波门所相当的距离范围内移动。这样，粗测波门扩大了移动距标的延迟范围，精测移动距标则保证了延迟时间的准确性，也就是提高了雷达的测距标准。

2. 自动距离跟踪

自动距离跟踪系统主要包括时间鉴别器、控制器和跟踪脉冲产生电路三部分，如图 8 - 13 所示。

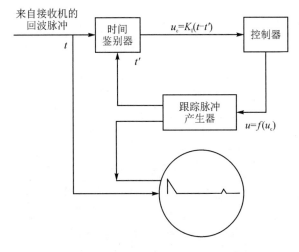

图 8 - 13　自动距离跟踪系统示意图

在自动距离跟踪时，跟踪脉冲的其中一路和回波脉冲一起加到显示器上，以便观测监视。时间鉴别器的作用是将跟踪脉冲与回波脉冲在时间上加以比较，鉴别出它们之间的差 Δt，并将其转换为误差电压给控制器。控制器根据误差电压的大小与方向，输出信号来控制跟踪脉冲产生器。跟踪脉冲产生器的输出信号使跟踪脉冲的延迟时间朝着减小 Δt 的方向来变化，最终使 $\Delta t = 0$ 或跟踪脉冲产生器处于其他稳定的工作状态。

(1) 时间鉴别器

时间鉴别器的作用是比较回波信号与跟踪脉冲之间的延迟时间差 Δt，并将 Δt 转换为与它成比例的误差电压 U_ε，其结构如图 8 - 14 所示。

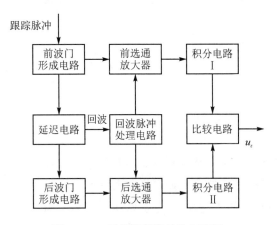

图 8 - 14　时间鉴别器结构示意图

(2) 控制器

控制器的作用是把误差信号 U_ε 进行加工变换后,将其输出去控制跟踪波门移动,即改变时延 t',使其朝减小 U_ε 的方向运动,也就是使 t' 趋向于 t。

控制器可采用线性元件或者积分元件实现。

(3) 跟踪脉冲产生器

跟踪脉冲产生器的作用是根据控制器输出的控制信号,产生所需的延迟时间 t' 的跟踪脉冲,其结构如图 8 - 15 所示。

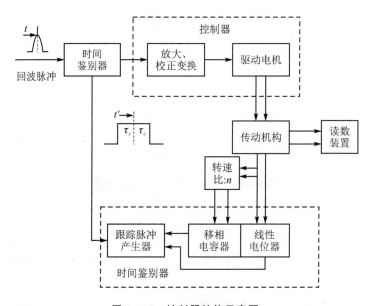

图 8 - 15　控制器结构示意图

8.2　角度的测量

为了确定目标的空间位置,雷达在大多数应用情况下,不仅要测定目标的距离,而且还要测定目标的方向,即测定目标的角坐标,其中包括目标的方位角和高低角(仰角)。

雷达测角的物理基础是电波在均匀介质中传播的直线性和雷达天线的方向性。

由于电波沿直线传播,目标散射或反射电波波前到达的方向即为目标所在方向。但在实际情况下,电波并不是在理想均匀的介质中传播,如大气密度、湿度随高度的不均匀性造成传播介质的不均匀,复杂的地形地物的影响等,使电波传播路径发生偏折,从而造成测角误差。通常在近距测角时,由于此误差不大,故可近似认为电波是直线传播的;在远程测角时,应根据传播介质的情况,对测量数据(主要是仰角测量)做出必要的修正。

天线的方向性可用它的方向性函数或根据方向性函数画出的方向图表示。但方向性函数的准确表达式往往很复杂,为便于计算,工程上常用一些简单的近似函数。方向图的主要技术指标是半功率波束宽度和副瓣电平。在角度测量时方向性函数的值表征了角度分辨能力并直接影响测角精度,副瓣电平则主要影响雷达的抗干扰性能。

雷达测角的性能可用测角范围、测角速度、测角准确度或精度、角分辨力来衡量。准确度用测角误差的大小来表示,它包括雷达系统本身调整不良引起的系统误差和由噪声及各种起伏因素引起的随机误差。而测量精度由随机误差决定。角分辨力是指存在多目标的情况下,雷达能在角度上把它们分辨开的能力,通常在可分辨条件下,用雷达同距离的两目标间的最小角坐标之差表示。

测角的方法可分为相位法和振幅法两大类。本节首先讨论一般测角方法和它们的优缺点,然后讨论自动测角的原理。

8.2.1 相位法测角

1. 基本原理

相位法测角是利用多个天线所接收到的回波信号之间的相位差来进行测角的,如图 8 – 16 所示,设在 θ 方向有一远区目标,则到达接收点的目标所反射的电波近似为平面波。

由于两天线间距为 d,故它们所收到的信号由于存在波程差 ΔR 而产生一相位差 φ,由图 8 – 16 知:

$$\varphi = \frac{2\pi}{\lambda} \Delta R = \frac{2\pi}{\lambda} d \sin \theta \tag{8 – 21}$$

其中,λ 为雷达波长。如用相位计进行比相,测出其相位差 φ,就可以确定目标方向 θ。

2. 电路实现

由于在较低频率上容易实现比相,故通常将两天线收到的高频信号经与同一本振信号差频后,在中频进行比相。图 8 – 17 所示为一个相位法测角的方框图。接收信号经过混频、放大后再加到相位比较器中进行比相。其中自动增益控制电路用来保证中频信号幅度稳定,以免幅度变化引起测角误差。

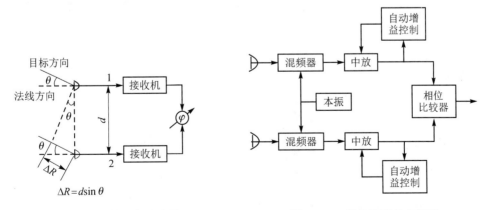

图 8 – 16 相位法测角示意图   图 8 – 17 相位法测角方框图

图 8 – 17 中的相位比较器可以采用相位检波器。图 8 – 18(a)所示为相位检波器的一种具

体电路,它由两个单端检波器组成,其中每个单端检波器与普通检波器的差别仅在于检波器的输入端是两个信号,根据两个信号间相位差的不同,其合成电压振幅将改变,这样就把输入信号间相位差的变化转变为不同的检波输出电压,如图 8 - 18(b)、(c)所示。

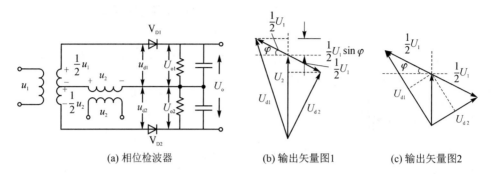

(a) 相位检波器　　　　(b) 输出矢量图1　　　　(c) 输出矢量图2

图 8 - 18　二极管相位检波器电路及矢量图

3. 测角误差与多值性问题

(1) 测角误差

相位差 φ 值测量不准,将产生测角误差。为减小误差,可采用两种方法:一是采用读数精度高($d\varphi$ 小)的相位计;二是减小 λ/d 的值。

注意到:当 $\theta = 0$,即目标处在天线法线方向时,测角误差 $d\theta$ 最小。当 θ 增大时,$d\theta$ 也增大,为保证一定的测角精度,θ 的范围有一定的限制。

(2) 测角多值性及其解决办法

增大 d/λ 虽然可提高测角精度,但在感兴趣的 θ 范围(测角范围)内,当 d/λ 加大到一定程度时,φ 值可能超过 2π,此时 $\varphi = 2\pi N + \psi$,其中 N 为整数;$\psi < 2\pi$,而相位计实际读数为 ψ 值。

由于 N 值未知,因此真实的 φ 值不能确定,就出现多值性(模糊)问题。比较有效的办法是利用三天线测角设备,间距大的 1、3 天线用来得到高精度测量,而间距小的 1、2 天线用来解决多值性,如图 8 - 19 所示。

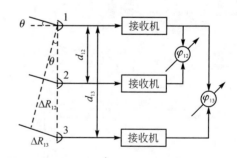

图 8 - 19　三天线相位法测角

设目标在 θ 方向,天线 1、2 之间的距离为 d_{12},天线 1、3 之间的距离为 d_{13},适当选择 d_{12},使天线 1、2 收到的信号之间的相位差在测角范围内均满足:

$$\varphi_{12} = \frac{2\pi}{\lambda} d_{12} \sin\theta < 2\pi \qquad (8-22)$$

根据要求,选择较大的 d_{13},则天线 1、3 收到的信号的相位差为

$$\varphi_{13} = \frac{2\pi}{\lambda}d_{13}\sin\theta = 2\pi N + \psi \qquad (8-23)$$

φ_{12}、φ_{13} 由所对应的相位计读出。

但实际读数是小于 2π 的 y。为了确定 N 值，可利用如下关系：

$$\begin{cases} \dfrac{\varphi_{13}}{\varphi_{12}} = \dfrac{d_{13}}{d_{12}} \\[3mm] \varphi_{13} = \dfrac{d_{13}}{d_{12}}\varphi_{12} \end{cases} \qquad (8-24)$$

φ_{12} 包含有相位计的读数误差，φ_{13} 具有的误差为相位计误差的 d_{13}/d_{12} 倍；

把 $(d_{13}/d_{12})\varphi_{12}$ 除以 2π，所得商的整数部分就是 N 值。然后由式(8-23)算出 φ_{13} 并确定 θ。由于 d_{13}/λ 值较大，故保证了所要求的测角精度。

8.2.2　振幅法测角

振幅法测角是指利用天线收到的回波信号的幅度值来做角度测量。该幅度值的变化规律取决于天线方向图和天线扫描方式。主要方法有最大信号法和等信号法。

最大信号法测角广泛应用于搜索、引导雷达中。等信号法常用来进行自动测角，即应用于跟踪雷达中。

1. 最大信号法

(1) 原　理

当天线波束做圆周扫描或在一定扇形范围内做匀角速扫描时，对收发共用天线的单基地脉冲雷达而言，接收机输出的脉冲串幅度值被天线双程方向图函数所调制。找出脉冲串的最大值(中心值)，确定该时刻波束轴线指向即为目标所在方向，如图 8-20 所示。当天线波束在空间扫描时，接收机输出的回波脉冲串的最大值所对应的时刻的波束轴线指向即为目标所在方向。

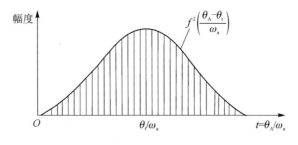

图 8-20　波形图

如天线转动角速度为 ω_a(r/min)，脉冲雷达重复频率为 f_r，则在雷达发射的相邻两脉冲间，天线已经转过的转角为

$$\Delta\theta_s = \frac{\omega_a \times 360°}{60} \times \frac{1}{f_r} \qquad (8-25)$$

这样,天线轴线(最大值)扫过目标方向 θ_t 时,不一定有回波脉冲,也就是说,$\Delta\theta_s$ 将产生相应的"量化"测角误差,如图 8-21 所示。

(2) 测量方法

在人工录取的雷达里,操纵员在显示器画面上看到回波最大值的同时,读出目标的角度数据。采用平面位置显示(PPI)二度空间显示器时,扫描线与波束同步转动,根据回波标志中心(相当于最大值)相应的扫描线位置,借助显示器上的机械角刻度或电子角刻度读出目标的角坐标。

在自动录取的雷达中,可以采用以下办法读出回波信号最大值的方向:一般情况下,天线方向图是对称的,因此回波脉冲串的中心位置就是其最大值的方向。测读时可先将回波脉冲串进行二进制量化,其振幅超过门限时取"1",否则取"0",如果测量时没有噪声和其他干扰,就可根据出现"1"和消失"1"的时刻,方便且精确地找出回波脉冲串"开始"和"结束"时的角度,两者的中间值就是目标的方向。通常,回波信号中总是混杂着噪声和干扰,为减弱噪声的影响,脉冲串在二进制量化前先进行积累,如图 8-22 中的实线所示,积累后的输出将产生一个固定迟延(可用补偿解决),但可提高测角精度。

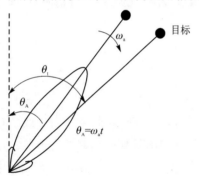

图 8-21　波束扫描示意图

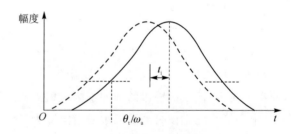

图 8-22　脉冲积累原理示意图

最大信号法测角也可采用闭环的角度波门跟踪进行,它的基本原理和距离波门做距离跟踪相同。

(3) 特　点

最大信号法的优点一是简单;二是用天线方向图的最大值方向测角,此时回波最强,故信噪比最大,对检测发现目标是有利的。

最大信号法的缺点一是直接测量时测量精度不很高,约为波束半功率宽度($\theta_{0.5}$)的 20%,因为方向图最大值附近比较平坦,故最强点不易判别,测量方法改进后可提高精度;二是不能判别目标偏离波束轴线的方向,故不能用于自动测角。

2．等信号法

(1) 原　理

等信号法测角采用两个相同且彼此部分重叠的波束，其方向图如图 8-23(a)所示。如果目标处在两波束的交叠轴 OA 方向，则由两波束收到的信号强度相等，否则一个波束收到的信号强度高于另一个，如图 8-23(b)所示，故常常称 OA 为等信号轴。当两个波束收到的回波信号相等时，等信号轴所指方向即为目标方向。如果目标处在 OB 方向，波束 2 的回波比波束 1 的强，处在 OC 方向时，波束 2 的回波较波束 1 的弱，因此，比较两个波束回波的强弱就可以判断目标偏离等信号轴的方向，并可用查表的办法估计出偏离等信号轴的大小。

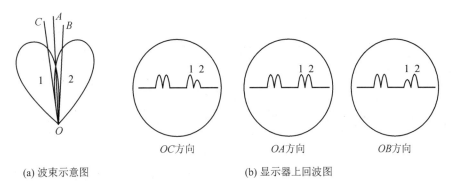

(a) 波束示意图　　　(b) 显示器上回波图

OC方向　　　OA方向　　　OB方向

图 8-23　等信号法测角

(2) 测量方法

用等信号法测角的具体实现方法有比幅法和和差法。

设天线电压方向性函数为 $F(\theta)$，等信号轴 OA 的指向为 θ_0，则波束 1、2 的方向性函数可分别写成

$$F_1(\theta) = F(\theta_1) = F(\theta + \theta_k - \theta_0)$$
$$F_2(\theta) = F(\theta_2) = F(\theta - \theta_0 - \theta_k)$$

其中，θ_k 为 θ_0 与波束最大值方向的偏角。

用等信号法测量时，波束 1 接收到的回波信号 $u_1 = KF_1(\theta) = KF(\theta_k - \theta_t)$，波束 2 收到的回波信号 $u_2 = KF_2(\theta) = KF(-\theta_k - \theta_t) = KF(\theta_k + \theta_t)$，式中 θ_t 为目标方向偏离等信号轴 θ_0 的角度。

对 u_1 和 u_2 信号进行比幅法或和差法处理，都可以获得目标方向 θ_t 的信息。

1) 比幅法

比幅法：根据两信号电压幅度的比值，判断目标偏离等信号轴的方向；查找预先制定的表格可以估计出偏离等信号轴的大小。

求两信号幅度的比值

$$\frac{u_1(\theta)}{u_2(\theta)} = \frac{F(\theta_k - \theta_t)}{F(\theta_k + \theta_t)} \tag{8-26}$$

根据比值的大小可以判断目标偏离 θ_0 的方向,查找预先制定的表格就可估计出目标偏离 θ_0 的数值。

2) 和差法

和差法:首先求解两信号电压的差值 $\Delta(\theta_t)$ 和和值 $\Sigma(\theta_t)$,再通过比较差值 $\Delta(\theta_t)$ 和和值 $\Sigma(\theta_t)$ 获得归一化和差值,从而判断目标偏离等信号轴的方向。

由 u_1 及 u_2 可求得其差值 $\Delta(\theta_t)$ 及和值 $\Sigma(\theta_t)$,即

$$\Delta\theta = u_1(\theta) - u_2(\theta) = K\left[F(\theta_k - \theta_t) - F(\theta_k + \theta_t)\right] \tag{8-27}$$

在等信号轴 $\theta = \theta_0$ 附近,差值 $\Delta(\theta_t)$ 可近似表达为

$$\Delta(\theta_t) \approx 2\theta_t \frac{\mathrm{d}F(\theta)}{\mathrm{d}\theta}\bigg|_{\theta=\theta_0} k \tag{8-28}$$

而和信号

$$\Sigma(\theta_t) = u_1(\theta) + u_2(\theta) = K\left[F(\theta_k - \theta_t) + F(\theta_k + \theta_t)\right] \tag{8-29}$$

在 θ_0 附近可近似表示为

$$\Sigma(\theta_t) \approx 2F(\theta_0)k$$

即可求得其和、差波束 $\Sigma(\theta)$ 与 $\Delta(\theta)$,如图 8-24 所示。归一化的和差值为

$$\frac{\Delta}{\Sigma} = \frac{\theta_t}{F(\theta_0)} \frac{\mathrm{d}F(\theta)}{\mathrm{d}\theta}\bigg|_{\theta=\theta_0} \tag{8-30}$$

因为 Δ/Σ 正比于目标偏离 θ_0 的角度 θ_t,故可用它来判读角度 θ_t 的大小及方向。

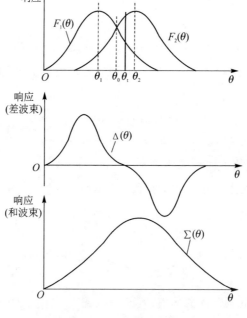

图 8-24 和差法测角

(3) 优点与缺点

优点:一是测角精度比最大信号法高。因为等信号轴附近方向图斜率较大,目标略为偏离

等信号轴时,两信号强度变化较显著。由理论分析可知,对收发共用天线的雷达,精度约为波束半功率宽度的 2%,比最大信号法高大约一个量级;二是根据两个波束收到的信号的强弱可判别目标偏离等信号轴的方向,便于实现自动测角。

缺点:一是测角系统较复杂;二是等信号轴方向不是方向图的最大值方向。故在发射功率相同的条件下,作用距离比最大信号法小些。若两波束交点选择在最大值的 0.7~0.8 处,则对收发共用天线的雷达,作用距离比最大信号法减小约 20%~30%。

8.2.3 角度跟踪原理

在火控系统中使用的雷达必须快速连续地提供单个目标(飞机、导弹等)坐标的精确数值,在靶场测量、卫星跟踪、宇宙航行等方面应用时,雷达也是观测一个目标,而且必须精确地提供目标坐标的测量数据。

为了快速地提供目标的角度精确坐标值,要采用自动测角的方法。自动测角时,天线能自动跟踪目标,同时将目标的坐标数据经数据传递系统送到计算机数据处理系统。

和自动测距需要有一个时间鉴别器一样,自动测角也必须要有一个角误差鉴别器。当目标方向偏离天线轴线(出现了误差角)时,就能产生一误差电压。误差电压的大小正比于误差角,其极性随偏离方向不同而改变。此误差电压经跟踪系统变换、放大、处理后,控制天线向减小误差角的方向运动,使天线轴线对准目标。

用等信号法测角时,在一个角平面内需要两个波束,这两个波束可以交替出现(顺序波瓣法),也可以同时存在(同时波瓣法)。前一种方式以圆锥扫描雷达为典型应用,后一种以单脉冲雷达为典型应用,下面分别介绍这两种雷达自动测角的原理和方法。

1. 圆锥扫描自动测角系统

(1) 圆锥扫描雷达基本原理

如图 8 - 25 所示的针状波束,它的最大辐射方向 $O'B$ 偏离等信号轴(波束旋转轴)$O'O$ 一个角度 δ,当波束以一定的角速度 ω_s 绕等信号轴 $O'O$ 旋转时,波束最大辐射方向 $O'B$ 就在空间画出了一个圆锥,故称圆锥扫描。

波束在做圆锥扫描的过程中,绕着天线旋转轴旋转,因天线旋转轴方向是等信号轴方向,故扫描过程中这个方向天线的增益始终不变。当天线对准目标时,接收机输出的回波信号为一串等幅脉冲。

如果取一个垂直于等信号轴的平面,则波束截面及波束中心(最大辐射方向)的运动轨迹等如图 8 - 26 所示。如果目标偏离等信号轴方向,则在扫描过程中波束最大值旋转在不同位置时,目标有时靠近有时远离天线最大辐射方向,这使得接收的回波信号幅度也产生相应的强弱变化。下面要证明,输出信号近似为正弦波调制的脉冲串,其调制频率为天线的圆锥扫描频率 ω_s,调制深度取决于目标偏离等信号轴方向的大小,而调制波的起始相位 φ 则由目标偏离等信号轴的方向决定。

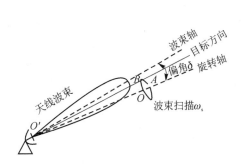

图 8 - 25　圆锥扫描示意图

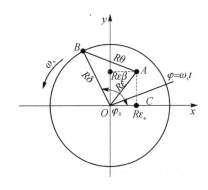

图 8 - 26　圆锥扫描雷达截面示意图

由图 8 - 26 可以看出,如目标偏离等信号轴的角度为 ε,等信号轴偏离波束最大值的角度(波束偏角)为 δ,圆为波束最大值运动的轨迹,在 t 时刻,波束最大值位于 B 点,此时波束最大值方向与目标方向之间的夹角为 θ。如果目标距离为 R,则可求得通过目标的垂直平面上各弧线的长度,如图 8 - 26 所示。在跟踪状态时,通常误差 ε 很小而满足 $\varepsilon \ll \delta$,由简单的几何关系可求得 θ 角随旋转波束变化的规律。对脉冲雷达来讲,当目标处于天线轴线方向时,$\varepsilon = 0$,收到的回波是一串等幅脉冲;如果存在 ε,则收到的回波是振幅受调制的脉冲串,调制频率等于天线锥扫频率 ω_s,而调制深度正比于误差角度 ε。

圆锥扫描雷达通过角误差鉴别器获得对应目标偏转角 ε 的误差信号,误差信号 $u_c = U_m \cos(\omega_s t - \varphi_0) = U_{0m} \cos(\omega_s t - \varphi_0)$ 的振幅 U_m 表示目标偏离等信号轴的大小,而初相 φ_0 则表示目标偏离的方向,例如,$\varphi_0 = 0$ 表示目标只有方位误差。

跟踪雷达中通常有方位角和仰角两个角度跟踪系统,因此要将误差信号 u_c 分解为方位和仰角误差两部分,以控制两个独立的跟踪支路,其数学表达式为

$$u_c = U_m \cos(\omega_s t - \varphi_0) = U_m \cos\varphi_0 \cos\omega_s t + U_m \sin\varphi_0 \sin\omega_s t \qquad (8-31)$$

即分别取出方位角误差 $U_m \cos\varphi_0 = U_0 \eta\varepsilon \cos\varphi_0$ 和仰角误差 $U_m \sin\varphi_0 = U_0 \eta\varepsilon \sin\varphi_0$。误差电压分解的办法是采用两个相位鉴别器,相位鉴别器的基准电压分别为 $U_k \cos\omega_s t$ 和 $U_k \sin\omega_s t$,基准电压取自和天线头扫描电机同轴的基准电压发电机。

圆锥扫描雷达中,波束偏角 δ 的选择影响甚大。增大 δ 时雷达上任意某物标点方向图斜率 $F'(\delta)$ 亦增大,从而使测角率

$$\eta = \frac{-2F'(\delta)}{F(\delta)}$$

加大,有利于跟踪性能。与此同时,等信号轴线上目标回波功率减小,波束交叉损失 L_k(与波束最大值对准时比较)随 δ 增大而增加,它将降低信噪比而对性能不利。综合考虑,通常选 $\delta = 0.3\theta_{0.5}$ 左右较合适,$\theta_{0.5}$ 为半功率波束宽度。

(2) 圆锥扫描雷达测角系统的组成及工作过程

图 8 - 27 给出了一个圆锥扫描雷达的典型组成方框图。圆锥扫描电机带动天线馈源匀速旋转,使波束进行圆锥扫描。

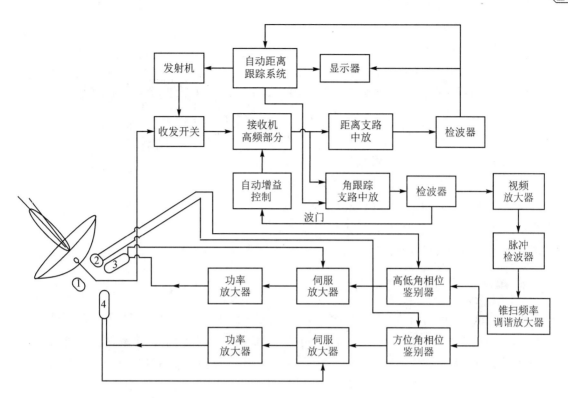

注:1—圆锥扫描电机;2—基准发电机;3—高低角驱动电机;4—方位角驱动电机。

图 8 - 27　圆锥扫描雷达组成

圆锥扫描雷达的接收机高频部分与普通雷达相似,但主中放的末几级分为两路,一路叫距离支路中放,一路叫角跟踪支路中放。接收信号经过高频部分放大、变频后加到距离支路中放,放大后再经过检波、视频放大器后加到显示器和自动距离跟踪系统。在显示器上可对波束内空间所有目标进行观察。自动距离跟踪系统只对要进行自动跟踪的一个目标进行距离跟踪,并输出一个距离跟踪波门给角跟踪支路中放,作为角跟踪支路中放的开启电压(平时角跟踪支路中放关闭,只有跟踪波门来时才打开)。这样做的目的是避免多个目标同时进入角跟踪系统,造成角跟踪系统工作混乱。因此进行方向跟踪之前必须先进行距离跟踪。角跟踪支路中放只让被选择的目标通过。回波信号经过检波、视频放大器、包络检波,可取出脉冲串的包络;再经锥扫描频率调谐放大器滤去直流信号和其他干扰信号,得到交流误差电压;然后送至方位角相位鉴别器和高低角相位鉴别器。与此同时,与圆锥扫描电机同步旋转的基准电压发电机产生的正、余弦电压也分别加到两个相位鉴别器上,作为基准信号与误差信号进行相位鉴别,相位鉴别器分别取出方位角及高低角直流误差信号。直流误差信号经伺服放大、功率放大后,分别加于方位角及高低角驱动电机上,使电机带动天线向减小误差的方向转动,最后使天线轴对准目标。

为了使伺服系统稳定工作,由驱动电机引回一反馈电压,以限制天线过大幅度的振荡。图8 - 27 中还有自动增益控制电路。交流误差信号振幅 U_m 与天线轴线对准目标时的信号振幅 U_0 有关,即与目标斜距 R 和目标截面积有关,对于具有同样误差角但距离不同的目标,误差信号振幅不同。图 8-28 表示一个向雷达站飞行的目标的接收信号的高频波形图。

图 8-28 所示的误差信号将使系统的角灵敏度(相位鉴别器对单位误差角输出的电压)变化,如果不设法消除,则将使系统工作性能变坏。因此,必须在接收机里加自动增益控制(AGC)电路,用以消除目标距离及目标截面积大小等对输出误差电压幅度的影响,使输出误差电压只取决于误差角而与距离等因素无关。为此,要取出回波信号平均值,用它去控制接收机增益,使输出电压的平均值保持不变。

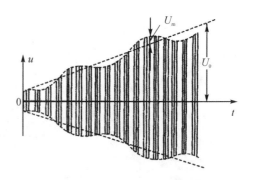

图 8-28　一个向雷达站飞行的目标的
接收信号的高频波形图

2. 单脉冲雷达自动测角系统

单脉冲雷达自动测角属于同时波瓣测角法。在一个角平面内,两个相同的波束部分重叠,其交叠方向即为等信号轴。将这两个波束同时接收到的回波信号进行比较,就可取得目标在这个平面上的角误差信号,然后将此误差电压放大变换后加到驱动电动机,控制天线向减小误差的方向运动。因为两个波束同时接收回波,故单脉冲测角获得目标角误差信息的时间可以很短,理论上讲,只要分析一个回波脉冲就可以确定角误差,所以叫"单脉冲"。如图 8-29 所示,这种方法可以获得比圆锥扫描高得多的测角精度,故精密跟踪雷达常采用它。

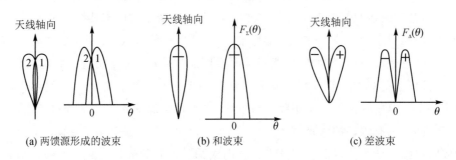

(a) 两馈源形成的波束　　　　(b) 和波束　　　　(c) 差波束

图 8-29　振幅和差式单脉冲雷达波束图

由于取出角误差信号的具体方法不同,单脉冲雷达的种类很多,这里着重介绍常用的振幅和差式单脉冲雷达,并简单介绍相位和差式单脉冲雷达。

(1) 振幅和差式单脉冲雷达自动测角原理

1) 角误差信号

雷达天线在一个角平面内有两个部分重叠的波束,如图 8-29(a)所示,振幅和差式单脉冲雷达取得角误差信号的基本方法是将这两个波束同时收到的信号进行和、差处理,分别得到和信号与差信号。与和、差信号相应的和、差波束如图 8-29(b)、(c)所示,其中差信号即为该角平面内的角误差信号。由图 8-29(a)可以看出,若目标处在天线轴线方向(等信号轴),误差角 $\varepsilon=0$,则两波束收到的回波信号振幅相同,差信号等于零。当目标偏离等信号轴而有一

误差角 ε 时，差信号输出振幅与 ε 成正比而其符号（相位）则由偏离的方向决定。和信号除用作目标检测和距离跟踪外，还用作角误差信号的相位基准。

2）和差比较器

和差比较器（和差网路）是单脉冲雷达的重要部件，由它完成和、差处理，形成和差波束。用得较多的是双 T 接头，如图 8-30(a)所示，它有四个端口：Σ（和）端、Δ（差）端和 1 端、2 端。假定四个端都是匹配的，则从 Σ 端输入信号时，1 端、2 端便输出等幅同相信号，Δ 端无输出；若从 1 端、2 端输入同相信号，则 Δ 端输出两者的差信号，Σ 端输出和信号。

和差比较器的示意图如图 8-30(b)所示，它的 1 端、2 端与形成两个波束的两相邻馈源 1、2 相接。

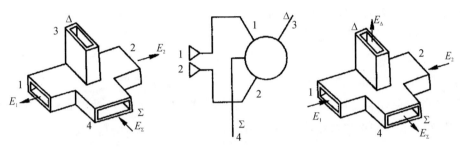

(a) 双T接头发射时的信号方向　　(b) 和差比较器示意图　　(c) 双T接头接收时的信号方向

图 8-30　双 T 接头和差比较器

发射时，从发射机来的信号加到和差比较器的 Σ 端，故 1 端、2 端输出等幅同相信号 E_1、E_2，两个馈源被同相激励，并辐射相同的功率，结果两波束在空间各点产生的场强同相相加，形成发射和波束 $F_\Sigma(\vartheta)$，Δ 端无输出，如图 8-30(a)所示。

接收时，回波脉冲同时被两个波束的馈源所接收，两波束接收到的信号振幅有差异（视目标偏离天线轴线的程度），但相位相同（为了实现精密跟踪，波束通常做得很窄，对处在和波束照射范围内的目标，两馈源接收到的回波的波程差可忽略不计）。这两个相位相同的信号分别加到和差比较器的 1 端、2 端，两波束接收到的信号电压振幅为 E_1、E_2。这时，在 Σ（和）端完成两信号同相相加，输出和信号。设和信号为 E_Σ，其振幅为两信号振幅之和，相位与到达和端的两信号相位相同，与目标偏离天线轴线的方向无关。在和差比较器的 Δ（差）端，两信号反相相加，输出差信号 E_Δ。

现假定目标的误差角为 ε，在一定的误差角范围内，差信号的振幅 E_Δ 与误差角 ε 成正比。E_Δ 的相位与 E_1、E_2 中的强者相同。例如，假如目标偏在波束 1 一侧，则 $E_1 > E_2$，此时 E_Δ 与 E_1 同相，反之，则 E_Δ 与 E_2 同相。由于在 Δ 端 E_1、E_2 相位相反，故目标偏向不同，E_Δ 的相位差180°。因此，Δ 端输出差信号的振幅大小表明了目标误差角 ε 的大小，其相位则表示目标偏离天线轴线的方向。

和差比较器可以做到使和信号 E_Σ 的相位与 E_1、E_2 之一相同。由于 E_Σ 的相位与目标偏向无关，所以只要以和信号 E_Σ 的相位为基准，与差信号 E_Δ 的相位作比较，就可以鉴别目标的偏向。

总之,振幅和差式单脉冲雷达依靠和差比较器的作用得到图 8-29 所示的和、差波束,差波束用于测角,和波束用于发射、观察和测距,和波束信号还用作相位比较的基准。

3) 相位检波器和角误差信号的变换

和差比较器 △ 端输出的高频角误差信号不能用来控制天线跟踪目标,必须把它变换成直流误差电压,其大小应与高频角误差信号的振幅成比例,而其极性应由高频角误差信号的相位来决定。这一变换作用由相位检波器完成。为此,将和、差信号通过各自的接收通道,经变频中放后一起加到相位检波器上进行相位检波,其中和信号为基准信号。

因为加在相位检波器上的中频和、差信号均为脉冲信号,故相位检波器输出为正或负极性的视频脉冲($\varphi = \pi$ 为负极性),其幅度与差信号的振幅即目标误差 ε 成比例,脉冲的极性(正或负)则反映了目标偏离天线轴线的方向。把差信号变成相应的直流误差电压后,加到伺服系统控制天线向减小误差的方向运动。

4) 自动增益控制

为了消除目标回波信号振幅变化(由目标大小、距离、有效散射面积变化引起)对自动跟踪系统的影响,必须采用自动增益控制。由和支路输出的和信号产生自动增益控制电压,该电压同时去控制和差支路的中放增益,这等效于用和信号对差信号进行归一化处理,同时又能保持和差通道的特性一致。

可以证明,由和支路信号做自动增益控制后,和支路输出基本保持常量,而差支路输出经归一化处理后其误差电压只与误差角有关而与回波幅度变化无关。

(2) 相位和差式单脉冲雷达自动测角原理

相位和差式单脉冲雷达是基于相位法测角原理工作的。前面已介绍了比较两天线接收信号的相位可以确定目标的方向,若将比相器输出的误差电压经过变换、放大加到天线驱动系统上,则可通过天线驱动系统控制天线波束运动,使之始终对准目标,实现自动方向跟踪。

图 8-31 所示为单平面相位和差式单脉冲雷达原理方框图,它的天线由两个相隔数个波长的天线孔径组成,每个天线孔径产生一个以天线轴为对称轴的波束,在远区,两方向图几乎完全重叠,对于波束内的目标,两波束所收到的信号振幅是相同的。当目标偏离对称轴时,两天线接收信号由于波程差引起的相位差为

$$\varphi = \frac{2\pi}{\lambda} d \sin \theta \qquad (8-32)$$

当 θ 很小时

$$\varphi \approx \frac{2\pi}{\lambda} d\theta \qquad (8-33)$$

式中,d 为天线间隔;θ 为目标对天线轴的偏角。所以两天线收到的回波为相位相差 φ 而幅度相同的信号,通过和差比较器可以取出和信号与差信号。

设目标偏在天线 1 一边,各信号相位关系如图 8-32(a)所示,若目标偏在天线 2 一边,则差信号矢量的方向与图 8-32(a)所示的相反,差信号相位也反相,如图 8-32(b)所示。所以差信号的大小反映了目标偏离天线轴的程度,其相位反映了目标偏离天线轴的方向。由图 8-32

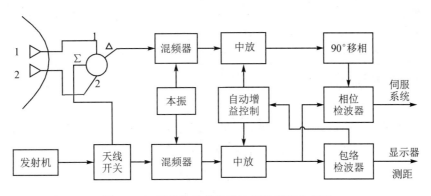

图 8 - 31　相位和差式单脉冲雷达原理方框图

还可看出,和、差信号相位相差 90°,为了用相位检波器进行比相,必须把其中一路预先移相 90°。图 8 - 31 中,将和、差两路信号经同一本振混频放大后,差信号预先移相 90°,然后加到相位检波器上,相位检波器输出电压即为误差电压,其余各部分的工作情况同振幅和差单脉冲雷达,不再重复。

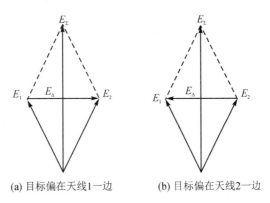

(a) 目标偏在天线1一边　　　　　(b) 目标偏在天线2一边

图 8 - 32　矢量图

8.3　速度的测量

　　目标运动的速度可以根据确定时间间隔的距离变化量来确定。但这种办法测速需要较长的时间,且不能测定其瞬时速度。一般来说,测量的准确度也差,其数据只能作为粗测用。

　　第 1 章已经讲述了目标回波的多普勒频移是和其径向速度成正比的,因此只要准确地测出其多普勒频移的数值和正负,就可以确定目标运动的径向速度和方向。

　　多普勒效应是指当发射源和接收者之间有相对径向运动时,接收到的信号频率将发生变化。这一物理现象首先在声学上由物理学家克里斯琴·多普勒于 1842 年发现,1930 年左右,这一规律开始被运用到电磁波范围。雷达日益广泛的应用及其对高性能的要求,推动了利用多普勒效应来改善雷达工作质量的进程。

　　当测出目标回波信号的多普勒频移 f_d 后,根据关系式 $f_d = 2v_r/\lambda$ 和雷达的工作波长 λ,即可换算出目标的径向速度 v_r。在多数情况下,当提取多普勒频移 f_d 时,多普勒频率处于音频范围。多普勒频率与目标回波信号频率相差的百分比是很小的,因此要从接收信号中提取多普勒频率需要采用差拍的方法。下面分别讨论在连续波雷达和脉冲雷达中测量多普勒频率（测速）的方法。

8.3.1 连续波雷达测速

图 8-33 所示为简单连续波多普勒雷达的原理方框图。为取出收发信号频率的差频，可以在接收机检波器输入端引入发射信号作为基准电压，在检波器输出端即可得到收发频率的差频电压，即多普勒频率电压。这时的基准电压通常称为相参（干）电压，而完成差频比较的检波器称为相干检波器。相干检波器就是一种相位检波器，在其输入端除了加基准电压外，还有需要鉴别其差频率或相对相位的信号电压。

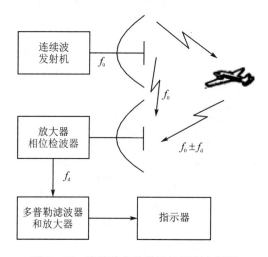

图 8-33 连续波多普勒雷达原理方框图

发射机产生频率为 f_0 的等幅连续波高频振荡，其中绝大部分能量从发射天线辐射到空间，很少部分能量耦合到接收机输入端作为基准电压。混合的发射信号和接收信号经过放大后，在相位检波器输出端取出其差拍电压，隔除其中直流分量，得到多普勒频率信号送到终端指示器。

在检波器中，还可能产生多种和差组合频率，可用低通滤波器取出所需要的多普勒频率 f_d 送到终端指示（例如频率计），即可测得目标的径向速度值。

低通滤波器的通频带应为 Δf 到 f_{dmax}，其低频截止端用来消除固定目标回波，同时应照顾到能通过最低多普勒频率的信号；滤波器的高频端 f_{dmax} 则应保证目标运动时的最高多普勒频率能够通过。连续波测量时，可以得到单值无模糊的多普勒频率值。

但在实际使用时，这样宽的滤波器通频带是不合适的，因为每一个运动目标回波只有一根谱线，其谱线宽度由信号有效长度（或信号观测时间）决定。滤波器的带宽应和谱线宽度相匹配，带宽过宽只能增加噪声而降低测量精度。如果采用和谱线宽度相匹配的窄带滤波器，由于事先并不知道目标多普勒频率的位置，因此需要较大量的窄带滤波器，依次排列并覆盖目标可能出现的多普勒范围，如图 8-34 所示。根据目标回波出现的滤波器序号，即可判定其多普勒频率。如果目标回波出现在两个滤波器内,则可采用内插法求其多普勒频率。采用多个窄带滤波器测速时,设备复杂,但这时有可能观测多个目标回波。

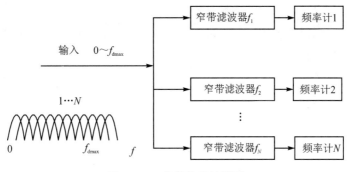

图 8-34　多普勒滤波器组

8.3.2　脉冲雷达测速

脉冲雷达是最常用的雷达工作方式。当雷达发射脉冲信号时,和连续发射时一样,运动目标回波信号中产生一个附加的多普勒频率分量。所不同的是目标回波仅在脉冲宽度时间内按重复周期出现。

和连续波雷达的工作情况相类比,脉冲雷达的发射信号按一定的脉冲宽度 τ 和重复周期 T_r 工作,加在接收机相位检波器的信号有两个,即来自连续振荡器的基准电压信号和回波脉冲信号,如图 8-35 所示。

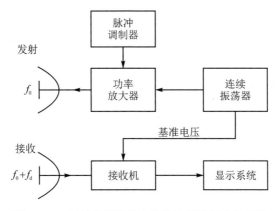

图 8-35　利用多普勒效应的脉冲雷达组成方框图

由连续振荡器取出的电压作为接收机相位检波器的基准电压,其频率和起始相位均与发射信号相同,即基准电压在每一重复周期均和发射信号有相同的起始相位,因此是相参的。

回波信号是脉冲电压,即只在回波信号到来期间才有信号电压加在相位检波器上。

检波器的输出信号为

$$u = K_d U_k (1 + m \cos \varphi) = U_0 (1 + m \cos \varphi) \tag{8-34}$$

式中,U_0 为直流分量,为连续振荡的基准电压经检波后的输出,而 $U_0 m \cos \varphi$ 则代表检波后的信号分量。

在脉冲雷达中,由于回波信号为按一定重复周期出现的脉冲,因此,$U_0 m \cos \varphi$ 表示相位检波器输出回波信号的包络。对于固定目标来讲,相位差 φ 是常数,合成矢量的幅度不变化,检波后隔去直流分量可得到一串等幅脉冲输出。对运动目标回波而言,相位差随时间 t 改变,其变化情况由目标径向运动速度 v_r 及雷达工作波长 λ 决定。合成矢量为基准电压与回波信号相加,经检波及隔去直流分量后得到调制的脉冲串,脉冲串包络调制频率为多普勒频率。这相当于连续波工作时的取样状态,在脉冲工作状态时,回波信号按脉冲重复周期依次出现,信号出现时对多普勒频率取样输出。图 8-36 给出了相位检波器输出波形图。

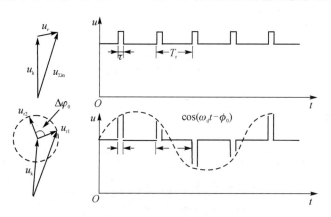

图 8-36　相位检波器输出的波形图

由于目标对雷达的相对运动而导致相邻重复周期的两个运动目标回波的延迟时间是有差别的,该时间差导致了相邻重复周期的两个运动目标回波与基准电压之间的相位差的变化。尽管延迟时间的变化量是很小的数量,但当它反映到高频相位上时,相位差就会产生很灵敏的反应。相位检波器将高频的相位差转化为输出信号的幅度变化。相参脉冲雷达利用了相邻重复周期回波信号与基准信号之间相位差的变化来检测运动目标回波。

当雷达处于脉冲工作状态时,区别于连续工作状态的特殊问题将发生,即盲速和频闪效应,在此不作深入讨论。

脉冲雷达对多目标测速时,和连续波雷达测速时一样的是,为了能同时测量多个目标的速度并提高其测速精度,一般在相位检波器后(或在杂波抑制滤波器后)串接并联多个窄带滤波器,滤波器的带宽应和回波信号谱线宽度相匹配,滤波器组相互交叠排列并覆盖全部多普勒频率测量范围,参看图 8-34 所示。

和连续波雷达测速不同之处在于,脉冲雷达测速取样工作后信号频谱和对应窄带滤波器的频响均是按雷达重复频率 f_r 周期地重复出现,因此将引起测速模糊。为保证不模糊测速,原则上应满足:

$$f_{dmax} \leqslant \frac{1}{2} f_r \qquad (8-35)$$

式中,f_{dmax} 为目标回波的最大多普勒频移,即选择重复频率 f_r 足够大,才能保证不模糊测速。因此在测速时,窄带滤波器的数目 N 通常比用于检测的 MTD(Microwave Traffic Detector)所需滤波器数目要多。

8.3.3　速度跟踪原理

在连续波多普勒雷达中，当只需测量单一目标的速度，并要求给出连续的、准确的测量数据时，即要求速度跟踪时，则可采用跟踪滤波器的办法来代替 N 个窄带滤波器。跟踪滤波器有频率跟踪滤波器和锁相跟踪滤波器，如图 8-34 所示。

简单连续波雷达的接收机工作时的参考电压为发射机泄漏电压，即发射信号与回波信号直接混频，不需要本地振荡器和中频放大器，因此结构简单。

由于混频器内半导体的闪烁效应噪声的功率差不多和频率成反比，因此在低频端即大多数多普勒频率所占据的音频段和视频段，其噪声功率较大。当雷达采用零中频混频时，相位检波器（半导体二极管混频器）将引入明显的闪烁噪声，因此降低了接收机灵敏度。为改善雷达的工作效能，一般均采用改进后的超外差型连续波多普勒雷达，其组成框图如图 8-37 所示。

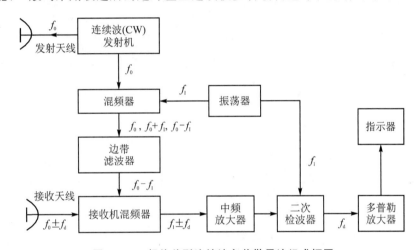

图 8-37　超外差型连续波多普勒雷达组成框图

超外差式连续波多普勒雷达接收机将中频 f_1 的值选得足够高，使频率为 f_1 时的闪烁噪声降低到普通接收机噪声功率的数量级以下。

连续波雷达在实用上最严重的问题是收发之间的直接耦合。这种耦合除了可能造成接收机过载或烧毁外，还会增大接收机噪声而降低其灵敏度。发射机因颤噪效应、杂散噪声及不稳定等因素会产生发射机噪声，由于收发间直接耦合，发射机的噪声将进入接收机而增大其噪声，因此要设法增大连续波雷达收发之间的隔离度。当收发要共用天线时，可采用混合接头、环流器等来得到收发间的隔离。根据器件性能和传输线工作状态，一般可得 $20\sim60$ dB 的隔离度。如果要取得收发间更高的隔离度，应采用收发分开的天线并加精心的隔离措施。

超外差型连续波多普勒雷达如果要测量多普勒频率的正负值，则二次检波器应采用正交双通道处理，以避免单路检波产生的频谱折叠效应。

连续波多普勒雷达可用来发现运动目标并能单值地测定其径向速度。利用天线系统的方向性可以测定目标的角坐标，但简单的连续波雷达不能测出目标的距离。这种系统的优点是：

发射系统简单,接收信号频谱集中,因此滤波装置简单,从干扰背景中选择动目标性能好,可发现任一距离上的运动目标,故适用于强杂波背景条件(例如在灌木丛中蠕动的人或爬行的车辆)。由于最小探测距离不受限制,故可用于雷达信管或用来测量飞机、炮弹等运动体的速度。

脉冲雷达对单目标测速时,由于相参脉冲雷达的回波由多根间隔 f_r 的谱线所组成,对于运动目标回波来讲,可认为每根谱线均有相应的多普勒频移。测速时只要对其中一根谱线进行跟踪即可(通常选定中心谱线 f_0+f_d)。利用在鉴频器前面加窄带滤波器的办法只让中心谱线通过而滤去其他谱线,注意到谱线滤波后即丢失距离信息,因此在频率选择前面应有距离选通门给出距离数据且滤去该距离单元以外的噪声。

第 **9** 章
自动雷达标绘仪(ARPA)

自动雷达标绘仪(Automatic Radar Plotting Aid,ARPA)是结合雷达和电子计算机技术应用的一种船舶避碰仪器,简称 ARPA,如图 9-1 所示。ARPA 是在普通雷达的基础上,根据人工标绘的原理,自动连续提供必要的航行及避碰信息数据,并对航行态势进行评估。利用 ARPA 进行辅助瞭望与判断,能够避免盲目采取避让措施,减少船舶避碰事故的发生。ARPA以准确直观的计算标绘代替传统的标绘,为驾驶员提供了丰富的现场画面,能够适应多船相遇、快速逼近的交汇局面。

图 9-1　自动雷达标绘仪

ARPA 能够自动或人工捕捉目标并跟踪目标,同时在屏幕上显示目标的航向航速。当最近会遇距离 (DCPA)和到达最近会遇距离的时间(TCPA)小于驾驶员设定的允许界限时,ARPA会以视觉或者声响的方式报警,提醒驾驶员采取避让措施。

9.1　ARPA 系统的组成

1．ARPA 系统的组成部分

一个基本的 ARPA 系统组成框图如图 9-2 所示。由图可见,ARPA 系统由传感器和 ARPA 部件两大部分组成,其中各部分的作用如下。

(1) 传感器

传感器为 ARPA 提供各种传感信息,主要包括船用雷达、陀螺罗经、计程仪。传感器为 ARPA 提供标绘信息数据,外存储器为可选配置。

1) X 或 S 波段高质量船用雷达

为 ARPA 提供目标回波原始视频、触发脉冲、天线旋转方位信号与船首信号,以使 ARPA 计算机、显示器与雷达保持时间上严格同步。

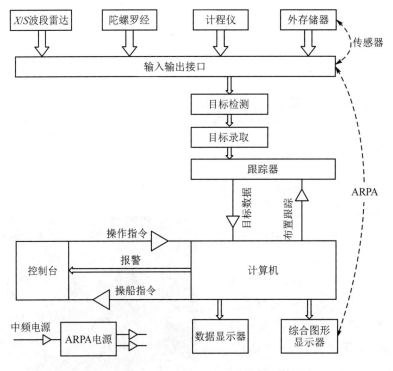

图 9-2　ARPA 系统的组成框图

2）陀螺罗经

为 ARPA 提供本船航向信号。

3）船舶计程仪

为 ARPA 提供两种本船航速信号——对水航速和对地航速。

4）外存储器（可选配置）

如磁带、磁盘、光盘等，为 ARPA 提供港口视频地图、重要水域电子海图存储介质，供船舶进出港口等导航使用。

（2）ARPA 部件

ARPA 部件包括原始视频信号预处理电路、接口电路、目标检测电路、目标录取电路、跟踪器电路、电子计算机、显示器、控制台及电源，其作用分述如下。

1）预处理电路

对雷达原始视频进行杂波处理及模/数变换（亦称"量化"），尽可能降低杂波并转换成计算机可识别的数字信号。

2）接口电路

将输入 ARPA 的各种传感器的模拟信号转换成计算机可识别的数字信号。

3）目标检测电路

对预处理后的回波信号进行自动检测，凡满足目标存在判定条件者则在相应的存储单元内存入数字信号"1"。

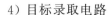

4）目标录取电路

通过人工或自动方式将所选目标位置数据送入跟踪器,作为设置跟踪窗的初始数据。

5）跟踪器电路

用于对已被录取目标进行自动跟踪并进行自动标绘,以获取目标的运动轨迹。

6）电子计算机

电子计算机是 ARPA 的核心,包括主处理器、存储器(RAM、ROM)、接口、键盘、显示终端及电源等部件,用于控制自动录取,自动跟踪,自动计算目标的航速、航向、CPA、TCPA 等,自动判断有无碰撞危险,完成各种自动计算与自动标绘任务。

7）显示器

显示器包括平面位置综合图形显示器(Plan Position Indicator,PPI) 和数据显示器。PPI 显示目标回波数字视频或原始视频、本船及目标运动矢量、图形、字符;数据显示器显示本船及目标航行与碰撞数据。数据显示器可以单设,也可与图形显示器合二为一。

8）控制台

控制台包括 PPI 及数据显示器的控制器。通过控制台上的操纵杆(Joystick)或跟踪球(Track - ball)及其键、钮的操作,将信息送入电子计算机,同时接收来自电子计算机的各种报警信息及操船指令。

9）电 源

将雷达中频电源变成 ARPA 计算机及其他电路所需要的各种电源。

从图 9 - 2 可见,通过 I/O 接口电路将各传感器和 ARPA 构成一个基本的 ARPA 系统。若将雷达和 ARPA 作为一个整体看,则 ARPA 可看成是一种带电子计算机的高级的雷达分显示器。若将 ARPA 视为主体,则雷达可看成是 ARPA 的一个传感器。

2. ARPA 自动避碰流程

整个 ARPA 系统由计算机控制,对由驾驶员手动录取的目标或者自动录取的目标进行跟踪,并自动计算目标的各种航行和碰撞参数,如果碰撞参数超过了设定的安全值限界,则发出警报。目标回波的信息在显示屏上显示,驾驶员可以对其进行分析,判断有无碰撞危险以及紧迫程度,同时可运用试操船功能,找出或验证安全航向或安全航速,根据避碰规则决定本船应采取的避让措施。ARPA 自动避碰流程图如图 9 - 3 所示。

3. ARPA 系统分类

(1) 按系统组合方式分类

1）分立式 ARPA 系统

分立式 ARPA 系统的特点是主雷达显示器和 ARPA 显示器分开。ARPA 图像可随时和雷达图像进行对照观测与分析,但是缺点是设备多、价格贵。图 9 - 4 所示为分立式 ARPA 系统。

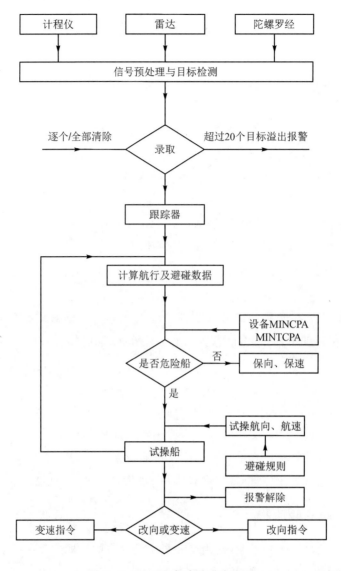

图 9 - 3　ARPA 自动避碰流程图

2）组合式 ARPA 系统

组合式 ARPA 系统的主雷达显示器与 ARPA 显示器合二为一，设备少、价格低，为目前大多数 ARPA 所采用。但缺点是一旦综合图形显示器出现故障，雷达图像也就无法看到，如图 9 - 5 所示。

（2）按显示目标动态方式分类

1）矢量型 ARPA

用矢量表示被跟踪目标的动态，包括现位置（矢量始端）、航向（矢量方向）、航速（矢量长度/矢量时间）、预测位置（矢量末端）等，有真矢量和相对矢量供选择。其特点是综合显示画面较清晰，为目前绝大多数 ARPA 所采用。

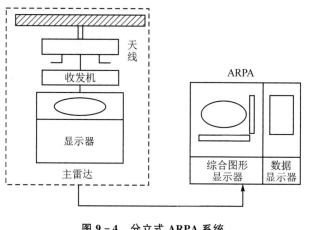

图9-4 分立式 ARPA 系统

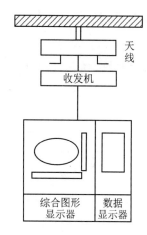

图9-5 组合式 ARPA 系统

2）图示型 ARPA

用矢量前方的六边形表示预测危险区（Predicted Area of Danger，PAD），也有真矢量、相对矢量供选用。目前只有 SPERRY 公司的 ARPA 采用。其特点是避碰应用直观、简便。

（3）按显示器扫描方式分类

1）径向圆扫描式

沿用常规船用雷达的扫描方式，为现有多数 ARPA 所采用。

2）电视光栅扫描式

近年来生产 ARPA 采用的新型扫描方式，具有高亮度、高分辨率的特点，为第三代彩色 ARPA 所采用。

9.2 ARPA 系统的基本功能

9.2.1 目标的自动检测、录取和跟踪

1. 目标的自动检测

雷达信号检测即在噪声和杂波干扰背景中识别出存在的目标。在 ARPA 中，信号检测是在预处理后进行的，预处理只是改善了判别的条件，杂波预处理后的信号仍然存在杂波干扰，ARPA 采用数字式滑窗检测器（Moving Window Detector）自动检测判别目标是否存在。

ARPA 常用的数字式自动检测分为滑窗检测器和小滑窗检测器。

（1）滑窗检测器

采用滑窗检测器的 ARPA 连续采样的次数小于雷达距离扫描的次数。设备简单，通用性强，适用于距离扫描次数较多的场合，因此为目前多数 ARPA 所采用。

（2）小滑窗检测器

采用小滑窗检测器的 ARPA 连续采样的次数等于雷达距离扫描的次数。为了判别信号和干扰，即判断每一个量化单元内有无目标，采用 M/N 准则作为判据。M/N 准则的原意是 M OUT OF N，缩写为 MOON 准则。表示在 N 次探测中，若某量化单元内累积出现的回波"1"的次数 $\geqslant M$，则判断该单元内发现了目标，判定器输出"1"，否则，判断为无目标，判定器输出为"0"。

MOON 判据中的 M/N 值的大小对 ARPA 自动检测性能有影响。N 大，目标不易丢失，M 大，不易发生误将干扰判断为目标的错误，检测可靠性高；D - ARPA 的 $M/N=6/8$， 表示在连续 8 次探测中，出现回波"1"的次数为 6 以上，才认为该量化单元发现了目标，其检测性能比 Sperry CAS - Ⅱ $M/N=2/3$ 情况要好。

2. 目标录取（捕捉）的方法及特点

ARPA 的目标录取即选择需要跟踪的目标并进行跟踪，目标录取任务包括目标距离、方位数据的录取及目标属性、尺度数据的录取。目前 ARPA 都只具有录取目标位置（距离和方位）数据的功能。

目标录取的方法有人工录取（Manual Acquisition）和自动录取（Auto - acquisition）两种。

（1）人工录取

当人工录取时，操作人员用手摇动（或推动）操纵杆（见图 9 - 6）或跟踪球（见图 9 - 7），以控制输出的 X、Y 位置数码，从而控制由显示器电路产生的录取标志，即"□"（或"○""＋"". ""◇"等，各 ARPA 不同）在荧光屏上的位置。当录取标志套在欲录取目标的回波亮点上时，按下录取开关（Acquisition Switch），则此时录取标志的坐标数据（X、Y 数据码）就作为被录取目标初始的位置数据，并被输入计算机存储器中，完成录取任务。此时，在已被录取目标回波的旁边便显示初始录取的符号（如"˄""."等），ARPA 启动跟踪电路，并在录取目标处设置扇形跟踪窗，跟踪窗中心将与目标回波中心自动重合，自动跟踪就从该位置开始连续跟踪。

图 9 - 6　操纵杆

图 9 - 7　跟踪球

人工录取的优点：可按危险程度做出先后录取的方案，录取目的性明确。一般先录取船首向、右舷、离本船近的相遇船；可根据需要逐个录取，运用观测经验，较容易在干扰背景中识别和录取目标，可以人工清除不再需要的目标。

人工录取的缺点：录取操作过程费时间，录取速度慢，尤其在多目标复杂情况下容易措手不及；如果观测疏忽，可能漏掉危险目标；目标运动情势及危险程度随时变化，对新出现的危险目标或丢失后又出现的目标的重新录取操作繁杂，且需连续观测，操作人员负担较重。

（2）自动录取

自动录取是指从发现目标到各个目标位置数据送入计算机的整个录取过程由 ARPA 自动完成，只有部分辅助控制由操作者介入。

自动录取的工作流程：自动检测设备根据 M/N 准则判定目标，然后根据送出的已发现目标的信号，去录取目标的距离、方位坐标数据并进行编码。为实现多目标录取，按照发现目标的先后进行时间编码。距离、方位及时间数码经排队控制，使之有序地经缓冲存储器送入计算机。

在排队控制处输入辅助控制信号以实现辅助控制，其作用如下：

① 使已录取的各目标坐标数据高速度、有次序地送入计算机；

② 提高自动录取目的性，以有效利用 ARPA 录取总数。

ARPA 还根据目标回波所占量化单元的面积来计算其中心、重心或稳心，以确定目标的位置，并实行连续自动跟踪。

3. ARPA 常用的几种辅助控制方法

（1）选择优先度

对目标的距离、方位、CPA、TCPA 进行加权计算，得出录取优先度。图 9-8 所示是通过比较 CPA 和 TCPA 值的大小来选择录取优先度的，CPA 和 TCPA 值越小，优先度越高，ARPA 将按照 A、B、C、D、E 区先后次序录取目标。

（2）设置优先区

如图 9-9 所示，原则为前方优先，首先录取船首向±45°范围内的 A 区，然后依次录取 B、C 区内的目标，直到录取到最大录取数为止。但此原则未考虑避碰规则，尤其是没考虑局限性，驾驶员应该利用人工录取来补充重要目标。例如，B 区（45°~90°）方位

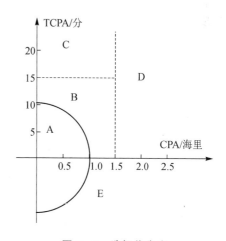

图 9-8　选择优先度

来船与 A 区来船，对于 B 区来船，本船为让路船。同时，B 区近距离目标船也比 A 区的远目标船更具碰撞危险。

（3）设置限制线

如图 9-10 斜线所示，由限制线构成的限制区是 ARPA 拒绝录取区，往往是陆地、岛屿等

无需 ARPA 录取的区域,以提高自动录取的目的性与速度。

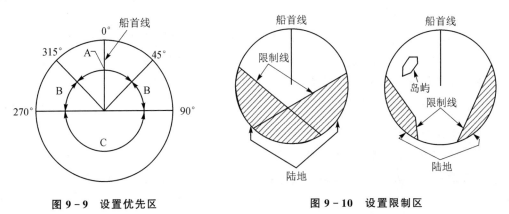

图 9 - 9　设置优先区　　　　　　　图 9 - 10　设置限制区

(4) 设置警戒圈(环、区)

如图 9 - 11 所示,一般 ARPA 可设置 2 个警戒圈或 2 个扇形警戒区。警戒圈大小可调,扇形的径向深度、张角范围及警戒区的距离均可按需设置。也有可以设置 2 个半圆环戒圈的 ARPA,外环设置在船首方向,内环设置在船尾方向。其中警戒圈的半径可按需设定。

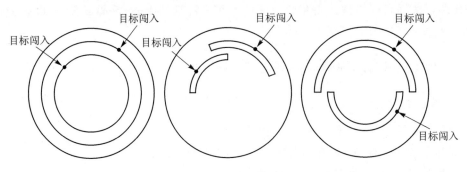

图 9 - 11　设置警戒圈

IMO 性能标准要求:对闯入警戒圈(区、环)的目标,ARPA 必须发出闯入报警(包括闯入时的音响报警及在闯入目标回波旁显示闯入标识符)。多数 ARPA 同时对闯入目标自动录取和跟踪。注意,对已经处在警戒圈(区、环)以内的目标,ARPA 不报警,也不录取。

ARPA 的警戒圈基本都有内外两层,形成警戒深度,当目标闯入外层即开始录取和跟踪,当目标闯入内层后发出闯入报警,并显示识别符号,此种措施可以使自动录取与闯入报警分离,在报警前积累目标数据,防止虚警,减少漏警。

自动录取的优点:ARPA 可根据优先录取原则快速录取,可同时应付多目标情势,无须连续观测,在一定程度上可以减轻驾驶员负担。

自动录取的缺点:可能会造成虚假录取,即误将干扰、陆地或岛屿也当作目标录取;可能会漏录取处在杂波干扰区,甚至干扰区外的弱小目标,特别是在海浪中甚至能达到 20% 以上的目标丢失率;由于目前 ARPA 优先录取的准则较简单,有的还不尽合理,优先区的划分未提及目标船与本船的距离及运动态势是不全面的,自动录取的最小距离一般为 0.5～1 海里,有些甚至为 3 海里,因此其难以适应多目标且运动态势复杂的场合,可能会造成漏录危险度较大的目标而形成紧迫局面。

综上可知,人工录取与自动录取各有优缺点,应配合使用,可用"人工清除"(Man Cancel)功能清除那些对本船已不太危险的目标,以便录取、跟踪更重要的目标。

目前 ARPA 有关录取的数据如下:

① 录取容量:不少于 20 个;

② 录取精度:距离精度为 20 m,方位精度为 0.1°;

③ 录取速度:从初始录取到建立跟踪所需时间一般为 1～3 min;

④ 录取分辨力:能够分别录取两个相邻目标坐标而不混淆的能力,一般为 30～50 m(目前港口交管雷达数据处理系统可达≤30 m 的水平)。

4. 目标自动跟踪

观测目标位置的相继变化以建立其运动的过程,称为 ARPA 的目标跟踪。ARPA 对目标的自动跟踪是采用天线边扫描(周期一般为 3～4 s)边跟踪的方式,录取所得到的各目标初始位置数据是孤立、离散的。接着要利用目标运动的航迹相关性,选择和识别出属于同一目标的位置数据,利用航迹外推预测出目标在下一次天线扫描到时的位置,并与实测值进行比较,同时进行修正,从而判明各目标的运动规律,这就是目标跟踪。

航迹外推:对目标未来位置的预测,即预测目标在下一次天线扫描到时的位置。

航迹相关:对新录取点迹和已有航迹之间归属关系的判别,判明新点迹是属于同一目标,还是属于其他目标,或者属于新发现目标,以建立各目标的航迹。

为识别所跟踪目标,并继续预测和跟踪,在预测位置设置一个扇形的跟踪窗(也叫跟踪波门),使其按照预测速度移动。下一次雷达采样时,预测位置与实测位置差小于跟踪窗尺寸(实测位置落在跟踪窗内),即实现了连续跟踪。

在 ARPA 中普遍采用 α - β 跟踪滤波器作为上述航迹外推中的滤波处理器,其推算前提是目标做等速直线运动,α - β 跟踪滤波器是卡尔曼滤波器的简化形式,其构成简单可靠,容易实现。

9.2.2　ARPA 显示方式及选用

传统的船用雷达的终端设备普遍采用模拟式显示器,采用模拟电路和器件径向圆扫描输出模拟式 PPI 图像。输出的信息内容仅限于目标的距离、方位及据此构成的原始视频平面图像。

ARPA 以微处理机为核心并大量采用数字技术。在 ARPA 中,采用光栅扫描 TV 显示技术,其图像分辨率可达 1 024×1 024,甚至更高。进入显示通道的视频回波经过预处理、模/数转换和信号检测等步骤,按照径向扫描的顺序保存于存储器中,经过扫描方式转换器将其转换成直角坐标的方式显示在 PPI 上,实现了回波图像的高精度、高稳定性和高亮度显示。

1. 数据显示器

(1) ARPA 数据显示器显示的主要内容

ARPA 数据显示器显示的主要内容是目标船和本船运动参数与危险预测参数：

① 跟踪目标数据：方位、距离、真航向、真航速、CPA、TCPA。

② 本船运动数据：航向、航速。

(2) 其他数据的显示

不同 ARPA 数据显示器数据的显示不尽相同，可能有下列数据：

① 矢量时间：屏幕上显示的矢量代表的时间，例如：0～99 min，可调。

② 尾迹点及间隔时间：ARPA 显示的目标船和本船航迹点的间隔时间，例如：4 点，点间隔 2 min，显示目标现在位置前 8 min 的历史航迹。

③ 偏移数据：潮流引起的流向、流速值。

④ 安全判据：预先设置的 MINCPA、MINTCPA 值。

⑤ 位置数据：录取符号距离本船的位置数据。

⑥ 故障指示：由此序号可查得故障内容、位置及原因。

⑦ 目标过本船船头距离（Bow Cross Range，BCR）与过船头时间（Bow Cross Time，BCT）。

ARPA 数据显示器有的用发光二极管(LED)显示器，有的用专用字符显示器(VDU)，有的将数据显示器与综合图形显示器合二为一，即在图形显示器的空当区显示数据。

2. 综合图形显示器

ARPA 终端显示器可以同时显示目标回波图像和各种字符，故又称为综合图形显示器(PPI)。

ARPA 显示器显示的综合态势图包括的主要内容如下。

(1) 数字视频或原始视频

雷达原始视频经杂波处理、量化处理后成为数字视频(亦称处理视频)。因为其杂波干扰已明显减少，并采用高亮度显示技术，因此图像质量比原始视频图像好。但是，因为数字化加工使强弱视频信号取齐，而原始视频图真实程度与量化单元粗细相关，量化单元越粗，真实感越差，甚至有些微小信号在数字化过程中可能当作杂波过滤掉。所以 ARPA 还可选择原始视频显示，以便对比。

(2) 各种符号

1) 定性符号

① 录取符号(捕捉符号)：如"□""＋""○""×"等。

② 指示目标性质标识符号。

③ 指示安全目标用"·""⊙"等符号。

④ 危险目标用"△""○""◇"表示,跟踪目标编号闪烁,夜间在编号旁显示"T"。

⑤ 紧急危险目标常以危险目标闪烁表示。

⑥ 闯入警戒圈(环、区)的目标用"▽""<""○"符号表示。

⑦ 刚刚丢失的目标用"□""∠"、六边形 PAD 符号闪烁等表示。

⑧ 正被指定读数的目标用"△""×"套在目标现位置上的录取符、"□"套在目标编号上等来表示。

⑨ 指北符号:常用"｜"等表示。

2) 定量符号

① 相对矢量(Relative Vector):其起点表示目标现位置,矢量末端表示对应矢量时间的预测到达位置,方向表示相对运动航向,长度表示对应矢量时间的预测航程。

② 真矢量(True Vector):其方向表示真运动航向,其他含义与相对矢量类同。

3) 图示符号

前面所提到的 PAD、警戒圈、扇形警戒区等,不再复述。

① 港口视频地图:用线段及点、圆圈等各种标志在显示视频图形中表示港口海图的轮廓。

② 电子海图:按照国际海道测量组织(IHO)S-57 标准制作的电子航行图(ENC),可由光盘等输入设备输入 ARPA 系统,需要时可调出相关海图,并进行海图校准工作,使目标电子回波与海图中该目标重合,即可利用海图进行导航。

③ 限制线:用虚线或直线段画出陆地、岛屿等限制 ARPA 自动录取、跟踪处理的区域,以提高自动录取的目的性。

④ 历史航迹(Back Track History 或 Post Positions):ARPA 用小圆点"·"表示目标现位置前的历史航迹(尾迹),按照 IMO 有关"ARPA 性能标准"的规定,ARPA 应能显示目标过去至少 4 个等时间间隔的位置,并应显示出该时间间隔的大小,其时间间隔与使用的量程成比例。显示目标历史航迹有以下两点意义:

第一,可用于判断目标有否机动。多数 ARPA 都采用真矢量显示方式显示目标真运动航迹,可直观判断目标当前的机动。如图 9-12 所示,可以看出目标 A 保速(航迹点等间隔)、保向;目标 B 保速、右转向;目标 C 减速(点间隔先稀后密)、保向;目标 D 加速(点间隔先密后稀)、保向。

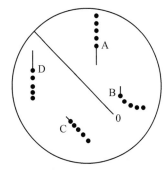

图 9-12　判断目标当前的机动

注意,有的 ARPA 也可采用相对矢量显示方式显示相对运动航迹,此时屏上航迹点的转变未必意味着目标航向的变化,要防止判断错误。

第二,可用于检查跟踪能力是否正常。当显示的目标航迹不规则或不稳定时,说明 ARPA 此时目标跟踪电路工作有问题,显示的目标数据不可轻信。该功能也可用于检测 ARPA 对目标机动的跟踪能力,即可验证 ARPA 对目标大幅度改向能维持正常跟踪的极限值。

⑤ 尾迹(Trail):尾迹最先是传统雷达中的术语,由于传统雷达的显像管上涂的荧光粉层是长余辉的(余辉时间约为 2~3 s),故在近量程使用雷达时目标的回波强,若目标移动得较快,则在目标图像的后面会留下一段连续的余辉。

尾迹显示的优点:尾迹的显示不必录取和跟踪,不存在"误跟踪"和"目标丢失"的缺点。相反,目标转向越大,尾迹的变化越明显,越容易被发现。由于尾迹的显示是对雷达探测目标后寄存的位置信息的直接读取,紧跟在目标图像后连续显示,所以突出了它的及时、实时和可靠等优点。在雷达发射,探测目标 30 s 后,就可进行尾迹显示。

(3) 数字和字母

ARPA 的综合图形显示器可显示数字和字母,例如:

① R 显示在该目标回波旁,表示基准参考目标;

② 字母 A~T 表示已录取跟踪目标的序号,ARPA 屏上只显示第一个被录取跟踪的目标编号 "A",其他暂存在 RAM 中,只有在指定读数时,才显示其编号;

③ T(有的 ARPA 显示"SIM"或"TRIAL")表示 ARPA 正工作在试操船状态,显示试操船的模拟画面,而非实际态势图;

④ 阿拉伯数字表示故障的序号,从说明书可查出对应的故障内容、原因。

(4) 综合态势图

矢量型 ARPA 综合态势图如图 9-13 所示。

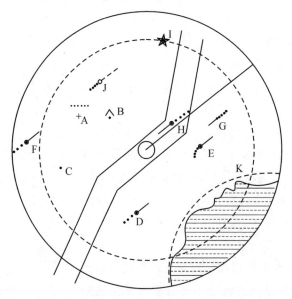

注:A—录取符(操纵杆标志);B—初始录取符,显示至矢量出现;C—未录取跟踪目标;D—安全目标,航迹点表示保速、保向;E—安全目标,航迹点表示保速、右转向;F—安全目标,进入屏幕的还只有 3 个航迹点;G—危险目标、视觉报警;H—紧急(或称"非常""立即")危险目标,视频、音响同时报警;I—目标闯入警戒圈;J—丢失目标,矢量变为虚线、音响报警。

图 9-13 矢量型 ARPA 综合态势图

说明：

① ARPA 录取后 30 s(多数 1 min,个别仅 20 s),开始出现矢量,矢量稳定约需 3 min;

② 指定读出数据的目标,标识符("A""○""△""◇")闪烁。

PAD 型 ARPA 综合态势图如图 9－14 所示。本船为首向上、偏心、相对运动、真矢量及 PAD 显示方式。目标 A 为已跟踪目标,经天线 8 周扫描后,目标上出现一段由点线构成的真矢量,预示航程;目标 B 以外面的"□"为录取符号;目标 C 为已被录取目标,在目标内外有两小段同心圆弧,即跟踪窗;目标 D 以与本船同样速度行驶,在其矢量前方出现的 PAD 和本船首线相交,有碰撞危险,在目标 D 外有"△"标识符,是由操作者设置的,表示正被指定读出数据;目标 E 速度高于本船,有两个 PAD;F 只显示一段实线,表示为该目标真矢量,PAD 出现在屏外,无法看到;目标 G 录取后,经 30 周天线扫描,在真矢量延伸线上出现一个 PAD,目标的速度低于本船;目标 H 处在本船前方,速度高于本船,无 PAD;目标 I 为固定目标,无速度矢量,在目标周围显示正六边形 PAD。

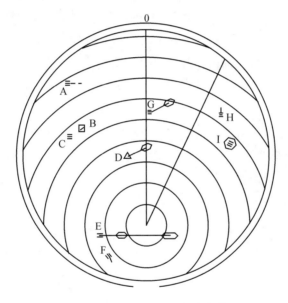

图 9－14　PAD 型 ARPA 综合态势图

3. 各种显示方式的特点及选用

(1) 本船运动显示模式

目前多数 ARPA 能提供相对运动 (Relative Motion, RM)和真运动 (True Motion, TM)两种模式。

相对运动代表本船位置的扫描中心在屏上保持不变,其主要特点是本船位置在屏上不动,固定或运动目标回波均相对于本船而移动。

真运动代表本船位置的扫描中心在屏上随着本船运动而相应移动,其主要特点是本船位置的扫描中心及运动目标回波均按其真实航向(或受潮流影响时的航迹向)成比例航速移动,而固定目标不动。如图 9－15 所示的古野雷达,当本船到达了显示半径的 75% 中的一个位置

B时,它会自动复位到船首标志延伸后的另一个显示半径的75%的A位置。根据计程仪提供的速度不同,相应有对水真运动和对地真运动。用于避碰的只能是对水真运动。

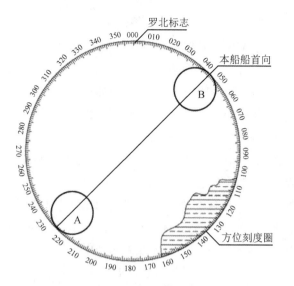

图 9-15 真运动模式

(2)图像指向显示模式

图像指向显示有船首向上(Head Up)、北向上(North Up)和航向向上(Course Up)三种模式。

1)船首向上模式

本船位于屏幕中心,船首线始终指向固定方位刻度圈的0°,显像直观,便于判明前方来船是处在本船的左或右舷。但当本船改向或舵角不稳时,不能在稳定方位上检测到目标信号,在用扫描相关技术来检测目标信号和去杂波时,有可能使目标回波当作杂波清除,因此 ARPA 自动标绘不使用这种工作模式,该模式仅用于显示雷达原始视频,以作对比,如图9-16所示。

2)北向上模式

本船位于屏幕中心,须接入罗经信号。方位刻度圈的0°代表罗经北,船首线指向方位圈的度数即本船航向。当本船改向时,船首线随之改向,但图像并不随之转动。当航向为180°左右时,图像倒置,不直观,观测不便,如图9-17所示。

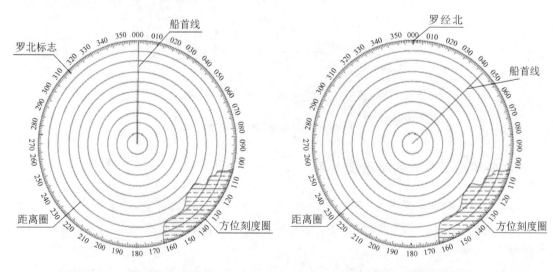

图 9-16 船首向上模式　　　　　　**图 9-17 北向上模式**

3)航向向上模式

此模式也称为新船首向上(New Heading Up)模式,须接入罗经信号。为增加前方视野,也可使用偏心显示(Off Center),本船船位下移1/2半径。如图9-18与图9-19所示,首线

(航向线)向上,图像直观,保留了船首向上模式的优点。当本船改向时,船首线随之改向偏离0°,但图像并不随之转动。改向结束后,驾驶员可以按 NEW HD G UP 键,使船首线指向方位圈的 0°,此时整幅图像随之一起转动。当航向在 180°左右时,没有北向上模式时的那种"图像倒置"现象。航向向上模式综合了船首向上、北向上两种模式的优点,并克服了二者的缺点。

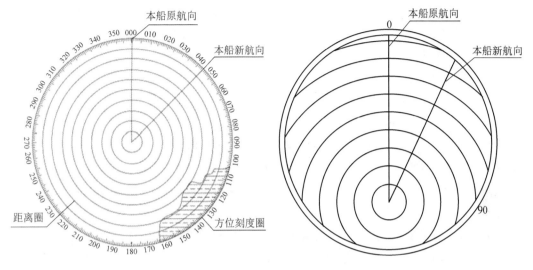

图 9-18　航向向上模式　　　　　　　图 9-19　航向向上偏心模式

因此,ARPA 中采用的北向上、航向向上两种模式均须接入罗经信号,图像具有稳定的特点,可方便地将图像和海图对照而快速定位。在狭水道等多改向航段,首向没有相遇船时,主要用于定位,可用北向上模式。若既要定位,又要避碰,尤其本船向南航行时,则选用航向向上模式更为方便。

(3) 矢量显示模式

ARPA 可用矢量表示被跟踪目标的动态,矢量有始端、长度、方向及末端。ARPA 能提供相对矢量(Relative Vector,RV)和真矢量(True Vector,TV)两种显示方式供选用。

1) 相对矢量模式特点

① 本船无相对矢量,故在船首线上不显示矢量线。固定或运动目标显示相对矢量,其起点表示目标现位置,矢量末端表示对应矢量时间的预测到达位置,方向表示相对运动航向,长度表示对应矢量时间的预测航程。

② 与本船同向、同速的运动目标不显示相对矢量。

③ 从本船到目标相对矢量延长线(RML)的垂足为 CPA,目标航行至 CPA 的航行时间为TCPA。由于相对矢量显示模式可评估目标逼近本船的速度,故可从屏上观测和估算 CPA、TCPA,以评估相遇船和本船有无碰撞危险,当相对矢量指向本船或与设置的 MINCPA 圆相交或相切,则表明该目标为危险目标。因此,相对矢量显示模式可快速判断本船与所有目标是否存在碰撞危险。

2) 真矢量模式特点

① 本船与运动目标均显示真矢量,真矢量长度比即速度比。如前所述,根据目标和本船

的速度比及相对位置关系,可决定形成 0、1、2 个 PPC。

② 固定目标没有真矢量。如果在固定目标上显示真矢量,则是因受风向、流向影响而产生的,此时本船和其他被跟踪目标上显示的均为对水真矢量。当 ARPA 用于定位导航时,必须修正风向、流向影响,显示对地真矢量,方法如下:

a. 手动偏移修正(Manual Drift):手动输入流向、流速,使固定目标上的真矢量为 0,即表示风向、流向影响已修正。

b. 自动偏移修正(Auto Drift):ARPA 自动计算固定目标上真矢量的方向和大小,并以其相反值加到本船及已跟踪的固定或其他运动目标的矢量计算中,使固定目标的真矢量为 0,即表示风向、流向影响已自动修正。ARPA 在显示器上显示计算的流向、流速及风流压角等数据。

无论是手动修正还是自动修正,目的是使固定目标的真矢量为 0。本船及目标的真矢量变为对地真矢量,本船对地真矢量显示在偏离航向线的航迹线方向上,航迹线与航向线的夹角即风流压角。目标真矢量也仅代表预测航迹而非其航向,因此,不能以其观察目标航向的变化。

③若目标的 CPA＝0(其相对矢量延长线穿过本船现位置),则该目标真矢量延长线与本船航向线交点为 PPC。若 PPC 落在本船航向线上(或附近),则表示有碰撞危险。若本船和目标的真矢量矢端重叠或离得很近,则也表示有碰撞危险。

④ 根据目标真矢量与目视线(本船和目标的连线)夹角可看出目标态势角(Aspect),后者又称为目标舷角(本船相对于目标的方位)。根据态势角大小可判断两船会遇情况。

⑤ 根据目标真矢量和真航迹的变化可判断目标是否机动。操作者直接在屏上观察目标真航向、真航速及目标态势角,有助于做出正确的避让决策。

(4) 目标动态预测显示模式

综上所述,在 ARPA 显示系统中,有两种图像指向——北向上和航向向上,两种矢量——相对矢量与真矢量,两种运动显示方式——真运动与相对运动,这些显示方式可以混合成 8 种显示方式。

在大洋航行时,驾驶员主要关心本船与目标船有无碰撞危险,可使用相对运动-相对矢量-航向向上的显示方式。在狭水道航行时,驾驶员希望将屏幕显示的图像与海图对照,便于定位及满足频繁改向的图像稳定要求,可使用真运动-真矢量-北向上的显示方式。

9.2.3　ARPA 的自动报警与系统测试功能

1. 自动报警系统

(1) 报警种类及内容

1) 设备报警

ARPA 各部分设备本身发生故障时自动发出的报警称为设备报警,共分以下五类:

① 电源故障报警。当电源保险丝、各种交直流电源、冷却风扇电源等出现故障时,电源故障报警就启动了。电源故障报警在系统故障中级别最高。

② 诊断程序自检电路故障报警。诊断程序自检的部分包括主处理机、目标跟踪器、警戒圈电路、数据显示器、PPI 显示器、双雷达转换器、各传感器信号及输入输出接口(I/O 接口)等。罗经、计程仪信号丢失时会自动报警,但数据精度不符合要求不报警。

③ 与数据显示器有关的故障报警。常用于数据显示的七段数码管有时会因丢失笔画而导致数字显示不准的故障,系统不报警,只能靠人工检查。

④ 与 PPI 显示器有关的故障报警。

⑤ 其他故障报警。包括面板指示灯不亮、工作开关指示灯不亮、音响报警不响或音量、音调不能控制等故障。

2) 工作报警

ARPA 系统在执行各种功能时,对出现的某些工作状态必须提醒驾驶员警觉而发出的报警称为工作报警。工作报警主要包括下列内容:

① 被跟踪的目标 CPA、TCPA 违反安全判据(MINCPA、MINTCPA)而发出的碰撞危险报警。

② 目标闯入警戒圈(区、环)报警并对其实行自动录取和跟踪,但对已经处在警戒圈(区、环)内目标不报警。

③ 已跟踪目标回波丢失报警或"坏回波"(可能很快丢失)报警。

④ 目标航迹变化报警。在 ARPA 自动跟踪过程中,如果经过统计分析后发现目标航迹有重大变化倾向时,则在目标回波旁出现"◇"符号闪烁,"航迹变化"(Track Change)报警灯闪亮,发出"航迹变化"报警。ARPA 的跟踪系统便自动调整较大跟踪波门并采用较大的平滑系数值,直到检测到航迹没有变化,再恢复正常值。

⑤ 录取目标总数超过额定数报警。例如,某 ARPA 录取额定数为 N 个目标,当手动录取第 $N+1$ 个目标时,则发出"Over N"报警。

⑥ 当操作错误使 ARPA 无法接受错误指令时发出的报警。例如,在预置本船航向初始数据时,将"080"误设置为"380"则发出报警。

⑦ 其他报警。例如,具有锚位监视功能的
ARPA 在执行该功能时,若本船的锚位移动超出
设定的监视距离范围时,系统就发出报警。

ARPA 在执行工作报警功能时,任一个目标
在同一时间都只能显示一种报警内容。当一个
目标同时出现一个以上工作报警情况时,系统则
按图 9 - 20 所示优先级程序报警。

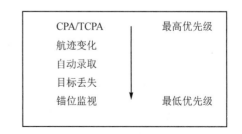

图 9 - 20　程序报警优先级

(2) 报警方式

① 视觉报警(Visual Alarm)。报警时红色指示灯闪光。

② 听觉报警(Auclible Alarm)。报警时,蜂鸣器响,且其音量、音调随不同报警内容而变。

听觉报警可按认可键(Acknowledge)确认。

③ 符号闪烁报警(Symbol Flash Alarm)。报警时,有关标识符号闪烁。例如,"◇"符号闪烁表示紧急危险报警,此类报警不能人为停止,持续到局面改变才停止。

④ 数字显示报警(Data Display)。例如,用数字表示已检测出的故障的序号,故障序号对应的内容可查阅该ARPA使用说明书,如SYSTEM 04表示无雷达触发脉冲,SYSTEM 06表示无陀螺罗经输入。

2. 系统测试功能

ARPA系统测试功能用于检查系统的工作性能,检查各主要部件、各输入输出信号及接口工作是否正常。ARPA系统的测试功能有两种工作方式,分别介绍如下。

(1) "TEST"(测试功能键)功能

1) 测试图形

图9-21所示是一种供系统调整直线性、圆度等参数的简单测试图。

另一种较复杂的系统测试图可用来检查显示的字符是否完整,直线性、圆度是否良好,检查机内各相关部分的工作情况,帮助寻找故障和调整显示器。各种字、符号、图形的含义可查设备使用手册有关部分。

2) 发光二极管、指示灯

有此功能的ARPA在按下面板上的"TEST"键后,如这些灯、管轮流闪亮一遍,则表示相关的电路及功能正常;未亮的灯或管则表示相应部分有故障,系统无法执行相应的功能。

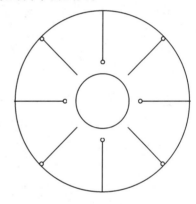

图9-21 测试图形

3) 测试目标回波

测试目标是ARPA模拟生成的一个目标,用来检测ARPA的录取、跟踪及计算功能,按下"TEST TARGET"键后,屏幕上则显示模拟运动目标回波,同时屏幕上方显示符号"X",表示此时处于测试目标显示方式,其初始数据为:初始距离$R=5$ n mile;初始方位$B=45°$;初始CPA$=1$ n mile;初始TCPA$=20$ min。

人工录取该测试目标3 min后,显示数据应为CPA$=1$ n mile,TCPA$=17$ min。若实际显示数据与此数据的误差较大,则表明该ARPA录取、跟踪和计算功能有问题。

(2) 诊断程序自测试功能

当启动诊断程序(Diagnostic Program)自测试功能时,ARPA对系统中的诸如电源、输入信号、输出信号、各传感器接口及系统各主要电路等进行自检,完成一次自检约需几十分钟。在自检过程中,一旦查出故障就发出警报,并在数据显示器上显示故障序号。根据故障序号查阅说明书,可知故障发生的部位及内容,以便及时检修。

9.2.4　试操船

当目标船和本船出现碰撞危险时,首先考虑本船是权利船还是义务船。如果本船是义务船,则必须根据避碰规则,采取相应的避碰措施。在本船采取实际避让机动之前,可借助ARPA判断、预测模拟航向或航速而模拟避让行动的效果。如果碰撞危险消失,则表明该模拟航向或航速可作为安全航向或安全航速,然后可正式叫舵或叫车。ARPA的这种功能称为试操船或试操纵(Trial Maneuver)。

对于大型船舶而言,特别是处在船舶交通密集、狭窄的水域或渔区,运用这种试操船功能尽早地做出避让计划对保证船舶航行安全十分重要。

1．试操船的方法

按试操船功能键(Trial),使ARPA进入试操船工作状态。以模拟航向代替罗经航向的试操船称为航向试操船。航向试操船时,常用电子方位线(EBL)指示模拟航向,然后使本船模拟航向线与EBL重合。以模拟航速代替计程仪航速的试操船称为航速试操船。航速试操船时,可用面板上的模拟航速按键(Trial Speed键或控钮)调节输入的模拟航速值。

2．不同显示模式ARPA试操船的方法

(1) 矢量型ARPA试操船(采用相对运动显示模式)

1) 相对矢量模式试操船

目标的相对矢量线与MINCPA圆相交,因此可确认目标是危险的,必须避让的目标。本船做模拟机动,使目标的相对矢量线不通过本船或不和MINCPA圆相交,则ARPA碰撞危险报警解除。通常试操船采用改向避让求取安全航向比较简单,而且符合操船习惯。如图9-22

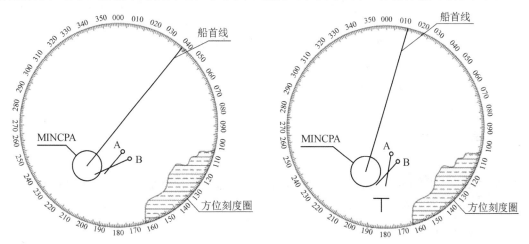

图 9-22　相对矢量试操船

所示,目标船 B 相对矢量与本船 MINCPA 圈相交,是危险船,碰撞危险警报发出。本船采用改向试操船使所有目标船都不与本船 MINCPA 圈相交,碰撞危险报警解除,驾驶员可按试操船的安全航向下达改向指令。

2) 真矢量模式试操船

目标真矢量线前方出现的 PPC 圆圈"○"已落在本船现航向线上,因此可确认是危险目标。本船做模拟机动,使目标真矢量与本船真矢量矢端不重叠或不靠近。当显示 PPC 时,若 PPC 不出现在本船首线上或首线附近,则危险报警解除。若试操船改向未达到避碰效果或受周围环境条件限制,如分道通航、狭水道航行等航道宽度有限,或本船前方两侧都有目标等,可采用改速试操船。如图 9-23 所示,目标船 A 的 PPC 落于本船船首线上,有碰撞危险,本船减速试操船使 PPC 不落于船首线及其附近,试操船成功,驾驶员可将试验得到的模拟航速作为安全航速下达减速指令,但需要考虑本船从当前船速减到安全航速所需要的时间延迟。

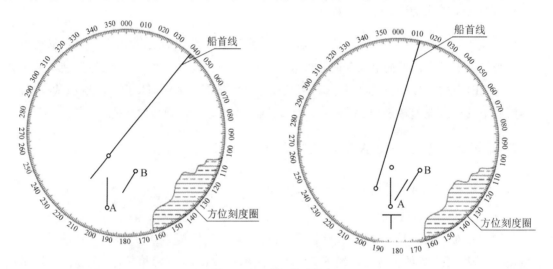

图 9-23 真矢量试操船

(2) PAD 型 ARPA 试操船

当本船首线和目标船真矢量前方的 PAD 相交,则碰撞危险报警。如图 9-24 所示,目标船 D 有碰撞危险,试操船时,先让 EBL 不和目标船 D 的 PAD 相交,然后本船模拟改向使船首线移至 EBL 方位,危险报警解除,本船模拟航向即可作为安全航向。具有显示矢量功能的 PAD 型 ARPA 采用矢量显示模式进行试操船时,方法同上所述。

(3) 试操船显示特征

① ARPA 在执行试操船功能时,屏下方显示英文大写字母"T"(Trial 的词首)或直接显示"TRIAL"或"SIM"(Simulation),以提醒驾驶员:现在显示的是模拟画面。考虑到模拟画面不同于不断变化着的海面情况,ARPA 规定模拟显示只保留 30 s,而后自动返回到正常的综合显示,以免延误时间而形成危险局面。

② 模拟显示屏上显示的是本船和已跟踪的目标船以几十倍正常速度进行的模拟运动。

③ ARPA 执行试操船功能时,不中断对所有已跟踪目标的跟踪、计算及报警等工作。

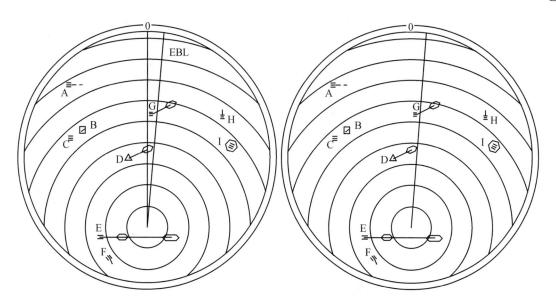

图 9 - 24　PAD 型试操船

有些 ARPA 还具有直接询问安全航向的功能,如果目标船的 CPA 和 TCPA 小于预置的安全判定条件产生报警时,驾驶员可以要求计算机计算使目标船的 CPA 大于设定的 CPA,本船应该采取的临界安全航向,只需选择目标船,并按下"CPA LIMIT COURSE PORT"(左让极限航向)或"CPA LIMIT COURSE STB"(右让极限航向)键,数据显示器显示计算结果,本船速度矢量同时也转到该建议航向上,如果按键闪光说明即使本船航向改变 90°也无法避开,应考虑采取减速、停船等措施。

3. 试操船的时间延迟

ARPA 的试操船仅模拟在当时相遇态势下,本船采取改向或者改速消除碰撞危险,但未考虑实际操船的时间延时(Delay Time),即驾驶员获得操船模拟数据后到本船进入要求的新航向或新航速的一段时间。对于大型船舶而言,这段时间可长达数分钟。现在一些 ARPA 可人工设置该延迟时间,使操船结果更符合实际情况。如图 9 - 25 所示,在真运动-北向上-真矢量显示模式下,目标船 B 与本船 A 有碰撞危险,本船拟右改向,操作者要求在船舶到达 1 时刻开始转向,2 时刻为最近距离点,到达时刻 3 时进入新航向,从本船现在船位至 3 时刻的船位时间即为操作延迟。有此功能的 ARPA 会根据船舶动态模型、旋转角速度、本船新航向、动作延迟时间等条件,计算从原航向转变到新航向的航迹、到达新航向的时间及该时刻本船的速度矢量,并在模拟过程进行倒计时。例如,从设置的延时 5 min 开始倒计时,减至 1 min 时,发出声、光报警,即执行试操船命令;减至零时,屏上显示试操船执行结果的模拟态势图。

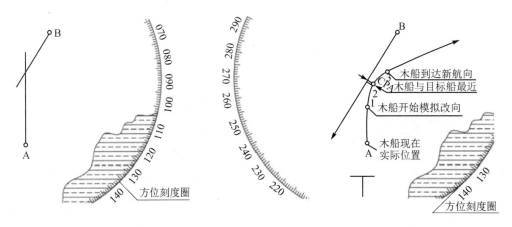

图 9 – 25　试操船设置

4.试操船功能局限性与使用注意事项

(1) 局限性

ARPA 的试操船功能还不够完善,还存在着如下的局限性:

① ARPA 的试操船功能中,只要本船模拟机动后与目标船符合设定的安全判定条件即为计算成功,而实际中应根据海上避碰规则来选择避让航向和航速;

② 未被录取跟踪的目标也可能对本船构成碰撞危险,试操船对其无效;

③ 试操船假定目标船保向保速,而在实际中双方都可能采取机动避让措施;

④ 由于时间延迟和操纵特性模拟等仅是数学模型,结果并不与实际情况完全一致。

(2) 注意事项

① 应根据海上避碰规则的允许和可能来选择试操船模拟航向和速度。实际中一般都用改向(操作较简单)。但航道较窄或两侧有其他相遇船而使改向机动受到限制时,也可用变速。应注意:本船从现航速减至安全航速需要一定的时间。

② 试操船后,应及时补充录取原先未被录取跟踪的可能对本船构成新的碰撞危险的目标并核实其态势。

③ 试操船后,应注意观察、核实与判断其他可能因本船机动而出现新的潜在碰撞危险的已跟踪目标。

④ 应根据海上避碰规则综合考虑本船的操纵性能、本人的操船经验及当时当地的海上实态等多种因素对危险目标进行试操船。

⑤ 考虑到海面情况在不断变化,模拟显示不可持续太长时间,试操船应该抓紧时机,迅速完成,以免因误时而酿成碰撞海事。在避让后要不失时机恢复原航向以节省航行时间及燃料消耗。

⑥ 雷达、陀螺罗经及计程仪等传感器和 ARPA 本身均可能有误差,导致 ARPA 显示的态势与海面上实际情况可能有差别。故驾驶员不可忽视嘹望,盲目信赖 ARPA。

9.3 ARPA 系统的操作使用

ARPA 在复杂的气象条件尤其是在狭水道、进出港及夜间、雾天等恶劣气象条件下,导航与避碰的应用是十分广泛的,也是十分切实有效的,能够使驾驶员发现目标、同时跟踪多批目标,并测定目标的坐标及航向、航速等,以完成导航、定位、避碰等任务,为船舶安全提供保障。但是前提是驾驶员能够掌握其操作方法并能针对不同的航行条件对其正确、灵活地进行运用,充分发挥其作用,保证船舶在复杂气象条件下的航行安全。

1. ARPA 控键的分类与安排

船上装备的 ARPA 型号众多,其功能也不尽相同,控键的数量及布置也不同,人机交流的方式也多种多样。多数 ARPA 采用功能键的方式来操作。ARPA 的功能键可分为基本功能键和特殊功能键两类。

(1) 基本功能键

1) 与目标有关的功能键

与目标有关的功能键包括:录取方式选择(人工/自动),矢量选择(相对矢量/真矢量),数据读出(指定目标、尾迹),清除目标(全部、个别、仅存在危险的目标)。

2) 与本船有关的功能键

与本船有关的功能键包括:数据置入(航向、航速),安全界限设定(MINCPA、MINTCPA),试操船数据置入(模拟航向、模拟航速)。

3) 与图像显示模式有关的功能键

与图像显示模式有关的功能键包括:图像指向选择(北向上、首向上、航向向上),运动模式选择(真运动/相对运动),中心显示/偏心显示选择。

4) 与报警有关的功能键

与报警有关的功能键包括:工作报警(危险目标、目标闯入警戒圈、目标丢失、传感器信号丢失、错误操作等报警),设备报警(系统各部分发生故障时报警)。

(2) 特殊功能键

1) 有关导航的功能键

有关导航的功能键包括:设置导航线,设置限制区,设置岸线,设置港口视频海图,调用电子海图,设置真标志等键。

2) 其他附加功能键

其他附加功能键包括:系统测试,锚位监视,最小录取窗,自动偏移修正,矢量时间,尾迹时间,警戒圈距离等键。

要在短时间内掌握以上众多控键的操作方法,就必须熟悉其控键布局的规律。各种型号的 ARPA 控键布局都不相同,但都有自己的布局规律可寻。一般来说,控键布局大致有以下几条规律:

① 功能键大都按逻辑功能块的形式分组布置,即与某一功能有关的控键集中在一起组成

功能块,便于调用。如"亮度调整""数据输入""电子方位标志""可移距标""跟踪""试操船""显示方式"等功能块内集中布置着与上述功能有关的控键;

② 各功能键的功能标题用灯光指示,灯亮表示该功能在执行,灯暗(或换颜色)表示该功能未执行;

③ "屏幕菜单式"功能键往往是一键多用,根据菜单的变换而更改其功能,这样可减少控键数量;

④ 附有代码输入键盘的 ARPA,可输入相关代码调用某功能;

⑤ 电子方位标志(EBL)和可移距标(VRM)数据调节控钮往往是多功能的数据设置控钮,如 EBL 旋钮往往兼作试操船航向设置使用。

以上仅是控键布局的一般规律,具体型号的 ARPA 相互差别很大。因此,使用前务必仔细查阅使用说明书,详细了解清楚方可操作。

2. 正确开机及初始数据设置方法

各种型号 ARPA 的具体操作办法可查阅说明书,这里只介绍 ARPA 操作的一些共性的问题,一般开机步骤如下。

(1) 开启和调整好雷达

按正确步骤开雷达,并调整到雷达回波清晰饱满。

(2) 选择合适的量程和显示组合方式

应注意,ARPA 量程范围比雷达量程小,可查说明书,了解哪几档量程有 ARPA 功能。显示方式选择内容包括:本船运动模式(RM/TM),矢量显示模式(RV/TV)及图像指向模式(HU/NU/CU)。应根据实际情况,选用合适的显示组合方式。

(3) 初始数据设置

1) 本船航向输入

将罗经航向输入 ARPA。注意,此操作应在 ARPA 处于准备(Standby)状态时进行输入。

2) 本船航速输入

手动输入或计程仪输入。注意,避让时输入对水速度;导航时输入对地速度。

3) 安全界限(安全判据)数据输入

即设置 MINCPA 和 MINTCPA。应根据态势及本船操纵性能、装载情况及驾驶员操船水平,选择合适数据,以保证船舶交会通过时有足够的安全距离,并避免过多的虚警。

注意,在刚开机几十秒钟内,ARPA 自检未结束以前,不应进行数据输入或其他操作。

3. ARPA 基本功能的操作

(1) 目标录取

目标录取有人工/自动录取两种方式可供选用。

1) 人工录取

这是任何 ARPA 都具备的基本录取方式,至少可录取 20 个目标。选择目标录取的原则是应优先录取近距离、船首向特别是右舷的目标。通常都是采用操纵杆或跟踪球将录取符号套在所需要录取的目标上,再按一下"录取"键,即完成录取。

2) 自动录取

具有自动录取功能的 ARPA 至少能录取 20 个目标。当采用自动录取方式时,若录取距离范围内有岸线、陆地、岛屿等不应录取的物标存在,则必须设置限制区,以提高自动录取的目的性。在设置警戒圈时,应根据当时的实际情况来确定警戒圈(区)的大小(范围),并应注意对设置时已处在警戒圈(区)内的目标,如有需要可用人工补充录取。

(2) 矢量模式选用

① 若想用矢量来判断本船与目标船有无碰撞危险,则可选用相对矢量模式,并适当增长矢量时间。

② 若想用矢量来做本船与危险目标船的避让决策,则可选用真矢量模式。

③ 若想了解目标是否机动,则可选用历史航迹(尾迹)显示功能。航迹点至少有 4 个,其间隔时间一般固定为 2 min 或 3 min,有些 ARPA 可调长短。

(3) 读取指定目标的数据

可用操纵杆或跟踪球将录取符号移到欲读取数据的目标回波上,按"数据读出"键,则该目标的 6 个参数(方位、距离、真航向、真航速、CPA、TCPA)可从数据显示器读出。

当录取符号离本船和被跟踪目标的几何距离大于 7.5 mm 时,有些 ARPA 的数据显示器上还能显示录取符所在点相对于本船的位置数据(距离、方位)。

(4) 清除已跟踪目标

对不重要的已跟踪目标(如已交会通过的目标),可予以"清除"。手动清除可以逐个目标进行或全部清除。逐个清除时,用操纵杆或跟踪球移动录取符套在欲清除的目标上,按"清除"键,则取消跟踪。如要全部清除已跟踪目标,则只需按"全部清除"键即可。

在特定情况下,ARPA 会自动清除某些已跟踪目标,例如:

① 已跟踪目标到达最大跟踪距离(通常长脉冲或中脉冲宽度时为 40 n mile,短脉冲宽度时为 20 n mile);

② 已跟踪目标变成"坏回波"较长时间,即经过 60 次天线扫描(约 3 min)仍未进入跟踪窗而丢失的目标回波;

③ 已跟踪目标变成"无危险目标",即其 TCPA≥3 min,距本船至少正横后 10 n mile 的目标回波;

应当注意,被自动取消跟踪的目标,ARPA 不会发出丢失报警。

4. ARPA 附加功能的操作

(1) 设置导航线

当航行在狭水道、危险海区、分道通航制航道及进出港时,可根据需要设置导航线,将航道用线段在屏上标出,如图 9-26 所示。各种 ARPA 可设置的导航线总数不等。

在采用真运动显示模式时,为保持陆地和固定目标航线在屏上的位置固定不动,必须输入本船对地的航速。对地的航速可由双轴绝对计程仪提供,当采用相对计程仪时,应对风流压影响进行修正,以变成对地航速。

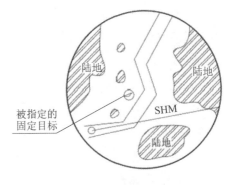

图 9 - 26 设置导航线

(2) 风流压修正

修正风流压影响有手动与自动两种模式。

1) 手动偏移修正(Manual Drift)

选择某确认的固定物标作为参考目标,录取并跟踪它。由于风流压的影响,这时参考目标回波会出现真矢量,手动输入偏移航向、航速,使真矢量为零,表示风流压影响已经修正。

2) 自动偏移修正(Auto Drift)

由操作者指定一个确认的固定目标作为参考目标,ARPA 对它录取并跟踪它,在其外面再套有目标识别符号(如圆圈)。由于受风流压影响会出现真矢量,ARPA 自动以其相反值加到所有目标的矢量计算中去,直至使该指定的参考目标的真矢量为零,此时风流压影响得以自动修正。计算出的流向、流速数据可在数据显示器上读取。

(3) 设置导航标志

有些 ARPA 在真运动显示模式中,可用操纵杆或跟踪球在荧光屏上任意位置设置导航标志(又称真标志),用来表示特殊目标(如浮筒、沉船、锚位、落水点)或转向点,在狭水道和进出港时与导航线配合使用十分有用。各 ARPA 导航标志可设置的数目不尽相同,可查阅说明书。设置的导航标志点也可清除。

(4) 设置限制线

在启用警戒圈自动录取目标前,通常都先用限制线确定限制录取的区域,否则可能会立即发生"目标溢出"报警,特别是在有陆地、岸线、岛屿出现在本船附近时尤其如此。限制线分相对限制线和固定限制线两种:相对限制线限定相对本船的警戒区,它随本船一起运动;固定限制线限定对地稳态的警戒区。

限制线一般都是用操纵杆或跟踪球移动录取符并按有关限制线的控钮来完成设置的,线段数目各机器不一。也有些 ARPA 是用电子方位线来设置限制线的。

(5) 设置警戒圈

在采用自动录取方式时,需开启和设置警戒圈(或扇形警戒区)来自动录取目标。一般,ARPA 可设置两个警戒圈,每个警戒圈都有内外两层,构成警戒深度。当目标闯入警戒圈外层,ARPA 即自动录取并跟踪;当目标闯入内层时,ARPA 发出目标闯入报警,显示识别标志符号。这种措施使自动录取与报警分层,在报警前积累一定数量的目标数据,可防止虚警和减少漏警。通常,外层和内层的间距(警戒深度)不可调,但警戒圈距离可根据需要设置。扇形警戒区的距离、扇形张角及径向深度通常都可用活动距标(VRM)、电子方位线或跟踪球(杆)来设置。

(6) 锚位监视

锚位监视的步骤如下：

① 选择一个合适的已跟踪的固定目标（如小岛）作为参考目标，并用操纵杆（球）加以指定。

② 选择锚位允许移动的距离（如 0.2 n mile、0.4 n mile、0.6 n mile）数值。该距离是指被监视船舶相对于其原始位置的位移允许值，超过此距离，系统就报警。

③ 用操纵杆（球）移动录取符至需要锚位监视的跟踪目标上，按下"选择目标"键，则此目标旁就出现锚更符号。当被监视目标在任意方向上移动的距离超过上述设置的数值时，蜂鸣器报警，锚更符号和指示灯会闪烁。有些 ARPA 监视的目标数可达 20 个。

④ 港口视频地图及电子海图的设置。有些 ARPA 可以把港口（或航道）的导航电子海图或由简单点线构成的视频地图预先存储在 ARPA 机内，数量不等，需要时可通过选择开关调出，按下"海图校准"键，用操纵杆（或跟踪球）移动雷达视频图像中的可识别目标回波，使之与电子海图（或视频地图）中的相应的目标重合，即可用它进行导航。

参考文献

［1］丁鹭飞,耿富录,陈建春. 雷达原理[M]. 6 版. 西安:西安电子科技大学出版社,2020.

［2］承德宝. 雷达原理[M]. 北京:国防工业出版社,2008.

［3］盛振华. 电磁场微波技术与天线[M]. 西安:西安电子科技大学出版社,2006.

［4］赵国庆. 雷达对抗原理[M]. 西安:西安电子科技大学出版社,1999.

［5］张世良,黄跃华. 船舶雷达与 ARPA[M]. 北京:对外经济贸易大学出版社,2012.

［6］陈伯孝,杨林,魏青. 雷达原理与系统[M]. 西安:西安电子科技大学出版社,2021.